M136279841

2024年
最大の素数

52nd (tentative) largest Mersenne prime
confirmed in 2024

$$2^{136,279,841}-1$$

はじめに

本書を手に取っていただきありがとうございます。

あなたがいまページを繰り始めたこの本には、現時点において人類の発見した「最大の素数」（2024 年 10 月 12 日発見）が収録されています。

素数とは、「1 と自分自身以外の数では割れない自然数」を指します。
本書は一冊丸ごと、ひとつの素数です。

なんと 4,102 万 4,320 桁。

今回の素数の発見は、米カリフォルニア州サンノゼのルーク･デュラント氏の開発した「クラウド スーパーコンピューター」により 2024 年 10 月 11 日（現地時間）に「おそらく素数である」との報告があり、翌 12 日（現地時間）に同氏開発のシステムによる素数判定に特化したルーカス・レーマー素数テストにて「素数」として確認されました。
その後、旧来システムにより素数判定テストが行われ、同 19 日（現地時間）に確認、GIMPS（Great Internet Mersenne Prime Search）より 2024 年 10 月 21 日（現地時間）に 52 番目（暫定）の大きさのメルセンヌ素数として発表されました。

これまでの技術とは一線を画した方法での記念碑的発見ということで、弊社は早速本書制作に着手し出版に至りました。
次はいつ見つかるのか。素数はどこまで大きい数になるのか。

人類と素数の終わることのない壮大なドラマの 1 ページをお楽しみください。

2024 年 10 月
出版工房虹色社

8034325006991678749192381469599270072647333137772901401685113572276589837847167998857927799383970448203163263325542212291005578441142292650903781081861976597713182195638844508683247821171008
74432230847334360843873726716207124246358486907723729975902602090919366538185555586328350666651658282794576177209584593095114330246535908362544576296716221429678759315104397807322452970636534
0875246424537776232050823895463316405490488297157091347888881316721305902977219452954622229294127021540041283443701493578356341386477351307699133504920458586319094576778239446731897921232951
0580924277506542199146873803076342922311648325666419973339906493172306580797275843610271280213058476932053412100945353145875997404243522888498342963280237492870454362158886949728370034251410
4068632032759734365847445340555902735453819180634061377108420825751707907410659715588487570915728164934150842232313369155101866415914598791771016624195068969852545903439709963087814583730879
3465883470481067010400884903232859789219647984974255812541166428580177931366861198708029057252166190946359684690922882518892898578775420444986635439951928297802733518533178134073359524811845
35791409973242965205321751377707879336334937477274660708416475933014402751888075671892910965669910605578614508485529710296483835563393115604142633931543940813131265542663027687482328954130958
8450165641099414499286051280418613481802545489039914370334747749820408894978475328104834802192782379952090661098855359145912592138878306309169346566189684093778287533813020521369282752887488
0607738419595481275434842032275868948065878605622077117434824723852163853901707634081207575078183456006715193461077154312489356139138501489105780445246049606629109570932238156618766680334823
1306855291351827896377003590394409481463705739483912970761206788350882365883145145454713003390918024564177925185553651141322466267527522322182868760778706977465525622645001788795960483371956
9186997970114415938865122509019817212418136527463414240872731970156217078640783910049004333072173992648298134117296871410410525025286006505087927578554717722039750770157447428118805213408885

[illegible]

2233384995352667137099970237377797922493529434282447069191880105571310496159441860085765619306955781378718395442889910681911373711850089623996896702515452710411836086079499932357625775199269
8417597328590326991123320041574128986269187945657310986579793871733134386147265332825471916107893267171114245132533324664903542517584009407784094943257513771729888630261021552705785415703938
8307268791389358414741917788185327217343616973017723359847901158031428116987602206893070450431386967443493485330046571840894195647314427000956239596591675116307113268353818739846161288621349
2036522582957489956832386753557537455722600328972268269032951396979123174434561956951886796398313248447379881797556786019429468015568044696279170772009002300909593969590145916863345277078271
9109035787073628429360766133738206879682653604865518682792344082729730048856080733878730685397574248020800280739884146263175220732917085739376584607206187876498560110634436673962967730028758
3014540728195045066373858143445546610320401906636520719174546874415913276223824377242264319931317198691945937669735882144376954010138998145394825288776126333987249033264632732220831010345440
2674106878128606531733353234902406149645784118976539536897924707525550808399797155708139433372616004949715408199441662619776051523033010424948788219485693136647390803612551691372653574893188
9405009579723086188845783297700914025306142411686904377797352752727046121905807743891904515222336844772060217586477657703787111681446160102762156266640146162212208713684728836855192559342454
8665644468687612431508451902104087318685930863565322549842783227758961800247902013472244303684052747415714326007694976094230390009758831481887964498734417898869992482361632627096418506737374138
8138748891210831036599012517721676684523324797674925111009047531644578203502335938984485439000692200737310592638720561215640357480975325108955211213438611921841365247627461488538618282719212
9033499132963094432657805749930062329236470314523706788100520972558578107804944629425209616627938792379249102497095686501987011862626469722763206054046664929135975348823069798341728737143072
5912037067616128898206715609456650883510271821034107331780480440360631857960686656381438622045298736124757400014748245618358836522699468938347904449075910114435136192252666495530087078440913
8959174673746524383054522563280472134153749946996659476483791976935330576556441706755193819358027605013373080923351763466811122279022673019868398139233037744142006014661263052287026402636438
7207066799878060488021077495696832507028738360150335963488735816608497984890732766858924099502205135054325509563771633143529143416035514326522245754915363717341371754083472124865062846853030
1361396076070649781450358462861829966650959706374067659964037790162461519592489056258491559739825318025504762820001978276039192444436474335792619546394044715547920301153906420255552108004999 4
0828845333079878135164114892487578716145328446308282250713491392762905186325729598388838966586588614589038976930937760478078414633513344014838303608096293914694579227412108461171011577877913
5306373737491432567414558383581202860453938419922244230703528877577516414413633161403965026682663917461507861758921783736251845541973592526568171619865751463493959421172252850297123418678826
6458202018501112187369542695427783187987179611210592168048540483581525924885541786258479568345428456435457692918842186483528188661967783499126069303283857525347329078723315668975591587461381
0773087221353851573681228272518869827052720347054470767832728591057761888375044065800130861986141963957719483496842134961256978715249955281158514436772191008111447869666233811004719414962680
9697371819511590702346187913072085589567898500379441475073005740325543239983051650977549972213947429413532199645271936822803510083368480747116097460294506560730775592928446317371285611834433
4144771897218377060603455424592930392353235910989556476339664334374050744777270102938669962536699723357698722586381176962539618590141241201510329381757518117906875308401701600590054361809603
3329576427352244655725797412579345237921680633088308194978124789267230496717098988503482874582423280107357432415684618638228077391940210691526660885228003150288562050570745810340318650969642
1569878389941355271912862903450897442021334824772584341048001483858721694191828327238831206983274839713722519081697311701382982169083801754048239417523103339717631498407623870452347487350474
7579301214170162165894145930549907271843693582671077399945847339753949881360938007383814232484131112203278892032058149850720356225489367764157500855741663487561674702953830574234268164574757
0057949553759040544233309092068360395252062269426153037051778551228928062130886977429858163902716423027818948301203205839987096924025658711495679485064497518213513356616231682057047533036233
0211467751218407936535252006490404328659740370785234270190814427459656153096036358938014901532856568965156445153715128536385144615792595175703216597460129971342407510372737815406557316946944
9361948620673000447995121104312046152141831585600097445082382783045356027394912058626348716982653000317982778744954396810978017837695359963520106431940041675692235604597539101339256033791706
8937896493845964339036706090101693950966805057822081607652809364476831982947325046812872168091496072050017783565578168527696332950508775920682893275871647266696059524676239201577043267193879
6085950394349343852613548435313088536330966937063944955705392113639863573275547038728857329167509632942315062641442459884027951697101209332595560099831697035025398986858327509460806171584403 5
5277682282993042544218036349271240163364621789518644322486341701823387547886484892004743335780688661916251230373273915554503790324062700484118231746500811899503015022569876547277026061751515
5506032041839332669698004232113327694160397638656451520420870534923497739113832818687137353629831356354845232886713658634453005269963839277471951182725686893684124567129658970678267199865651
8373963054913878026494085927620646381916854526974597601249422814117174019406976513264709936714361290429987528562833184031555493994258353850366234300967588027001363890493742148535029500783646
1719306757829270695023696574049863573032353477101559450400598110009781153488016077016030241129787306732179163158970518417316808191454250268660729795499397184575240481940777658844435638794820
4700512758435163615119300993263377301685657418915180380804239236597053544688042820559137952713911462366911606242202600054668149429987096987200328714589462763211565195298713691361091124467794
2969266514435884954682162406188698142449762947075111554129918229131763308164607825322365514167005452267963774399412607890905326308444630859715058535229432774373368278667047699603660591187401
8813353685450698671076588651600243476820455896809642246391684531765067179184125587343984516071592325074269117280840962214752778023121352075581985680405073585586665380005571713369582975523133
8033472860353728743203119533152406674586824679303707082454250028213513026374475138616428883294571041883379072319976477173099920773162767036549832661206921122282104789459444249314574607489169
8816911855358963565070463609741038377949445002456361192699603779668051306447620231604856349823754148443147448393178789166588393961248713455279029783977083105808716638563497388524716454286725
2334761147061722704934492255118881313251698036576084265507974302562759186028780343964069829326612340936241671354607248835768953761268495316820884907063824296725327404430126501970195482029 03
4303081589233175217689138031282843689969775770098504534588578593714521996433147369179615520148245351880412155941760338288430874431886700843023003539309201377694488617649151487242209806551177
3725529994299739098994474971941425115344869722724680769557358847692095580675203823989309898226619339745363223677123444432256097503414388912258768514642405321253339530853318970656179168310257
7295250356687774762148962316250950309218471390016605868882886526634859687920384310524110539624300533833400355540970621921907313893285989748735547312383885354885319227495310346400172100511401
6296912695801899014616683785051489832381649609821800648384939715257008402314209820786094400944704471203971597337904389098073919463832264951341170746771307813229161105386814378021207646577251
4259942472679883750779337874260862667860646427181168317892312348194736413526375017613391954981239997320560033221105238921814592485930334044891792895607860734020653314960207309681372332355271
7795671828574348031481312415118546028865986914182903609036943252456890820925695517141014001423208678540665766378480743090261731490694099710565675219613368838036154883852131455151111355282699
9533495598100542392648886968934712756381025618958949831585939582795395669416681720113772593700789024955664673620802091583378083480833285634219814121355966127833289071739877285610556204256725
3064799662221876268522176558944852340416253518745197551782184385308314437188266628246885512710261883662908251271044252654397326013126200649177342861724072771410163952575913773229584562378434
6343316191047186952386685095677117675547178295107346258593762110379996937698349119841936147897190535326732659033414178210496216924657181845420951833611924348840780929947346616029616423133219
0857505822683772817146982689246509332346260984318887257637502609492888246096623229134164187707481988498924103241876929403877219007377752172642688303464211403769801463772406153268103832092935 8
5211310242182044753773990269546448285645913789635451432653296595047176234597163007507055113158091732720732294007202564731862973562337166069103426126847014446516815509473085061476774985027071
6821449188602189111914389947539959227887678107261833652630886282181518523816844369135177165205132370952063072689281803297618687279043221608237804094986251693735376816892622876418134683618275 0
7009217116074835764157603221135056683342407736506078138455079789772394278667741310596447105452010348035198650935543421018276559421561633047986867421249084625698521253400081996106047311139399 0
6990853453676673508293087211386349252456562335913164434709751898556002660391371915059298328108734989004668394148973970070478057396415488466757168428809885755424983894467090901739032104146062
8496872977109861918942269022238284267274928217309966373872576941457238744100848456433876514709595814043039188284973550730551230003222245699490953466675154218047888100060445320672164798738558
6911204463328172878336761241121267103593615796114909195962676687442755218923141779669713005419634760330539709344904239227954159134708212441797676534709941837524758369348603268117023439058741
2174948510049461392001892130768006720630214476534876905628720522518996093755460055373477091824266688214584143239863946669981351779301925875059011291018650947240177581204533793209441050917767
5225495903606096166201839480750558163754123931359055767222710670866611108570728411508526982302690792103979949756464155372201091978693827396648965144917467770182209628253028461133930913845810
1088909232656817493915721189445921334883627861895989906661266231795206837339599462671622423365642759517424672588142257042021464643243418933112751447154043776641469336472850076506267492263454
9584854126258850898664450743640618205735880489810566368432480764480362273831310971902238732226934847299095760927630238217258753899331826570093574154356594367315455329777022674214397711040343
3595661674865205795359711117190309183767844769545016562888153482684630731940901724319119148304020797124896011207280486784191192581039485126321095507855675164802016930244672792809470588369678
4634307057110029177355545806931308851033731191722597091571861983449829366460350000977120418080331261301972653010157153958766787746690960119839030586872818306425998143882030705626652558734898
3672868869461236278350672951471725626982939361206439917429135813095702891277639041758041592982704658884617238019296460014191326368761469173463815599071986873801977305617210575454012386156391
7705141700510309119813247578304666606410152088210110723145544141962671817275316211614260741198836253281416612061633893814554281607729472937176459394141929542096561322527742597856925355208917
5221324218909004025337365765759734347898500349737298783971095926810996643439761221566079351188786912253892857130191090999163190643170674444496658746554219022937241292734914160615679797641252
3952271850333539177235636194093270375385901131285253324415212448208206685868072979794424440914790649315988521206464648200560455684601031613345725956892347645636790017232166857086856877395618
3135430097469191736372039079388987354683303801597557368489833737913455656400265137565819107171823356382148576250112452898873384159419001729459216171322008412976219690192902727494661785908368
6640628456189326443209091499944768082039403348246245626730819642878168175996754769665959995348811558166462733999659130418437258364177441605869618872987897040542291420325838685595325086923392 3
3179325238230589571422088055000213968529983531043349857710091615981908124880260778173456219133236958040803064781261410542960996189967200707677212720694608048987298328859904152208111642748887
9706977324513887858946652022754567702793306758098041827290048430614520293744341297765469298188468195389044183562664459223131059918841074278617769441081147152474279549724870235369406061619316
4854701869259797945535241612229360886149762756556258509966900052965959568868718928525025286445281944444378350456690273265847160006626894136225974565703786841230576370288435969052211463521421
7440768840743250656774948533091612418189203629436778621028173665660529360294934722725425075203647516694537558296589642154445754206472408304537742893350054595229804310913969025035012263933521 6
7670628639687430507014124818737203605114699720786408995323243820364650313606501555529125019435156860149954777631401354850395455820880102987358642638369166418975461726397395993356769326430832
5636735783661459506904713875065962119010790094580062197929071147443482223811393244863159821112312495471942396195679028286694405325304296440557288818856315215733517983794233214900398368562618
3188681089322075137626515928102089527800241777885223791797844639183814973708799961211514062055904938275204037574405807250008058002944410606860366959772011364436209479063378708695993979307503
8168124202071354047460760793957195826613001775689419260861042349835491929767282429272419309200546402176794860407874248411631251990217921660580057151764795845502437568496261236362768100093809
5183178076941971125722376350186992001591999354260507684505264536854037364263029862670730254767873084080283834504212988104356965739756491322466801195238968631327559754218120963621367795788827
5134432984992907006114098989666972206357118622381591766386463135173211235255852471368272531041800995637907328913397653880114849267390352270220383640614180775311360802730221935356537973013514
7497282342655431142534150046816348163756437608980701996794364035221929627989320677074355931848862380366013757101628064970493670112447875765849883665578418415197652583433829659743061317637881
6750563104940712127384255395295556081219248750905262667654084135961342068277572625459665403329621151657864985312413235081191862674287425928275542854713517055368227577638861500859305126252221
8610487113299121351752623298512584882375047580365148319939906273645999692475804018936553323113823069607571086667338785918956530094846095272318078460038691850970793074753923150569767154645985
3519644142125309817956299646239402334983371443525240756469820131690948023074485325318070591399746481026883867817517545603975597930498615544623919747064548695765885674217377090118015139006267
2283013115628552877451207888830641898379434203639989456475979102957121209243040962562652859392259906422081986412278778442540389473918485939096798885771793405464663294261096747603672297528377
2077230941815482172337662261157007066733892124377926447837615753776549494272393397150945824985799249993702902953380368850891987624833635288876223263930003536355236377378851615174388608261151
1923113465338473976022589983817962169729730710659294847530053653092281604429917792394808880534513647119796191241485296460495302286383539590703211022275447442159384400154655636795609222799748
8197493081557230728438864934675587772835722353700647442163770017942486071472980157236210982363407147278300285105559079135493463292847450086209994557608600021700460747887635396257751782893732
3198571087437063725229736267741134814853921697230344892538344279974907932649638916492376972626825685561506578893588917117872932699627192180588646099577126717523542943920095303916474792356 8
7824652142914814733311820263598671309263219389049308507886723751520960737637402814460632948034205776542416954324135763177219213810629269045358511183123326110545690732698958163339151298873098
4424111141029128993793483403363525550470613732652172587381338097106101150163437282905832021679217153891942510677465645979147942367354987306096221632533094880285951062610097225851129974786571 87
8602419596585847243392337922588550766441917525512821346433246711924843454938663582508266369411619652806232065820276959796150923734730058890443521765545597674319882581165561849108631422166029
6332879923457135554309905624089147546414177180438279874519579372487871910266532112763025466254408866338993240199376731945965905658047398976475964434151059222643986400681622064310406365042512
9103122854705084538043398815414788394537552474354721281476934967732593681308294210703684905341218074409205955453822788841929294225047832317636089376720648620694885456104432050641843348157825
8667850333734004271380747757967597726420970935976037140138949657794548830699093174435741797152665085263652496511801733762448140811455247480017965681065660906297358556057535867863847446457533
3048047051318606943555167536495748754077753299496877022142682415771732787766126106141532468347017310849685810877154497149984368710571301597935485623154636707394063688157006848746440054677191
1851362745617949631482748098282293796383293404418920066921974818613427904239360473601401052745708124606860290019390687851041943303361080822020126988569317056290605558247035908657660241687812
6093307417350482057978224927793634631577923315691960094560733189594907448412403195708870096015610519224233874145315974233151411166616768617446610759499689101298287214160389875909376776402799 4
2018441416169713289067677897276959567810198843941081671183582099990354540969826677211687202267291228519425900693253201815548694402608936784230701454483696343300170515888650908079843437284550
7076895115288118801628030193189185108316810109348900183363027365855498507631462340745258621158085903059000171898219023018721834998387652793888520500014205417313379158407745293582531260520495
9439783928732754120941557078452672403168121779644092993594905707964582164965187704154384977577521757761850979674339827604095900933123186746665400918145165444604189020899853673759941565832668
0014942799295557500288250819463330789214508355338813697246717183041864763496962501252828274358459265971178550582571535660012995959050261716639514331630297270491186622965041324758104235984605 7
3326188572394898933245265463012147927460740487478745388194722015448525258183745341291133826188499257494483460045756710388278600267676854991957919996784101374505873126800193646162238383256585
3647978236173902601916981802259670559927725572050239328797310892944632207711370714806786598736607577871084477915888838007619679943453631767710441320722917676786936124325467285606431285876364
8109208255987076181838404002648256179617203544625305075422497211946951745482742502979753935602499637848620799418113209351567414758315026408901116112440045237423457437065554771680204200855883
9693550394455360737294551704461467987444398447445139697423812960969478602428858543510276799980344943336735391266982450196585182913192333311389337040909446759130094769099399583205209537738855
5966357685822829505533539146612308975511476725834638356314882554071830148758247337243626693413706330866626735916670898647271208805406031872677829079514043308570340635678278609816389891956062
2711646200148301849957065748085703630288927184090282289514925374112200878924100201630070917489469722028899077759671672687023601285266464463331371131194494185715468545624965101581225125986310
7199534128753122669081693517086312706432188561568634191722139558728101673147291251021698351972689153668862701921849178661680415884005329319085088697203487622182007755486715387128613734910391
9385780346543417893546727278858206703479312637559492025952310946953762202233806309481609512781590617772204509136775847699197193097167193238363436116404560036292132761696268407911230703516909
0669087888861850929137498771205127289874503247216003363014509421671484048826650798917779699694647638344724263077976495930711205407822830017590161316825477971313517937600479934914911304573982 4
7529111310464204231004467726564608030408591848740723354630377457740137357994962442726653572230785719813626708146211665450136559846513133637625699835463882523771958073690072660503961844808134
9995497841384244908154615658575899057589145624892474521583569012859306535830024461202320194331509785170066884837343352521893175509173373187495789711363368807161254334316475044970615025585399
5746270461919304403911091602616953996944811308584622663843123395708854369301632335608409521347784652579107538749104464099111537290712771335368979592161081253763633502112432383555765454628564
5534186261387266814144493198805758687632462844061093564232160817911705707137023183084613625782576649095070327426263115152095653901321598146739702564467234053663849434544294133503066066982805
1452904968882093750297193474950750541739145673004089581904138902257784463838734693619707711732263575334518743045973966348547225332120369426006302955329048404018248734232645052510835133486788
3153090053917446393911434185049089570086645205796972042741822467054942149132923114725545231303919789294294586315399118613198952151366883298508109190811954981192452459200827989785354485014197
4525901208790159095078177210613231693037530387635744964602452240055071978715981094629104723005890540373701078657021407194314470859550743381204929017098846300704284410867588998051562912368862
9003925845828885092138921240248230270119110372046456129749867239618245162115005033470817810677632225630702874545925023207380396606282684338907755772084258562885730284120699555687055217219263
4904437691424698344569403498606169036089986742034833865909043485629745781929252790311027885009357737509148271174941086590703543087258809445797073204318244953449000568253681858045877990916734
3262836788135879242412242670067063141880270567745546201814781404022924328151111742923529832462818485663220833180220359791220659857343327190936388606435157148319653421081295971137880426308740
7731735627838018384319167351250696692601379247003776240881136453541035748789545413726075311956939149931120118273489459139542356177146411728794590354380207012787791290817291144733723379582678
6131894653257735769946296621273117503413010534425026631629633296824275087922093243642700033034440592177936650315177944798308871973836268764470661815642515605163866630925750774893336697544401
8380646516093383283614636424194151865656463517586342890486274009213604118429239926535414974376558004933062193599911224199162230699751203659961981396448887918547736537847385905036862210043589
4196288297018522233097050592614421594072044732076191709169562130628188305595861037470263607722548451156279440683158958218720383842320638422109518325523232685797228845791899076048352524891321
1986443691468154807403114287350838875207013269121803548389886087719086033520707381471622430928532114791929748639989557162606294565728865951516369011381571761673092235908858529295283856174772
5499320889909918827634707628912808507697805152124216976280713983142699481119412386063304603798871772918060833804148918639059538336948199626192804023191802396333572137838048988564570233457955
5596704381363908514373261437548746798743153227561673870676364386666988744522359725395882265232129472194113359749627891450025881698619442545445925085420040195596342895622355486816733407368829
5933783149090563687034591562117519972131073226818354822456721898198123908769625472383089942025577672052284641952476445332498044144019432511852172819698229965454420276358047528571937864730653
1938506445962285563536399734156400786608381897224059051089974137634279300487750644988748967550342166226270561117345099273362886902293740558059477150524871184266496402230180398616622852333476
7143024396438400815696939624471370599073306973092359628207458702137914372282239950602093335906847560610732498505911923430337793929170246291367670283339483839977256506466500054530542602084876
6943966619806214241223457866553332162169685496721053310077289601847551200989252336445489147332446716989939860380216705640095280605035333818666670210916996283830225375552807955185070731272488
0399385743453122632480704763371186146969158432348156821418858130131628016946466279223218163374086140985523195224667061028159537722053733610446443287040989842994710765943552677755231066558535
6492810940663400173854459515631891497991292150363639803925352838480825873661480358490324189401156573248966609211053901038544327669882175699874514780152424807690739519869677303447034011640453
5655037899969823541732855589568276789843602324826070901470631638391263767744054724119364633369316883924522129363783686227168653523805372588266229842460378949804597182238165179734774055728213
3494220711359960438985586783056595543675689858469170385048354225417177355806834384888376435833714017531537750768903268723399791527756305211350461554255243393733509604303471719879195148474672
8634878565356731813674965112317744971689848108839026365129514463119299547229481650199185934073346385771571370870818480023511533856898658406026361584186545870151885003755774320356724334208821
8363450453200619576406276573728707771686109292502223900925951090819474576171923497315852768906480706710634434574276273197935302058504300282218625761503623632106523610754763131515745950716243
7314781490688002385256519283638860077538217844171885889330463074378977114610816331150806751342803994071682518087448645395833664879319186621710283042130659122864945436166080307467969580288354
7087221747376749448001858804152860065408131396188001205394290555105145487147301144513746257657587153788318239089658721490005101953282400046453193996026102714985870619843685407004054473988546
3994303445412124571036778436630091031900404282474112340055477287276374761154571036849653242401050799234655190997677185680749762781159146255581711986480861754325799147080618276126033546920769
2554001449818113507438431651600488376110531773742504425559292713341655121261331704294621036999115802825547529874063799808868266570467540545150704107736058535759437709321946423117933947101276
6799709907071586352043729997467045123816776667758880194004268076789747229421929750631253000348040037180975817388596813639540202973996464183234241186479177460980268530861412521708744438970015
3271784153383984225132303993872189804495186353168607441530341172541461524859249027040520805470564652982270476736810924197459176871809101726687959649237675936676970584310922260162719458767742
2928101601866867260169077864867791109987925899726504240659279532059628569982377554998040665265631796796133047522692155806983202421509952215177568834128183464540452952582793109450431818942354
6097611647273878338619567864276084837029771696966942769335425675270023762448881695429311508654744136115615628780747037395519027051557664759479063514160363029797721779625014960098296344359447
9146470200262725324590507316349572782110783997425869783095268573514165272542207173216174328375718479197779745080876621207893165425976273888501902742628222300294409049381242277458731129472381
6546636574396332493999626682176484650486106920781003714383337885594475733397193264652067750428678191591731272745362248077403472872245808253414339719967464960468073803416128388820320051289321
1147429326848556772855523994310059566175806599430714487225898987315808773658077430678928144087828772614350667573171266758896199625215352407176337870663212546396235022654678243619120154502288
0698767797069724822705009952937303206533030329270832666467772620932999837601460536891102143039065221650964742863250064510331886419419451118873064058028581478763215118461733606367871093922889
6056531828900454424120287552522548066023058690353924552557181068049060711111345199026633588168777387351113994793131644519362817431276930930666286243373821342323986080292935919640663279422443 1
9012003626331985767020745801896319860202042365611777447738563468164384267652599617888809566666554636689435729932944167666653908759843039407392816369007122158058134286119630704468023891423921 49
7539158388985709564771351139146179891950716078201422283270452287396092106991339392471697337229017953583140542460052073188142753079215088189781475983512216319674287442651684836514865284308841
1313759999260049176829124896473094701685076526610807999761589971074488112324050234576681850336602731252558038011283695591324676519810065025327817234364968172028206346145129003990605209620001
6992342189356017084577852241755650170709961529321182946732543080706977662448771053943371462474478947310925765829112397742989443520635811833469779116567546071471531069058104025659615559545992
0790022747176075336638697367726021316233832041881553031119106051797824180967211263688159535171089380774281623767710668735027281962535806278648136178010104133778988865305810434632280029874872
3873278613473681642198895659077662000474118050686662840550579310852985782521233293617297979703111317850668939183119917162169413363507080158382865208724222143748374024235377052715231877802308 5
5421043600529595990130660802031399025504635804985825452810327577793784712121962455985174525964668738234970061049737612519449342103875934758881847870004729948152595205669403662090136729609478
4992540952578126578861742310025565264773152246223692180555721601026500063076147645877132738057773790043496496449003135973448938673619942094634158286973102251107071100025251681436030835774960
8892441359032026983172842380955120277035607392427948629083868897897746253657451650415052291722851042477188277912452126322954838961392147901162810177137324098606354539978177432139590962021 12
4625572396455969196020048958541264916658195966239237327827502414108703767841793286304532980976668434560290108390795571818216561982164899396703532505339023889527150651468898009966450977621109
5131353819072920681681238376139989414020919196690736239941484485807067504798692314108571582259226095365991705389400706977122332796037878752233888000829272159815529187815182022316784795791412
6100703225135337181731502026867768167661213662962268716119219632399617890264515347371235513368283074619972326627578312927604078484560208302759863102582019650245350382852416256348829746945627
9287097492884984222186301763138498914348320489476361394036024562185113370764140119800036256593222193405060103024597014048435699185150766225901191699272897837135256187861934408826147438377223
5240064896759071686755466940988030808449799902433521576126510961594438720020246008034080131758161318946284334785727054695026770410363885156092418259189556060360247305507272628086539966160677
9785320529787045380535154069773777663482773080501908561170203129812137618771891012699550933108370861978620130919431900806115022496121180433162230690425598440015338367645595712816480963912740
7259143425324805106897143314855709576122485063274078211942122099306205058834145576894105733286840802052073129126112350131932132982913565016675654669304764136162766782715927693000268358648793
0186750649028428264818474750040230458122161034251183275031348983375275942133611563962552002731800169289284599383759286777947471886730014668715741034875657255235263765954266941592741918433568
3720903573604619480808163667623507209876196961663940235553660494014028926489280314360747497412809765399652244204940381654984691769800001367203918953353392041454534829076412246256014871542969
3332298965919956439415164652712368201345692731603716395100755520328715954309936753167181118245827701485329437095967982622008047860701525873210060018819867684191177406569426978802230047411002 0
2438811723924979106514017676585369548326652571316306147482622808749603291912482708088015465774324148889860770040691222641453356161679434343185209507483342002431575521008289684593004120123414
0088207725065277216082516960791093425490697534641080762188171054772019313680061036579983499648623789742729395633003251078475470651527013047922480149451844467646504306770516596751052341826813
3707002966754845718847581790896692169140330882587486498452202002019006404285576982628213424515724250376594056118814361100783072932792901866352465978091862037261044318366010417022227539342203
0415799453930559944133283335072968897519443815826328559621705316109360993557175893278371701361735905975091807339360907688503378368209582592949254700826224412983000371212054644404703473936221 0
5558463622279527945097601333876735261210561032702651513191342348665125428878567626469845309547682837485144211071711042147657288527660916777997886169931895242411166235913949208519938802654508
8090039482688614840724521717167863237748930789703984135265509406526681194306050105118837100296707601257196967692085683877672090097106098114405883121142058388707436760550927532047413399472175
6205793320164380777074881059069585568240176386174276712785582751739137014857655734867462794731694648690985838477664091108845917989821761279076841504812930297903545887372586171133635678732896
4478643855853242977280618723150607407630989975134277138664142008536607028722958216473474828093753525771956681622344017902326703975347375607605357409658450149326294562930391053620273396017705
9225611423383716553878172229283132764091990358870479065262895062351017031794999478024323412746335820967959633226584229681572220719362302492796165200739356099054203579566252118283740578481921
3908837064187817649797328022126116787932465726215996701775073078456427476920829090892291154976232085240024776520148867502151550016821311614704107173021290762443135715416404555616700210326975
7425957430398805089125503189363638725787001671219615633018678207019032381185925917089761112319745256764272228368638891619199684173560511255373610686935746445440421925817067321509287935542195
0951738683255889925854046785294318945604578200630159616399249645504250702248471315332291689247754474414082610557393252042930343344005435840876411375427777176125585725233918313313534289156040
9031103104808534122767688025960401378141075954730489559829441353471821441109251694257086084350250864491941534675475116607027576911810945600523766358773720167141614371473542110805686665636603
8826180093486577448921426325604047224774414240826947269879180914872084745524124404513220128860615729595715641692418591289031694936421519552912611377292858389509931088159220546899408738265817
5112946863375705698140369183913586593782166417957061290979749322153878295317547372914399998705395068182283030481566971348555302826582981488988484374106993980255669841251974646519887313503384
8645850558801385418631827925724862615455639223981542551340830740396658648427669279651869844630735467515170687624312130076745340144365654719726598263590175552158496314286675563070668720067950 6

[illegible]

[illegible]

[illegible]

[illegible]

[illegible]

[illegible]

[illegible]

[illegible]

[illegible]

[illegible]

[illegible]

[illegible]

[illegible]

[illegible]

[illegible]

[illegible]

[illegible]

[illegible]

8320418068573829382629394065887054033911672708233849753642086398729274793322971642377147585970522595125321964352617758222964475436442375187020868729022005611791915868838343176719617496795622
2419092867507205922916629119203462152738014500372752324334210831882787374858868236636458618617594359371312868144169742155532689559052933135724793840180003964774286269741415299194469173183351
6347046269499711143338485229591206687597768115250300363572560174782068967586907226457835200213677837696897154331285349015283284033679047863485935962484913057463368680148147599458318917549759
9166654173022629993053010295730141519062566551032218266186063813673011194486476871337383105129707615770947879101894225692969100579826595301342931249000118641363995326949401356081596889356055
2529636720206750621401158800915750802960710930619238515405715397964528212120659607616969347981298218809527585581683939424338288493672248558384007261573989446703604472809835868248943827142637
15170958441456888956895085574313271750484224692845021233779465019950314057044167392011111338074430761748770113539435810392747199036321239320314211372901639041350883800467011672153958722584716
9634856391962564724777502226443784221160450741267638461203434678458794130541423731992614447966553579719331119831054202603917019854308775754921622006154758422783636932837944941308854777596694
5474063272676163064693273939558934033111982472353812041843319725245078056385214967402267605968781728722252717206032270161256982870633287886895782399960006233122642322419159534564105194449660
3374976783804283350864947829670624765371591554195426616566276581741839325955213263024442457505767282105130226001708676240790721388276501154932117457793898347325028596284841148566973071738596
4350862299226728019846697189503193888340643680471316604844331001227683890794625191840293331615417205814014054888868722008824052659173319305275306804463244784472286627011542366553780657983627
7294174262681197546639364829765318435229073700186007346836147992575408341155376799919744591103302280301183378894314853837998699584966364750631273033209167825786379612007129083353690264846190
5889357210239770144370343362836519511238241867234345842825221592799613285320503278056835643592983276813412586097817768570122694460585102290180877006350824201814823737824740776236696777708461
2373528811510872679535197055627961756920963576308759692874958557082280117144270462495341099564359547112651811534455392213029248674089027585210327218900399223930737104592908704162831479435014
5198685635256950473193704751786023004817880973784214774710776515595766559357297427451582815491229430714539002013539667407473031430401933259983314101713179176119379453229019573413179796983709
7039102849475635079066522254565526413599014393392171948058329219794366785762307716236833338924819051101040613861431215691562670131171484020542237380098411763510173582748208677387872491218944
2886459405491467456753243390000373372441862013237863718990808974999609320302286070880558781630037390809297030364185874774330398051729030722837187974392086074401666850806217328686414421569002
2197283017016980114148189260932607814904824284216580877827612691139298086217509201167805646623606549146522748714596532603614944409118930445916624406939616714433749186720512606883324079862167
4663647952400518304241437023333267241731056815885662809127724481613068485951982259870086518607695650572599933737201388437437614042165697047508781305105487018306854835430562044165534740354517
3783783353744062670843113246329690423716501721340877211071138324809867241148383736212709195372923855592215785229988286805859545355297835365750941800474631349954919742520088084674448171000080
0712725607656052168010856974988488415747775029637311022093081243826752931052810814533870997880453825789861431010252372651493918682006706498714240894955358459784361900428539748474878012658493
0295717685675576803806231573510085122252037862245094090422207150565207817028789638065864428111550029092325732150840973039499917132542333774048926584216340815531558521248049667565990249350641
0413295556137201162467076894390528907580273136351372789552425772294198667285525697905114053946408052009348675009786259406560611123478400152815835073443024639824091441581298262792052179106083
5627302423992175452561455338775209885024720905076105156247636920171413403407210348994932342349816368793501505383847699076207970444633264932803299997233792669842710246643864039839956127570269
2027691110345042972328575535685567329910168288713698151396354256290438557038088939326757763119885488925981676014995116530157626085258709860326976027206042151408498121249592892189831104323288
9547487645507927210370410802335659805445348419048041506229138243513330887736155298247511783972874598305274588190848657026244184976820991115116176195051087270600841960048917790333150278536663
1466355008200766523708354313300901996053689459080297704547969701687691984512710456415163623289261804640436578403359354028965839796488858686823331422751916978117468175333970622366623669333576
7919921934410348480701418484380703085293177874956220666086662039904880007031580533019320370638856711809179803908504726095316452220353208966903345335803124930085315153694656381360263665263906
9611169385285597317998173101963462430168585059322804220208276009709351056505347885537761320222286136185298648414548496055977484723953881005434794779180828225867349360086193457254525295634806
3153743566846500804421234850713871481307550737322999671865924628300406794934141554250865258501974988868128651002537191757651302368218022088604699960612059593180485274494871152781146903896535
9525720023496614015874561152527777952747740399734186114086783933761790919379110046604744249353956416251472278420683354874868147264255367271922680722607369013994640565715935703158084316899519
8753754714756201973624313468053432049028617375908699902981155120299839245881643648127985659748142156207962040016739707970450756078593875473859449479179353402015246760738347583693895293488297
8743414798504354345473959842857694582078397530105151713767131910502216247393157949783503773966560114146482307448546919961792804292190255237912419060167494264422081112621630960301890311809727
7325966456324331584419625953613582197765420818305557305814070985892887310975773629699203081732283312197289693232552013536344627307288663355841249037210050347644757655551045455695171722005811
0779510526694807554904746216641897247880912562765364889694571864301736559291718686465953236516722363470048238675915372757484841928356023836244934676537477297708324791361419525179353386987521
8694899926451653281138308793828598529740291858688513880349137743347966984758946845024673980980071000613696711558863885017673104207514954856732735458106929222104859614907185734275127285612765
5566119347142432223334685392946121219269138494538808238773998117900921314744236969638287314869876663652483371809844941365908196878068963691150548613961723144858757430627507791484226181654965 9
3314244735021832239324896101422358003233343843455302637853897496316290722193959847768222132137840716123698685741389369464725776526414294390970031347407064167057643159552256091101950309970288
6293752040829945488579324321850840113670788640836132564589118104214323933868026184661826599003205943269546622168263988604804746161776344474550124337352367113870837720193647899489228836036849
3214375324993787404322343492624109157505620432443084078659481804094566702504430987978656104143717385782912997064739764680781600202842893782446509743180872549876380942893982897392360387663697
4859703122563409152597144706022325548238369060645588757280077707488187093688903419844083583346980981995777835372967391812986784428706572619436795981913596724029610226164448850983107107623433
9951830011383174682045434585174399441686518179138389435281502548946168447060356615333194246179555933099656265883210869081122685007350970267605830441166915878733834987663743881806875695751129
5574491984159545013874411769359769184607796490257493494568575024915737331624246795740099735605817697301793433326085799504725847228484420215924632203880529952344054552014816075562098992564361
9688964272214443908374500928409854833169267293569169418616095453010001607066612716064823919885204070461479483213049962874829206644118609871538881008291644144339076619550623550400171335177084
5117870338721025642141887581360734794529842062681399703629156178087199091056814166253738144638613000578236840921517916504165973987151643015757687204747124813279156719671788677145749871267788
6990084293898991502508475015128746523272569338744890122816981209630142554581702044304457607295417344517672434428294924108618136835884561291645273838241559558657252733205911285957319465351550
4606199294044579822253339408817370953366670840503592301929988844369401529945880024755451115472011761784306013618424235991054399193719319513215708321942430328446154862916991996650911406230473
3795632475817545376633011058181724254552888800355771510991288584545713644669030139640440684060483467758787600026607503590611760106600195253952265775949265368786525068774985086748025366924153
3666292630764586038373516385961103471798697687936028912508609392782550135473234771136264684360779816578535832357289031838407925249525144172575823362880091594724718022807093371524582319044922
8858790595213333627055290747759779080119224024841479736086318923932954067042312532285877360762989371007147008300821924532997677267919367887011137756770835372090537386852270017011623918413815
9877857913220237622358945274124774803884925073922664371269862410069886812945234320517183264348145246911350209538853841015237969152549977802904120774537930189052744334856764757265099777074356
4470627991722509049435153168980788793547554748815730960937047792991411220269832728241089056196949917963138384718786917978389465740307747882454327322355921613936678565015894944877362728871783
3026352055800008556168039976571108795264109612732194760886775820134672192639880086478079289353477117745737986506124790859290664593909602451063953841101208009698413780131241750321308657626683
8243461168618795184102218466558601595419502803275312014859286724532110517655011807194883576617202157499960001754577953337199927474956124427264744820089099553480047389657538462832099474411898
6868811778753902683256623684359200598420854748567393040923627728274545042076993028904411211367153401547350247896088183144224687745601187106696973542236330676907069662979672490086103131928329
5419517830533033433469463907581020669217117117949565993293863288514741145773327715430838562524844266755042627041233842615400238188706493687833163631304056449324225837139323182913956134346840
6465834581721044071060524984023224687158498777961105195605965878882988477967612216045005769920994413232151492286124279258343128458701180061344139828678713730276621418434851249307722432160905
7843467672032739650071139654551601240786844173632316823444018151149934584121515105689663771236625657263088330100191319900251029538683218648573603566272599914171862804916737576441076310256012
0508275792000784368752442783235763692576798323356868416013710601549146427174914702215455880151212071069540090807795826222777676580439107127698739035536641915976569383796870122311003571123532 2
1805236217334435410251571246547893773113626936991109285178308351844473247851958017807801039314579690177498064631017359012726871602622613796005832358862451822249002771509812053068341109280276
3313766628245722351118683244171881876314850353972799802621456747977038536271154765137885127089106029239158581497154357009541437603220011852584923786479377789448545314033804197411328229387212
2858772586667939007085642580716348151965930451413715419408100364538280939210694757310121950594339730200350319693464644877790630803104769652419248661693290761768532823854029116864690563443260
8984473387390306550322576395211105906855799093755578726434801878433338046331903172441013774395611908494044550126543886046334318230098728444911337146397448735595731196615823921349894482809771
1911001045681203128569302718495429148130939907075722502458239181591774648269491321632882722481582351967947374201074681387230544228602696306077026614259844464524610951420891436018957251215621
8913102782090006502337477002837901484301044304618883422226655982473523957170164684643633649521127505871844526513172046837610103913794681510089159574251097819842258429614147855611814610784243
8827350586340774598922462260553490979131109604475085952521884821789600383671589340181983675185187477746772210386022997255498529943635705886434971851888460439142282174496115111852982810905304 1
4028345882767725370015560934189453060554631605052360723327957876760276281037211660877237965035411674128421961991669323944576039222770051552663210701397065618197819848298475044016220119598097
4901851352224703869105261320263536842618977901951347733945996265052063938585669259021820505108431441634338322649067613045331088525995906826153166382241253588505874216478116823802770935641449
3575730228950436332637877955010768158941529841095965375791764847329111039127624273358586519731398068481504501929673751032158599530884324512612655503292016779132928894155197984658826377381807
1894583095737008262508076178218748763134167024429209652291225638053599580343231378625973324280530694207309864353020266045416269292970041078253586842131385440338989666044508502760807372572008
0483252572188742735315426903683268630703718726148625298860391675586751830687901387140488814967997564913984026459852016883665448880631382235726311278406262055848184334593872592230419978048188
7848729061649777253914208809903329445787428279830064563208674735180690645605471831156584046731209079968641911335466999662884628600939733595193743202787959845476743735096934504063268732521782
5030375246072960868553980351562282973787306961579789896685092005701932846579537473868626577441641118906462380759633774530598121521279147432167011038476237197091862197991697560380575430374218
0755264618792416834796866876882934287731536466777724482415141073735668295616875401600441843781654653305800661536533923529702769878665145559364203572879102275821467564345016889880679247006261
7884488102050003257397780512913559125970048589270806806649318999721375897378741078106075988368544380231791083109772402377083103315177245714520948793871788032541651428659085114159218076102227
6880009603375712168698525881150275256200499403672012129691334487348012599621511194604124811384604726144688886866917949332671513310882095795010101252390051779869009630127514320569233708963514 7
4699347362155392272548976114177030430952585354663899025375137253617516797163860599819750674361442424441606380835103393006131033790992027675878378113501525888712649317801195701150404653109232
1791451904444082318295668855858051305065123771532623246746617826874782041576185928497155879380360963305307948025625451193319651982988449033844866894806569171970464545917242671270066157457564
9473109480615525723790928208983045912712304254060002908741377724187901928989411057400131521302444058573569439914842792026482009489702443770072789820851387879796290833150567871034343871432356 5
7191609539663497780633368556273135740260120335205294374439441464709743361717258824376464617231008948522492857396055003097535691128931596685293838687235290804358993491740598083018492677153160
4264823804721857491245442270792841234644126552416291820058887370631885973407331130217534881552445934515161071710469416413892965722393235041947443329145912713714381388631542140828872778318347
2975220897219552086369888645798551123775527066565022881765168734198302372215806465596085851083111340688600013668769488162135150129850385942429240383165358736605346580644817697647099924143166
6428603754086041300176412865565004159923471056898200277882893241673688415047376044871002868465979659162349163998166011301630390068411375473038903660965757716484083656950324818583764430632531
0356492857498849242360767491254046506477342652970434042509654152106573087046750745989885733909417723818615418151499902481446212604957394448340175785866855616316426984615283386343112759728621
1119739565443070184434302095517883539180635298001710706031713947460977639866325508388551186917430430509601076622807031349852617836205963352363530724632408005195163636221438486769952328955315
1104640325572605950682302651375577764286012860996136373616247876699300820152267768097419212433425668978248609503580872934065591795012636249725313112816014687724186738933749382286640457642189
7405069703996061101173660015677631545277655806909634776359919114777466055748256610165525134385419273082028977676973160249683855675852647074465831007808907594788988206465661094924634444912991
3864367800459783102376204325582113109274871793920902258465572646131476980544954853538568804608128524368727850413344393030960469012607824312526359009178543868155109144946408289588567178151370
6061469949127732016361205318828042101294640573625263045026865984176881772878984887736452804235526601835523366663776810529937862770149327282282248943993919938486743076071828960133136363057588
1860626669328757351636477611106030237498538880643401760588920255415188727805127365718009176304867128955726299232568704716745267054890330667023817061966898161115638967911949050927160607481749 9
3536681369212842066195408402659162186455589016152874430159172025343104028651467948219801000627544750372598357281702568408991590392545587531435057897811432070408655081891822603769238102607102
8088558978798207756122252754119327223903267670329115443157290356791877055632553824767846557966765950839957635107043857277639105079415236684929483966538835897277728652413495450478830493071842
3896308760985382844498132181027775931903788715441657718054203541344757549125141054204793406654924720932336850067493591887039928571423092018596043914532016017243659820286229829694951918649556
7789263864473051707730181240730807829780829495402856033470560164236887066254662055110284009748319206924784335362999630963515659552843042841390956150312982936485574779210617090105142476378306
4359989274489623803460154524986701050968646643688608190693077018660025794989202741441879697670387405507831798511782599788317880205955632881926757262579052925826296531091920852765543439307637
4979650560722256930384011051034328472691881961006127285549845136162396210585274785319391019435967293693394011021158773349849484482647545466811353175671125403228417982624593541272117030591648
8485722762450088510970819427664520738558668696346769538380297627694077540710998814896663671247079726144985074932698634185343913390671054775232256959486030192731217973843325114978264341963811
6324229587698834441589644101724407702184551235616305264522884298433382002893826433168548901902888484061747964631007326926592842820455684607578082586048711357567337754572713942624417627452290 0
4870244076090044645658721781565096147894057135738527766705213784682184456950231647627297326924460175663586767795274422729756311815863754009577853878332175172994402748134368505879462405194872
5358023065211786854430361579890149014084135232854030487419264481839164379476995550241245447508961996507651480145638860923233473947504146246923592252055678420986020467675069877101519180152481
1481216025980299423375963376705305159659964300629256791071156148744331530557036892121503019706642080371433393135057569525712507289024898934616340321475971853355472175446671195111278517190745
9564306470935837965640055033160330231327944108342283344937813190167335853105233944471729793983303855039443809995411139584939785611654214671223500771065550068449048033045784399012126506668091
9725389836157803918590907552287990509587255279199286819088366989103221375476756281833403315294976141319391251498315298304767597775210969671498403636007777140276027653734686900194609243125083
6224822252756118175745197355011126331232160031478874250899541312713437524599488585974053645515330271125118213366613940848174011247999182811085828651200039077308360891691411296980719035730769
1074853259303464172087829038257057229642439580776829021618968425085561501776204332869460588470548583411180688500689316140953088884942938495136814012746962588312635215933742767946165606826677
3935723357231675747264866011583119555558282623708845739056082433963913538475020526110754916629401523272325958970743056328384764757551147443295724476324740843747569510115714266295013316856718
8624223497045795607707257945125341140604153488375676696744887370415301757662620215697227706883139341117638704036610020510109423657880815860872634268802116404072297401282613920103011855108888
1694575617157558278630520363150053920365705708537769300464802003293160095765234807029243386095530654080709378948137008887151762392853329756102492981750398795276723981048581994148965556183019
6516971680966916261519436636307332964896219804355624368889823771267395308865901694472422507156076271760230631116088267553820268101872733834552895770008125858568449369460243693270708013689815
3444160378435873098705173521653322744105703210391857566130839039648022747170611737099347720426667734859453160485525962317436110378295418899299581867014582547956810734456032899140324520122269
8449736589757505410219793749453755284513749089485189324770128889659606703543549793716525793826035828046286365397605454444851799595424930796542692589277074028746589199681592626559407783557047
7042912701617922629252728009807540528493440620261730386705502966798710492347280092784592642694796985535781183103158304106791161014735208685054604901180497434393555487863672205657685104947604
8941702850912476216713171323973856089720332534313576608037566989931151627277675708064791056389343840707510666345887326241842283233767511294115014451733585381975195655095815658424680190455808
4715974985804444798595027063223410956173071481962842485718740620634829873799179561763612621333699088307106578513391286296984381793848897168376608397275043370084593829025199716264374628233005
0935550756421155966401288869847685804719309912720033767757393036091319467915355086935018421770987589718055651957745368077893833027935236351590831000497158203909381852960573471830518183922521
0862410203225294074026067965989954831419608374530347106774838038405787021276784137783936327019037067433001573901588014690285824326408134011723619168815326014689932757172027798185584940236263
9438193191422962418478413520516971999381231716582706556289807070701773079179253016584798725834865937460150133906098231664812259788437771455489711822917637131053449786556418591952502912505394
7903228861265262185248460258704474831705639371481827769704609048411977633660040806353766694842472913544929557850090113349307162910452426700845462430214353515520047633689381163214908908002130
0839464769744804875136814794176871187239367714763012942905355473628833622885557290276799962828442952997477084310569180054977288380295760642395528615882391353876363563783812115542626083026414
7414580159701323247341462464340899445422616258239385877625237089291889124075951594755546719502034594733952602763321432271298072471759410486066257351057470181520427010549379863538553578043965
3535925310941299879282839278529339105892960996786841083698159412826941215467155465023752435288459305704772153425361825443168883126696617556426391600030253691058763723469836089420457249233637
6095906907626257310852629753293167363129261639597106179097674119572668051236585238741803206069171964874990850421312984105763886238504701993503810625474852307947968880649334351115461562291915
8373540641928718067600237935794549125549596922029660982201460381865280573808838163955276200779623709688986606574763449921864552014319746295991165296251269956671500383206497981664422960650275
7486795305207771813101591211487869349543832799071173548981265470458987478236582106271034221433623954822510150310087898345504309694214584856037565158464906109710879631861179075169751326410770
4899347606118257458335762674661770619626388707955960397077574114127982977517733020796693618729355990332370775173508711848753259960816542313415041816626487498766439963820719178519647931980140
6403073053636921451454134084381288426674834266521703198634170818692275623637338173224297365434199619655932583977215858672726225987010041871545314817669757306252375892669348019455063766012471
5670693527400240288912751329901823976627816713784396819086163988481851516313642366125337690065050429262741640018643630611366055787100971339607766767268203165212626176588245449269773410744027
7883662004224958740174431281200506852111871282180742702100420865672450935711174797567777194946105159198084201062671260907640712721396084541298748141931365045510290690508900749800187945972808
9070771784275658078750858101730701328775710253894792462626377773875846823189008360881641729460297422159082399280834591351927948576885747512403556308942192604813722091427170101791260976166954
5527120789605533128142033179625334672948138841023795604849867758679495584025382837971277630643500123909019859476295635537943844590475771487361110294497493486198036711305607887731837605713842
6807380848286947575114158428880573472057547191496148326317634595295549172947488375025038697473896755901150858039506858599405101795700415057583790339786233341186016351781165131830617641913121
9591873334403929788035254825985332620834395189038400293604937494762952157389993795793382042153325910545194407249528431075961135762440660229139252960706832395571593960879454617041828520850403
8616490476883786981439851688985088326045310262621820252153512784621865196089611738124211054123432752177733225191444350777631581040989593420892956548848350171895259016606965756194986984179076
2518635084404225324073929869090036065433324580896587372313173668748199051112842698730348242935905607878584415623034044668214322476091062012930411619982035558564916444330179402403061089463023
3903004695714577712826210848009961562069670914954370758411204795684533277092591860289285870362676458877140616756968390974194655014584327281362253755877776831163349086761480159233415455398719
9710032487350587177754009675461428711718144026382769150812608015417583963573991716973214741308132236977225637088749100048205733964788137383586368740867320269463085403113402515761212685011356
4867095061355092787635915250645027227702118560128508076292284349157526161257654891261622242756355840685302964993131970451929314524637932785548412613927830081097793086098773258162262844452654
0817182201607947718152751152721208698528508135101139564072073505034128201367897898223699217990076726767819362689994329136657689214013572400228111458810021572952456719272879773441769010028722
2354976251338355909437095139403400213317846303190877903418645479249355653682869180558358234932195713837771580459597337629161388017694060101657501045024776683672896297278365264115582622981179
7911784918682840816101046147065851288519463416577463641600247700429896926812907452645678860090411270911533548038762786245622927312925716703551230015884129751273581034223148118259777262431905
8813128454191710884115926715411555801502789543787522495562824124880122853796822879965568185643991796105325941794682718419514272658138344590515868996733728029438164317583773639682873876494 8
9051656280571888822076589428277277789261970181408648635046210650146267354652192832770463551591529390315385611228711722208311529221572670874946386220151673135987219326122424938209493192303652
8614564168615912517739905942780237875186372876910299396714960369690916998269935488728064845892516836968997681999955177182461546891396678409429802903833020230672123332460446458778774273173926
7073905590181062611070685943341582689578862033026447752437047580510712800193682596338692813550800974816982686743291331004936170517186322798738616632195078700478278609559374870194644124225427
1754639617107942749411795771455440545524231997330206408612711260657971628406438525740561355177230596398320143834862231556963039029399283132138069219841798809095219109255014254207375555788365
8790990738786354560731812480169765796786487757908384983934898063947636663874680019723042175157983525410440694869245594362347322958200133624292665616529182812485426356671999521328413246680267
0162171000700706595682428763814372087758765507999097462458895264201846597546387368677607371829065017988043369698212970921580193689247912090913825414196982610839315002985744399555246191831787
1348020823777294861802587970882121939749365865023772903955283846313288042623613615176420943136540688260860364386239254092447247449702388819930692856052014211306378502441770031139680583222974
3690604171318470441148740786983232246059187143873705042014547874825471948740053841956322568423856751766856288110951167627581324342336253303091446012956870756072883835727637124461397803932217
2235793767563043744548128975489488577826643377810320957049749556980073808774624035028750288638238186019508728779675966199297786712353820870364415984370227483447805651838115778644694363145783
8262260622446199753105763871323812440680413810175769390215913207885993850253115054209223389613435339833596679181731322167201941269352573022805905461059714312491469847243359145217179292766672
3074232591769538282422282390090400801247275781909964074104650521170666400188705429942200975984067054282078283345556177255516937104172888248377743524063205781060979140709318398745894301641904
2437243752063589928301614794665626169688485612981018254081367914911977481741391633642845152717136665495784256559512936366328911541136355596459765733111680782298735544035165916283592354658879
6081117853692671037692447803745267328514735213712610297217230186916060096382058455352509986709537558967104959115759380886450129934619011835965907318153838940230138952813153706196651349211946
8441298977948068089060340772968770667917031357039457721433012912202990268422837292486688260835646706558355437546329201658230978612812912282394317918865821659082495338905285319328356733479765
6111086198218468532270169883716075809655088224533545506531527650983133736422610728087175107075825643920987950795947860018782840280974392061330574351418354560836733539472212661424373688475946
3775996984954036833251052651456841844150562236863060786511581748231304020099904921324847776084236447477640731073432182289591095890491161502620638581008555583922199868554655498085018320488468 2
6358878057222943144313657677422644168140808794115697213092167420866511009684167785013676611916069063030077826809860613910898523787996976423810200891818629879372583484597115877519675595092651
7291168016401741422862044051053958654880152795562433716687757352430018709232656722683560726441375993983420663407000150792447261238534528108174698622021544335287120511870999446496542669247743
4059160390366531717138201569945930184064985202255368588666626561991808758676197096764527346079421624799400283859982769464593929344160700835392520434297647498483311631744836865756032418112626
9435923744750509211941645938851842005049367925378037295247048653109083703702508406098882931752958578330851621413672703169000133446231384020500646361732132425556735335604940844183193986494482
2606773198987854706916335477729325155374792930724084855302301959205824845727193769590485185135262799937592942082725739836530109762640423378767877945516084860804427366692405440778754786266620
3902379435401338840425356784786377198754310416289961096205193556171199216287097006877937271991441904130420946557124937369937956329786614683209628024673184468756245457152084042830916384843529
2557158819141403670610440039100241327659819867675977187237279637116073097354057467425533841236670544821450700220012885496461949262251740435398803681366669816010255637086238741442879977931933
9043373782607349437036694619031218108422626223313633863131430905837418307462236246116121114696516311505716622103409513685746950312418617434780118483191806813792942597408996611904172052943340
7130565167045350441325760446757558966008798928653461930740349808615538279801164399548644858095621024979591016550878790655214838606535420191967740311751566509372553321766444884996345262988366
3841985486141821439648469452292415450168398247003876151074064838964031575552225534923735123374522838381092865171602615017621047321269555777341816751390170458160222858402717111607845185549050 0
4097832997589241311659334949126561172136060493408112630994553267069723075230541250411228305492052238760165214992604361411145675852287591891690766242472100636882176165315608723283422957864465
2221997592765653503728868307615296166800793759180808625449807344730153427643481519985602075641014777638096368484935817711601062389652430912285044379495183612847939260430498987026864834391380
6212433796005103315583311435959953223189026146196820781134207318322029700164767733025974997828109886887058676481023097476679091421491610942571966550506698137206982548812113141670731790285458
4938542000949672084495655674307039751584645564666396103340296350577485805520416746757638940994250423934550482566556792298176164917702389477950773718383740255909018815624109300458888358696086
4814179740081559460860178278828754637006335237397117964687399580137940123940703618066139343117405746095977988224244270008302264973536852259461887322419316142596158870098427000306678459455039
2734798328423090604341116372369181246866933013910206631227178871616004100901336899812584917056835718333448102054415248651420269627461496824350178373953180391651711205619176973234111517010406
4401017583943618739361581707148089229829626824496023329323039283091786952662996322629458973960999199673318337816490621401649323659871828690998182408800068950589865778304669558804483536540298
2639160076432598021586863907748615059960926770186737523467346652236583258065439276991945612263409628418865184990383750675469827186180360842535512747540015643161187285940171993670614833566384
6255815323502337981909069943691235845997084192656082391659830873067943760931878880057425319149880579832881335866782458290934751630193847900961401886658624300910498719007396361033363994450430
1738154223799246185556125595252039909359728240452790075100049001252384964538538636361988477096400056275371619135485021177654847477866176705188592473105531554881981481787308711253752507864909
6180525550934047528922528820850837400582560780029928701769086661664555716733824657058943926781484358184611669109908552119120290604344213602539616857029959660524985193586301582281129193286519
5963934994762908732288683224429377353930042791484209843453141180606032192215914497956846067250015131596535116578550367732150652223139693696294228321210039463838731356387387897575388056282554
6560946366701365542484051220918236532691218751002718365669078140795206737036000024678230585109999888708183627188410313128812807006433352094205949967252615476181237506497444911452799973442 67
3501318174823275177050757892265026368126452820023515616118897646919546087601548310619131571091683719694640255342093748538496819926043887751119159765475423976936437825644876131224182300904533
6129473244666560862304954656277440777817402894252861943856091796409585919378136726027311131788619873589057988562354344811023076608885200163402034272376929916972152883268053399702987872644569
2331235819794171789505004978088151774091520006610411173427359529421070857344494617615600339227641487551138846290260231056054077950119754595393523236271516768994559702153859513251358057390398
4947159430953854884901490569351016154768411011271883132326876271255446309643550697149462147989545756655654578704663278800202053712427402476751197863865545136808542995375434356310941670566200

[illegible]

[illegible]

[illegible]

[illegible]

5256049327195430302043058322303874200108074339239500832543126397677428680378228083633140460394889808539114995843068230794046608563550073911112128229803284527744140220776944651180406793750183
1852924784732373721205777706081345318466952705122842559128806367618810108169588123918952313420948481127562344859047642440337395405282003690857052793448951287272304783386581041205359862798813
6378265303736675271600512580340136333402871677149940830663492485961981851324229741696651776073421505965591897498721972336189103473526373022796227338571583591895848199336378016719477260950711 8
0356624695974662432487471757534508262710207558964236411543910581980826491536456785152195624982219639522626733819475543671534331131240203598299723943733877160153292827623363765833598746670909
36963499921517231959068424754695947082307061589075295291703069950434668853632323076985337490110024487976295561742266730691747616823323236914612111466905216300402071062998246168177695556686030
5162067169221153705335816251826803036097846217912159527305849898919554333057425343140344101281332370068911812143789969183907578289622732555992302001448437026656148677000811026022143249164424
3262628204163554032346868350565282910517468707966595048392319880474781899026569523357230675900652710131383952379164572881975639624404361684232303143119735218131962968026048359202140929018742
0332012415212107948565941193923912028036921957891994704191115018968934356993912475572661472505690225318298465879349387347742167568240319478951556138532947300668695460776814716389917442274800
4122245681513513847162454977111873654093585574805259750070538972995611786729378336836419392774406606531990987525882923701567212891606688398768642771054806016480894816931570596339520938636121
0653087059138022240172012801563623743900668889134751645864034577740870076042009172654059176524894792864959254910625691655159521608273524235420424159241224436079114847102456840619961920624289
3335149936528756166176630374617157198917159570142518181694402323720023541235217345513497399837922883989777270687576220074352434324351781395364720956165938264769272568669544869639191355923970
6361846825623865007891513640097226543791359457498935296693024088029298107926735054852095272707433624207387744888971726939918144091118710609701723179387558803597788377258198975765123083054947
3233042771927383834392257887758778724127914900552322563758144318280475116811266805200903013914920370260136273210787313497442673861850995820065161025651496349114283549502849740205109190622856
9626187720522607091516703606981441081361102997934001475751943992730636639877915715920318127633266078862959813783581047601895263960354305677479823992062214720816079047568991241703918199116147
3143999830455067033072855666103953741912772439524946792166910329067043798108163557373074133514021141947666732510015790475904624897258310454891556359981570209795720001404652139349538152705908
9580644976786929100300851037786629135250423651949238696784946622522667794030219306296478316593799215546169383276106647926758449941590481015628070408050937445703767794144331284142402340449424
7984828924628542154507340505928417452192680340054791319566344130985873354735233229787860465196640812771342396497436556352563253790694795592024962530101520394514717583429395525719902541876590
1557288443612893390025635011258529038738896490572552590803326019672342006338519959769263500689891928223359323926814956876919004723989901461619636449098973572143785266692757679500514761205895
6881032870482307263218192959228150590574919650033118677023124518629524163830672344243755849031897646755485517039066971292265638668434194208204343475276713582663483990567114816749341425501401
3161598908956984008708965944049779511125780413516761413984105273030818006046733003063338162065364895069904779626091634561506378287076415849117660967257548133612672942928684377272645977799581
7716573767132652335441644707300666724374866174759051941305640434069041949764601919171032384779666786537194988391829699204602000768029273973446255454565120569752314428105818278241362124313167
1222430138961829445706350226659186956808798128148069137214641773883271771321543429030197623353278297559009488649098669733130317759482222014175685712715966272588629971930732907383554233051546
6947524194186283127317792119982370862619760412289785133504976727583977572095479128228008926078487266164139992814323128141347372322683681118423036179660412456628486129888272957130204451660351
4550407432432736029304002496612556826479256745126775538754204577492085989170900713006735665739966845912120361317151017008509901188740090852330392286645783337377592411918967633988695527310192
5651177958771108768578657260860635145676110926887548949383688099486159475589673606641929927882623694768187888521739086817347588664953813330138935970201107246900810653122359556333631382248372
3979353471879656632078066859275768939099054417997362687084040131121675068697219083796080612143774252834944508484466238776255225543993163586570570959606629005582644100120393516739522720389315
5387604639148724936150970802092455957032377848587695329753355521674134145978482413396470807130771191941221480869326543467908593742387998541487670798249099789706632403599206133251988144868632
8173893693682644278522987421280673412863957770426987486794291084113156396175313559083030748873444874598110311759044215775555199620405347720411666992717140379991640234435040597834791031591173
4700687289020874080058679054990592044744439990211783406139049624297949583384471009204145522116084108775523651371993820043307014572667779359619439604836224031902055363990519376334158371701402
18703366090038639682694706738806575159357441835139496213623590326377031394985199117402101974481909998853622952745112701045602465739040179405926697797922340677378105493132453805736875695045739
9947550945682217659758969633457396621599736041271822193350807313100101975723887444343278316561439144662643129613329096349458436997130377477689532992289396489130606963090761991147067390627135
2581281025286476227048587457400319513771936129261786500702249550460143110855174879955541556519864044915138601220714344402946576560529641114695939884269763953797093557690452290728059535271221
7978717660586358215905479572020702332181529282922212098209359981664510939742425832870204210738881059280263960732670458015581581849781980831554383957547892428706351883168465405425881656529170
9501472710912249059234729786355121987383146788721956517323806139635822218910670622754052542281894861405521612638530284247929134313918547336512091350768655782192905039437306893866816444860393
21685176835493034560665167011588070906588837898747253883666754807001522721106679857007605304798170454109979965855262222182151495178559371846026671262304487050182417599488549695344179449477
1906180716439166406240099287358870813448880617405724442592020379781941829830913952432214434686399268203037498093794109825164376732264640879144815558684888041561034464958078903856233563359756
9432587720923178450407732024785587308957003783537808818671957522584534314981029382764402815282871042649057801894209837730089627551662528324517837972507818397581210751617526361752035956404155
9886440984946787390276395956156839873689742654829776465606134910856459545399713422695161182186069943671373177844670106672000789350923665835258298611796866231084380743365550658477476358046843
2382017403871620407381922735273149339254483440152374950727844813747676629875949593231569976402534561587901324355736891617404703092526108693395656253552729254489751848361362315458765124349743
7454274322145377438177403296326490198215401486469358856923013711099018383840568916264019047878041731762732687121949470006641190198684192628593088098895032847153382770216839943675323137331599
2233471603644935025128382882047645052277337027699372688273566745661792347405299380675190298876423815911957881104208888899203734974257640800440079614826489278478331813264273185141054490436383
4647610074538932024340127933676901051273480409870935750417087281578522770798197763186697705249530598045388313655588861140836817615763489523083897344555190943541837312054099225537678746543252
17469942655750866554955574563870895227384337940031325974009828490768863111742371419252307857440024428610445666682276422002150133673614666813486170925081954614466384232298299593549144541956242
2378311493641558975471685932381522528160097295433883661069925484703275711924119436749618509248711482275132370774347341537691795902992155752619033654967475586297377384726053917619866249698666
9204543031115667043953612051533953668940406374258811106691266900115603242247873394484145585019123447343793232657198154033032681774543458899702627674423287729444519369736279296108965628370804
79043011988925833020135703371222228631812002442639023503250471259297788685215951703938578057404655241558439285295050116439793931453458851677442411111147946027793692828764856691849234772081616
2604882530736220257978022446033400003939362055879743445631317405180226906101865957703736389452051961599349527914179013590712756856560306256168918145323175015711779985102883186247731026141058
3515336225570138262628668439192924698512980963675238147659588668261339772326860070357695840779739530782639606787404911820058822010240771009464903373728091080283182544948709700314244892012844
7928335531309652046098187089107457132743894040446775319486482868009785847909897527649834385922408914015684495744062338870161405485709918986553493076909780818254078457765136750636960342289790
88920229473445527072797617899437557332462385477371085496941595376192716808843724353512731563422416177964404861586404673601662437665058338998788817319584778574385694401163193385737423506171208
8070807292822199813689412898734753046585012139868418590882263248350039601797056184254582047521931157356300432792530202978926017731970711719241091567110731410450239026841674601890565486202247
0273668403036556128307270048375479259150767835668215543730518556279229031258110103903755786406836759226209190237219463101427269824689805969640545237804213009374813531541179725038437312174889
5113627534866829175976840242330748366349111617891914702747726773055857018870264045605563399433361718235882128065457111764359360176379926052197572046063393562972744207756527596545855627895015
1817014207701538450561727802663878406271271429948742171599717610546814479068260899718458114722291022806522976317501154063003463069508508605235577845856051151526447042142876320894958392786271
1363201820782982492913488918338611052468939846692039185436978672276938476828158649037426334629904111671950552440978921425341651502276063113859489116121405069641976934582912238039526456699644
0161615637859436578229033264497331548858326920003013458115107793069243097545703429073187945526618355598272742414279259101798459834194215882945825973566909211629214606432859182780827617525575
2293919803657506646892056019464678848545258961794781806288256222050500535795712690697752926482110935819648284171955372545444895705707037239137593564111946627235412760196426203771178401397302
8316715472915478263807011487553420187581091402760669645376931200490058758504822998608781870912598317110936824812946004783161851700948821188518793081794932124745517875896269900529714257150995
8100794954770171509749138900023927058054282106459307586804431454159116080971016347210782549248924223879955501630522412813443385568768760802933201580433315456314778647539713039423603170602866
2875554799886102615441007050808680747494141940783148285951101753012124117486415443768069668846767745694252936940031531813665808072104315406422336321540698154545219202530130289673761103841369
4510766607428467410547808860628245944855187675521554983896102948831845433358553792835734043344869655349768721131830779390200548515200815715819845938940817135573368369193721856400220677377521
0448908845950648211367345837715377474544533023593526915822685837215638245968213088313197261301244883413672676797547581747671204632110096383237011704417035556491342864433449024936560825523394
4852978689044677988402314079340226462838776250852456549484067016021570303271066368983570958416314677556863141894762939361975718283356074266070866956576465582510108970043975057984220820183300
4678016724179113587796086597607613133564556519672813533831941081265545168633679394813692384211192050300131630489340822895324827732327193141647967956633988374952532951812999992900336521737278 2
9181725160093552345217099336635131741279686010783699907380145396789905844685708607778506757524842168632262230504478273656409232369982389479450616449358090321323195161786101633286362969704961
5411474729910556639117185403271269909260169539163937835058963435279903001903726184922095733982652993991752394076622605213824132695347481754514388610349779425109924124114403725432127458081137
56707227906500378399761843075182659443536200158660055231200741844032847763033195513061125661555301264831793652855597210566159640773295405668289149494852864807352652320779723544101732373328829
0214431487118567680650274586787750513811213765695767622078695609345657326179763665377775416739071629718203686121467209661526069539118499580962421325469875639278807264714242382897372291698763
2388928838676454032663182204756692630283977841363587338910618414939328619477460014525437414274744385753749168163097965735327078917537090644465759028483116863262875805350975841361005447512474
9984540803466122053835002858019570137607578961880580727968937123655738589422388701942032483201460381423913772564878234584967378685575654437088110714351974676665942378204737784692519029539736
1332098275320465661546529075030240256787178345885232301026214174192559005003231843269345268388914229701027825470946495164029517741196574704960632480318470154709242689389287564736743461936785
5641887217743525829765930383793131639155603219431798599882492137931818205097934613096894119924840242866956210982530361806914898277863647758006068417987059075016102681560699960385702939687726
4076674167976292233811482915258668872268949687634814138234560460135616618052571690026649263635765942045519949444737519345456838677185103322035904087192283730040664395304671398835478441376437
0790811793142289656649014647415598396972234414416025143599588840225344294017661234596891618575407124346968892232733132023192379170208077062442222431176765934470538195232491399266905056909306
420844420223933499244707918406297512771513738295498851791976090796356472596730679998085962598426730479384804177102512500619552095538650266943456301085640459169591129910320639387333058963707
3959606395570223163249240024535336967960956675545779931899830753939583356139125821376798969451610210637271669546258010304649134002460139653149795739202752679966089959648656473482210165754427
1115839286626704004095030458195789345687867410002076422370647518465631499291136258866832561466555496640906034472220206561437232707432745813366739848404007754704340719116633676117665314132262
5165056113919543056792608261445787539146471647701760729822912235662633706184428589083824550896145995384595177920652900518391011914464269128445065495726490824748657664726721054347726076109288
92170501555080103917252074745729881269259987295618029317926493854936823862238340245876686014269017444458751912737565865522651796220491749690585822145190148920179227133739568182224562492892632
0183013964517315997588686001678086730589094052512121335122097393894617078671983893040734289224394727649408042087576423592779067902128023963562214968442365793792591639204998649448796852944312
4804897917034288530904547978901095285793427169891749946255252613202703146245844953922105199124494172823268558858584015929563163821763264489044837466882968667204124684369933494300002684817417
3580768948576238400799606469342385349111771194061405388311971202221186742586672265088380397655025785948322622422213310519355615198865107897014360783318842281644408930534811895380878640976304
4211383751034583752595389986295420550557016457713603775700873606786861356972935772749316358109192556443403015451576180150250683387416040015593428062303908805929681606891729043531784492218710
9513911442432745636339705738563913545812818765758480945563639760977992974228907705661925755242588948109790504093372947402308270152153601254587839101936444748163592163609966276631874695959295
2083077757521229516147362225102206393855631878895521504375103098982708550245638957990033084105834531179208642938511774303318509197019486792636057998818813258110522874225493512548273075794092
2422119219923941961717387720522251690808068519424884558297166400103692807142185396772795079774468771978360311871409465645139855513935324681679344185187118828395757915176792460931633787338448
4368389173415159775542689598520977098106646641577568473070753266430275081194098103734074038332574846254404681745707859111402003137486082290820218146542715372910300394541841804821669875886438
1248300878184760192083439886071603791844616023395493493172545261339558961654161201598430853722163144478250177927702064241472664543966595860794618018086563388508697246597625184647465911785837
6621108056213768758924098172667485972464750918120065313651695562012055740112148396517164546156960069585685216656609513964608560630175925170287928297729425397585987378187419539154923165957152
4388176108556938484045375183032914723676901311353800643057231882040802736672261755942538361422935234585466106347710893631473315833391934296965194680414489968323289885098688955227491383121469
8054223488526814694088862767838252651065031113622731209227040260202220325425268791981757142768812651535086758776129945427391380245109987297481749690347901087691437761584756657594345666684484 5
4685222968028472889567491232113670557732418430990754169368174949620158752295590215032040135086892187371493454541565985368912261762985731092816517362597239830308825389072868213910909419682475
6547894454870160343524112640289429790264631219643345584148128432379471465197805577676443647261909587298876157386735339841594140788968989853735169583309288546156811948179345361611897823626589
6997726186482298491922420375449231810026580498762874829393077709525472868064902902808560072456749197567386761584650246850732241164999326110029838540501363943132382026766037546151459925593781 6
7418148857738099787995640007403710652428973752625672003145568458538094154590781585339753002552713771518846287728250193240659551670153039260878377454511329100941698315033963128447918192116716
04148247474815496972297807946831121455517983651213246554235625441807085516802524097647692928493422384111557107550431793512140004064655192216160727874930150898994993628771903720079773547500066
4931386649291443614308037587223169599296871537309464720163331954530384340071918715801089603482658966673800728406061497100540393284869772217853356072839650789058803700553732859917023146073895
63821538812065325200654778349813410005925907000416882479139968667186293479630258475664452547111033306854592181441094422262645316618090818160731079041152558241224051694157467095511439253342459
6132180789867505214547781081170137569849677455150988023738979366219992801652319579316512315123999457803863017622475361195907466026156019085857743976636195686057278343135538282925842223398736
5292657749787414496964582623509768336662045392158564742685793741540839932355766544711203468539367165273174855777607064567950416841490800614893337721522642689755683339994230046491251621173283
1141608231788037752563580572373201720872413992369969958295867162911924449151080594669641857927958070481338753795040993077007080600086447886346172810363691127859366974567841290733174059457584
0376650805612200131334761869927703690309170339446340444116182225724190665336782307103136110564212535800370902733971184177348436216145350449694239818352884734082252413599988660626199255693943
8425442565446131997949471703029094904957297729753308019018002371650198019397549038176285556515150990656543033604135149412110436657493443358014387776099200037615944305152936171244353103055800
8910864655099801820663720739079596716926327298685160633102260360770658162858839752799635560996009766594651432820958650183695607868274269885179290921117817265165442210196897385819238463925716
7277904153835929501661844266717020335241370712513203246190897037252935046891086934839084781042034145109887425098330194114325634399646927317385965696745205431174399935909016949862525841267924
5566607506348043701261360419599082998099951056138456737571552429403600515699901269003467105711284653028159125095108321143872298417554669430945059488991830933295931633748532707893649200567546
9282293285448023305672464400214875459209356541707389056900351315620221914134935579455811810512120996059438359031661692021397056895585909010054362313447215845473852555904438965001730589946177
6064383551786499041638962121924991771397909518272189324797908353356595349379291217832344097126576793240360368902827875677461286469237312610262801887869684125771219084077127799317770619360540
6056238643909367678279072098026379042816857813137199546078701479721136119584090985684875870742647838605326222706517450319761609284216906981220450874791792028202014415748671372911439495642763
2376671211956356456869168819343948076049117646831107121445298288935449263105032045054485083414990272534886298167366871441835180061158270490297583498696164453845887616773295511421484788251546
6839672255495880027743632585432248279876320727518892471183785124896818631655649613377908215110556417551975582515075098927336382942873977296719790199021745648070954140938296114254247430486819
2976135115551619176646330904513912641489441054899122506355499994948184835927028403424989878497043329513512431280504070376202601407369398037574172331581723247203072220141037542093084036264256 88
6195835214911955044001678903709925297587391297289425893061117114555953720907374418232635970262698521643074681153359381218817174877635583303851710563075451434109157306488675989114075909455978
5670302502325064019482015951639755285420568025769901780657927282108830278933334267355669674755198686351503275720010023732268678231463261104546738547186775639220751702251568807634264853335108
9748130431293482600642118259760321653291457158366510127170730307938679685357257399757568421505619198503593243146318865851552294373091517579597064847071245211343491372056172675631158171012905
0026263132693302557741262864769066760035411848267621534973098426661028128568533479425451828220577238513976057509555506565938155208042985337756552728385475582349302415639891863014587094447340
7755179191919748219720550922244517106607440533239972686877733374415114648311903832996215493235436755816297549132784915085867080619046594412378782236221370050388765931716015186983839458391194
6780320479564335481854178266434138268419735841201378438193426247806681441107600091183847747559583199521299626683370692237330167129196709166619058553462412194094725752579989890526044268655852
5795377686762685412644295566386468768177943860182712202895719348079230902242868363938936582626438333923718466071040984175143299774034685545989839469965086495211037339328070021899858377455082 6
8039701697378182588690709190209353516261475804928292406453112638890833234404846362896870467971114283219666663384625403259282459912402797525082777444895035939626121859180309961836084218931319
8935888867737812708707480761978394174610136949740323640388889133885269640399257671226354264342452699291531083540166485604058589516705587168570611297184804051725160908073448981057589284709129
5542491518232102184603652970605249864462827394938931260493772623340996782506750936276219368691985828107849705976634272147228176958302907989359828258372804783011984242981048030124097551958815
3102640737439108912972068972672471962793654647909192079937480349157832219630079098390359019926766818452014158374660846680638044400565374086017627447951094588887753126271661421216506243160556
8571625858503979235370614736020160581222355771454670635963256588121963196279215990076803437804323243778271798866920562335093253477600892236509371163589210186089675007509324042427452307215492
5338597159104420423929043609767092653667198257234010841384059758039162000117254347052360737309000004936264962370628500868293147315588892758160275725647947368164922352773727654111811514192317
4344640793371555565826956572547541253589530233299868125377619720331109493029862123367801466481686847523405638535872650500952040215401177135437737266752528687545987787408888085584388454991740
9501536810518732157070019007045335933212755545684233898238150035694244159480108115907057176320771243887865584716892953524715008079839282073476162147795758768553886251999007879652863577967064
6256165738355863694567876607419655054928560541234747936366244699710259746567089233991350354649899389926532856183399003926709631515339679925928400175556400014482320075114435379218396997619736
8133934463106240389223134736057698942639960562244772847134703584163480822041909406414486389209730060594435613774673383004851467996539384534492733441937575468058896313283442786084758555634552
7652684762639427572183818866478849717213526809872074519561492883213642213857353389403413025856990173460736841006722575877657386234721452678772191935326677129307587893559984163972534290546378
3529069073644725492653127743126225961070182762155031487347687047513496162528977858632983182001942963532709216700433530177999557956391846278810198874735114626106331228604463266937963792832336
7870213458609819050825274850490372282002876726651118851236682198297998892312637742295448459479278529390640658878033586779323535653514131882834305752059691536406784120580391124376754633385589
4118933685605866385534980057006768744524350999273806346450382361215658504750472558305420325741633038562921356113635423409085153720553475515486811991681031931220493081890907983359020495302287
9484031820905709643828095253013359777820909626711953965609044190442198851266310877507537302976116301998016970681109096075176300459691062478395803871619131746723290116826310719641310536580566
8035656358975374722418684752976153356031405305125730547723713440745539499664315143602422089516837415113834665298988942554329725285460855611136414320487322974994584177575067441594458864189089
5694943755643565613202860605939557893650254425807585892765763387701204603272689362627616899780706112681194312624867704983409457845662401858672437808061339426174841301515221641122291884736235
3993255344022333540977436797411155549532301465772570042037780879019283189970086637671220644515340412051653025185470523176075585955517869332491413597536943273103873661709543129537894377510845 2
1461897568207336447923660950372862439236585635450520550646411876360090185242644248847031285916719314977330392236365450923625013826720567299995206922488932911936680330720662056993345266464955
4982756252188315958854163204686506538906674966602357393393585225746338749744067409633036297919616201873187800091320767943293873951476517672295597590367599297499630428759370648611532077460845
1201350890832693918808672030066309156301373749200646049153327715674455324693743425244410119175530502793847924580152101948029025411409908277447082586411705022955649926460066846456863182347873
4462535039876566261436985356929081331568426054215762706694413006462347390442761040055738238203824965019572348190080401376052285581805993780184892527296614791935382721734238454106558547158019
1454025465240042900874509593950327349251620278158993750903209135237278799241411775898949099012735698163033735392804879373114931641233389167790082276022721695907704174394473525584152352610723
1404663717163123438409316675053157909385659360593317355890334817780019085875829539428625863748981550367985267449536430187904065530385588953058141791475345353509575812627988174136530804403979
7537588861312145024108052529251420409158925335080283928029772899570571472920811554848951778611668665789646362598213238345235887332406977810330436317662840224166779402901779083445503536918053
8615944033680064896253639415517611970747971783640704143311568534761489080903812352877905314870401543470450482576939437552149487353865595413172508446061438504487204063012130010135559850560306
6576201642248825586308431504398728920856372404527899166597536770588308860867989557506152142645394558251104633833428284550905434993763129516978477446154774314875588674066933681359018161932811
8367098262831385701199496577210955896069896091358182952547381839566238865215021882555040790521373665029602182250051056900061665864896254992220599420907874446750262337711928113931275206472662
3463141171408977741898720081711077119677526598619290413965179910015525667087223074963166879122147946766045257903694876934840549415968601907293948080880158235681760128006941873178491633786360
8045645029412821682546870945735308295983487142046721969162615266244385367465067297328734715013843336449072929872546605515429577846066160113029655389557326668906403320675930853981182792971393
7037402944622638064965615735443542061771108005252812564759972810781422243985088769447646848392214534014400756009058336587786753534293748539304131346534033391899504348179207230742644026650510
1793444948340756471450810069621792392539529416529124681096659126597558858535133868713498853054523374311855845187099227370785004257085125775027752608728597590533407576834080433050218149614991
8354723337281692513135069985179876819230352109918138303747026696412304436391660876190263942202256183304124002529249313682853518368030424463142846397686046829517211192783982156096707846387634
4320473555586827279741165664842544394869528246528988899901889420537419476186816502696354857925940037210860919950527239840587069305691227120280055366066130635722757536421542528627962533129506 9
3988845292520806792003165418227503144060053812242146798013687423284011613387605843445103162856996379455006459867908713837878080398029055174696014307335456595903045697128729466653263791913053
1669781621911654000344566634305876596870106239489307655019644445613027100514889361402613928318290568574142045437254896549220686903632540040181948532686712937691579305330533471513725869341158
3410478182185491111850639411337194989790576863454737602582916269382451969191922074247845686378907026297365426516083549331044843862121684460714732897497709323913252441386749022140498547840556
7896971438872683048839326787051287819973566872323195082123679473340841499024326370357019643505653252457059283281152674251665986135212628322947391993695520525098755764038124296880952504655548
0667056007702034449815023687154032881657425198030695484445429278907649320040286308335867289153081588456496616437635124695080007101614068889690190483869302104167737632432344328881606600647934
1461283373316268555799240683409832537780011323363310397166131771445106554604287043314837316078121559668449239148955472417050129296620663719275568756014437694953682528197163443089843308110768
2237377103086107471551100772950381374234803439760227997127513074118387172559286964677440716175479867077175492830470901561966196960380239563164789511755992207936956478312837229396102658561575 6
9652863341537754842058167716968701135703895676502110247410683012228816696781062012935427453189508455333593236603701330732035875904288099074311944140988085762522867743340857990120187783054935 9
2189465962785542211524841401639640897636136412321877070968974787773214655480200664635364858354243151768782055790213433417354577045533772277560888974469692293504640697420661850653861146874853
4584906129744668648053804426283807353427699560857405761823466684364696157131542638276408900395793255208024921852113588597711045517423831681226899839290648275262109566227028211209059066488444
8249847638184321379992048968995097890638776957827334343359460307818136566911513316344318401799091850847251505957258834777561880283695061633016336725276384937336910673945402946829755949639020
9889218888013569420516968622175646066994964952643335205900010508536127618248789915799826505998405064946942096808733890879794741795801675329450080781181289837785856717097368601693541830404611
1470332570315498767224272775876560917699227110276832050321208266442021753293325733910389102199407989046921907955928281512841702209590895839807643695888768382706456840035884462594063398602101 1
9298105264365593076405033892711690208621835545766085856125557629647414437281482337401881731602916021637385929651210137458629203069150829871415271647240710073416618052604178747967222863181591
8149114880376216111973659279408934058528873864532705719723500433561522539130029725180298448259340694878419694747940915499568127449575274701881972628371045952537061873971152744257662697950649
3223719355533188710720944992949160527673948677464772583349803526385281043108216075624076580492768061420730438472454901462852810624297875737500416489075057081985754939681260548057454885225683
4789520031436775610804645715842121441942198711301416949996023066309528294134087039760461750105063622785739588823693388053432394483357506569270648832695724900267033016457081029313757280052338
1571548651513306240262197223439775118193143865601492685238282491540676310499285313357851207232757127574671623247148304636844406704866432765339695388864049018680316805480173073661115403086627
0424445185787192957992184880243045669477333857616612866583192603463316378633339580079878311472385793322054198220652033700283812221927039887703179549703282767209583460793881405369907351218880 4
8949849830257140002649769070218819925150334424983072964564722736603526190885165335365901044810257482993234416689088719000024911020539355687777195282471593269286073439783863007237864195420802
4213004127550076911986216450346102114850786788147205172478261106871871558388843341957801166544230688091912368168329547858452562170508911369563176873035195287240899058319748716618198360833181 6
9961359205191025477851836846283016459234303817887521696290483543397664858925502110506699702866833372728433541891924006431668463251156880358637364796632938428280001303441048982300168181595968
9381570267149312507961442343201169096371623284864562005191051784890396143576808434668935069545990800030528568657762530821003494501180109195538095903840510985760084358804214119429508608212251 3
8336217031327640361856572482625589513017195088031928556450997931613321059472234682092985737878633457523286486532287037674434241620777088520406888660240093154329124675271743069496940709522354
6009841359000561818116616536647985323086108486550971847664698355845177999230023919268537754889381591164383410315863304295742935785728815920825586369873708303789863143855691330929282688276954
3544781532367894930608308509390488268578324797358439605579571509969660597960181646720713819499645029592825239064258716952922561887361834105139416774116959793165013862428773034919878151381523
0383236642821764232307029533954177110643772671182386798583486809505015969389343626646710902326611265231504184303428461128946418585088223226998296738916651020566102533882899218461676304204026
0168194036263125552539438138839147752060395283847823508446697433538436095867248289390621474423804416669119718058226229752793590267531962658750974813915709219230764206743015784780988851381969 9
1439298112665435692597616046769778422458238981924528984624374540589445817617391981301405501129736932827777318402184587834700126875860953183262517376321400733701707887147891740157767937073870
4477879259879506745351495313969010258227903058320220710232615738784656193829057397185413232298437856505835734445934125113894258289884766065070133295938991369300705887751552169098747330992163

5733238388320393270261154558604218088090187400837536661685444185786716118068747311430372759653970363743465285622969627164334923270351914256953864663597737233823033892381152869688748607682369
1400650778498207873401022823234155309603997856159187998526359954889210622132862963972756446434981786974860440329563139180633683412951772839808112029971648225709547565347051725300646420061194
4983451727184183162907756600977815148548418275095253171576610019812717077025124629980989447081212576397438194739944745984728494601175005400562633973490776969347459604647085207095608412853690
953738086083422552211729141443047504424134732345152942940192673390187073056813130061738007775792570517232467326994220247305066913055988410046852991150603871393000339905649114727043830788
216209905556168068977803979450096077735375276398083510942549695727905073406656777466620144663968848913372544581909208132887892519660489392287970251668469935363254836524827654274387300224
505924975205157494253041172882475068719067526525630680762618835953397803400187289227033434924575416895028498456225298723923158333262666634999505108638527622830516807630155773598064062747
572703415122086207926960329791028772695887434222456323792866427506190554541133184083552816834847600698244609695503640009107906232678594620763410181931530365014924457952352171161498413181
435042500743001560192356084020729381401509356022663626157183262446825612611679428377465386431244172362352994032644437416587920060514153372775340088728705679212935238962165438070997202668
854656424061202953981593709026554386828404163689946839257360661149569368219197545528142268317645001540720637644588304817114134451727894091381090030474418155180815354511857880592064572147
063487925548056203295741281391644999216633449603483800357944975898985083140129525729576868755617781421432923684791778624918246016019924076251338074114872945198929378874674811758989112100
566556244091459547456614203290452181043836807566130253135679390565266900798477079961953694419272314051874556538064370339292478522432941648352295308805130746562287356911622930994954375378
656834044810027650739637434109924015949209170957757363365451467411522063310046312892777552553546884298032207491749034634066752642906932304783911534436292142574488723181807525290018390587
645207247153838781908444275072048980672986968601653982191668825762493769533266604644746519564441218506728333457422840201368037471754170735162037723420088163556927101751074560441816280722
584838389415072630363487010460141981128103424782491005042807731543439974302475011850979717334918665270880832164639881216083732736083575817436483729210639652439818406844944935477218019207
020766131356631532920824332124008106678682885751840484941050726582780905850272052520037062176818799943086669027011131286441255753127726470513656361943517959147202015997990896171475558195
935330740183502445675966407992939073664469315335170790252546122497660213977599362967913497721508479856552247433571059684717769874103598105741624558248197680349727918651575055826597128409
368392111507462633859220166913526660559881612655344371872922876245678680145616580138559491503542987116295791026700701745435318929070959643766926586971148438047653144723714142689793225104
545887623632810847548205623874631358532938646991385365681232981505225247442173038463526435756531539102195850833438895158825969802525883774793087409208466101194049324069391206223970454538
626831532526447768463133487322209693060358795394530656613529560016675170179808465253179066810291027342354612481101127040843546343984614428967726664624523174629338361900396286524930010711
433358048315685551258105435590419452651812715462703275379574055406305906683009497985265201385281586786094323722664749065361613380249878299607831968356713397216418498797874136414552347902
105667005639102675845876758262605645811879452806901269140862512429525506359066903381485472480222832478194845128997050752741961929328577162095688518943826816429987326896603294838084595630
067441960112961857502810691285804139620334718501272088884828422741839905710875378024768626761886547778521103980424627239488080569941043833823619004742331076695555319755805850950861173594
669405481227007524892903500818645941505682471826281616378506626876111607276464038904247237020593225744931787338154181939348229665446000952905148104003015072484620195090514239457642952837

[illegible]

[illegible]

[illegible]

[illegible]

[illegible]

[illegible]

5897924212901212700020449560031084692155844825876769571354836496539814324734724876161648817335672564110720973486405538576333883344980023763238663303870607527546215563972082273245638974709537
3775080454107956072581668115112236875414637844749386377488987283011870246741158311407601045949497585620918065947251772639783925553736938340357097088394074685923004881916978469881961695540953 3
8454271592839988512257117651190408662704360766119923269060350115543392670862105293312074611602721231876852387172207106620117075704644322022980559093758909649786520963788240720969713298461351
5214774197149104177860506509471240533010555381192922891557289995070415854881403177133958173611105648441879428875890169150122944561347172955869938016020724364027232796576728597064675591252401
7680720496416718320128085572853954284642468701121537613121043103820431461080003885069040121027882199255240534689778471270734039476427025872806381644740058157508764052878366471189146252546367
0890116979885210298825977918513367191284707376368909471235705946189816074174852541867940735413353281042225759715350250698138945987212717931723970571182574512343037721780607689192232244217557
1204030794687280935120109195775995767458770182296775116450796440302036448954187860401908559918964099223832850347550518957698980881180821456579664300693377910890882500744738797669692639898 4
3705606722347895080362807419629129496305156965096953632526458140086881522799388131703983112291803933223185012953966195784177013815688697013404356102996955866491883047992363744869277410597306
4158103058981581056046042012472222005554232536046247633241528937317025279965025925104224909064237818188202777389663323583139370668896965955016522844643294896518817357383701776304923702721130
4675598466563524423343514168017238053989413071274736210528493836551522488544314057979325051639308880587009276936322720153445079364708607503669287512233383278734711831790998261642044380886755
8154803791709410437749049688703817936277458539190149207958567164504711050493319030691847347696697244533598771846708127361078753020640888776432757611764007067806181256703346359415780561718766
0908461792068742541341715062730172737068907867287325302314500454199752837019579977450213498895748712688860994848543883527898365496711241669340482820473159695251339909367453586883127221935075
7810207194062105852682715460053227171230812739680699299499979964211145667381387524595560828857141843382098831399974564424302410274294224461543774757772433518446814943622824260151196322314157
5840449001020381636524457079450047058908393099037702305049514737480955591926602264523713677504091649474355974171634452123142172685480556680996933168493621868300178026615296989834013128647127
5918829899105272903922202495541849361085616274675539334136553913481041390804269602219131863481680014779343635045363434236504447242659741922958672987334403843728259183578237363205392279401 8
5229269346870539309308410530069053606544216627969294480921628505485789805826849456124448801871165905739649186129167437037879491018892295006049280361354696702086576424064867358200219151831312
1133625674077482731344397778437702277793608744899523756691073631713962395324400304379186253288288648455419545073273501814197144034850350739760315016186921322659300894554346602217918963425852
[illegible]

[illegible]

[illegible]

[illegible]

[illegible]

[illegible]

[illegible]

95662882265224925535112719456754762079651787634683096924773845175694899176508419158262603465454173493256099337583656276573191484406596855424080284049511056157860390200899909783891106734 17115
4581667271192157242215400260431934768318563799723283760811516449163432313040717784174997512078354260202715104606397533093805455348565323149168860214116889122590770748056012114080758103148836
9028297530608277819275345665272505952024675130429532899598661306923307379395982556961785793278888634369363082641168354680058830799548160987676618394814841071386673514634326852126407678348941
4961442899569657484876281826120705615241075564906655147064606571188840649355585378628305696852422264122185662408066223109090116677153323628557573210197890611013373791604589997325709799900170 77
1480071739118404018759364251932159350839955389953776372132864205300522497328065065686055332715061771168284384081855905880004172144493730506544641537535691328794148793703470665466376946423082
9198207816723577934826695794045353331562060967933110195535374781161461225526682520419666219741284040439056143148306652412767702405379476188776961202452177124663748701787508277648860606034281 5
6555579626443112791882013421551772057862309305401218096417513774090287281918034144775565205776847865822487328194143356387563254952761042770560562298084966346002508167732699280245711211378368
4696807208658120409461290228693171950096758200890217777365849069885648511543228512075202009981734035562778329634117852618166995651297742610074628217167053018628928082450590805786047799614328
8815869503204116995465915786353950735585449554487826415102180928863198965846046425179687958344990215531843227566369502790953015184726369431428811412851164208594087372850856873413605119385432
5849805731135666166153193943437929478660347251497843502809021783086956987468423272057193504876000594973242183812039391704887415855054005144934602865959817972511723870700769561269980754652305
4194109623985543107191517317357021111100389544703515122032311607525508570174812800296822477523445778781379367395000429439855534842694959757284775975347229894582975638556189031184631008114392
9017996903119478811758676351283916500494190273529692781485221345081532701383056854657151838960146700313915584278654449619561199461768063358728554506588942688991956897613667921010111112784294
0022521485868652405880437332271834334520655466474964120721357502977370271751974940159050477497009720490048665046742903153224144564414170448320101831091311274904689842278084067706477183960704
5231643168155244679204001210449843441101617307278040817926943393014667965220497582810198146754500908897102874131026421012012183883670668074464695598133165547589028351278473631947685675869 06
2344973626626463848985531610745789702514303481955327734949549993385252780847303055724773606199753397641153145215265488297985647880294322498461123555609760188500407560480500759521803111498247
9852399081604356687889720802453982411790567735229189279874848865684060414973153639322905539501672308863789843548079425068875837060273113074837555862387131162482009301731112298671335240551676
2507684421009851516399251429439481094469196295874465358540469429692348529996682170242559864547007465649005812944284072847158705218699485728033613231690747309786019279137262697294431909565287
6042807636675788296163933699901965304964517183336131135338873281996892206866772009342420624087632331277908504283838791320627353100492960755618264338446576044966151895075010143174312255885904
6354454372669625008134200022963458481424578290341180434450492443836990743343996531588758864891473164377367204721414877220053316488858423341866851271177505104088913880102437709009102851616062
8972817129771882290099616249346963098581306407394719843325234871701480915939885335933968046470378509328542886408343364382688616396534200219814066959345746719201499752832120242748480320839707
6378939617266086258829706750175939964386099814867322427514573286033789791004793319152289456754664993598708666660421533322840914194532402341897373218941403501734325249034058938470269683307177
2860529415004998096874047190276288356030166851092306409109358757608312850705515326711199577856528562558878880565805451546755088625589860465102033322450909234974821024639187225049550877796895 18
8385637420447061780947620629940918901684871107969634185121987783897738648522549539966640224651645342684908084912000956207207820522711689024980382544496110598097409407485825168091923192840633
9643910831069652077519117942956055141834944355486762565461183722713354731077775500621938593943315803563814021696057947212747681317244634685178041931051644150560170486774576343680716768691393
5155873179590310137457451578629521842919964733455412151682138411253260369687313678044815720067785203383620584441258224229900857149016596723416202365777548848841295498585458826235380847777059
4689707166789921165738821220126043773839798947184480186148465613025509129391360845208956266814912050480340340100456152012285756278925698571836742489177659814829802712147594744228298151306304
9755433752834609596459443346132129780714540075746422269724038523605903383938289373327559614334788768526738805497986780422936620943769216795080818301843553275823429655829243365655855087582614
3883183337127539651163631986291561659725434797473655676561498757157200410647296392546096732892143096495007252701085442123164482621687965315757171176655689008160368706906267227394068162591468
0891553599177937273610406270665257978590291066071940380463525396138554278815007066036746617114187595439771639273845348666109954919647290256141969354293476989497880679523925670992987271050600
9625431879307163785976421645830111019049348370635596600880923623455782841943504820430821921755197701222006035425241790361705466291357257968011685293094651051873575148692942777572881557595285
0372056825369951854272869203201779242617286399865547472547261206959505987279539717547483616176538197071953869643611993860385558493744434817514395196562584753975439008469548640434143501773228
231736109748012435825317391097225256131324443317887453453308597976536797834200273710944117770496112116505208389864994668178545936542192698566699911499805200547364778898272651039896622672819 78
4653938083358183980754125492343772691858609350859334999173322198508668680624762315615285355487626205100816577921481742950453708407040102708626171747206511960774313843246177918863383123037115
8712777552367678200991050455797357491571857863354699967207932654650952723442808746337315871060037207460219232575664860024456368167692214863246382768028223928442321247157629260923541249309923
3424207386668648314316765153517709269583501515447872365922454352303365839373703467052263559368438701015586562296092643167165733753025286347974074908308932752380696232295891852688221609155891
3955152096604922436075745195292296050225762777567387403197023613370118355793041588907827951114169598887463412559720910494579107502178658802147697397365071972462033060105020880394465038114339
3814211427252026028148905724250399971574904488975917796376949170229190521185749261731351912981518044924398205637460477755049822153203093400213665435157594504984302280110855904141411927534 97
7392743377826188871394188655502500718826831957901281286488119084187783287628173266215730610440612139569225765895637107847090831938311764196413209593821537468321405195141752407860813015056664
6066042321778312172113777428180559913152270365507108890183601620208523591211228797824381695669678114336913990572784645909867714745730273714315433067313439996562445658072733728976546993802 69
6406229810899960784108832712000569909945751230827258013427471404816808155021854022700934475922145945378217048843072013940698972969260220913457431188559281612179017905611200924759538615286970
6506630960564621418562589992255544278629309623590501681563038624503844616732781031443350254956320458408177038592117576012170523771401761975826803378130960191752080071168390397791929207192278 95
9419803783623721271782173790113452187350778629176883321464818714829410813674173215942824231983658256787282362344208950348022096254413003872605957205740534828261276540247523446480149591646282
7758760765524293229915421266644152756560197624660694166120491762658636010834380884777850021102180727109943316290126684727804838831642572964535906670724459050922644191451675477938590347142561
9652026244282550505081781985908840562393974847706397841116120980046932329105655724701568411089637980934966604330371781979601196627084840101275177700024795292244256153969543430632052208791401 2
9281435694994067323148534659519849592467071802521338003335274785755732192963342015664610522213426464332116539619274678664944521091729959900021866704210004282802296834812860114290181465320 52
5645833503168007616577263741996347869297974731268194349020087793453536145566269418681662909795369141098500352158852497906476108181194936455794434367692891927894864654577112987842962800300552 5
6628284033178762274202934839662258683612693831412951364025534840727290812976317640731650109827653851549654974662257363638996227072757496231535228125502332651870532661002051357203915755577180
2929643573173598461025491617221698956901250847757632187228361694797584307377233087670503638100361819062286015468466444987888871990585427386726515268896136174271426006297529047139624238442539
5438585248888349034491961555060268524225595509573651853912801786356396802830507282909849497514611749752551470767107943852637087951488034654600766857407133750097660845006275391580302387779306
2416902860626746443754205856284827047744228687253007326125615219720873772738043644015997325864509340686541634298440117084486240711707788828237578668509265206733869429074341943616736955853131
9313920814753089790450128645295386557616176392579430312989742235995223019197543879699889925618704039715407694437180487353737608678986158109729214221409888694347348848852275420445560147890998 1
7812991298834503981938886619899334372974727355371608155290030114692099457265613101365614930897637686782391858454258239253344642972709455103877403376595575430294469692299306887104507496941 01
3629581926730035547414373643779189522819880712060136452548558940972029864394093535166374989018826864613669396583150684966068912757692223310790823396001774123555096651830372505319138482418331
4725228916978715116175665480831476320004224764113109903183712247842721347211485516784245351197947418950175561808855233532732828601722889943337816500724390877726688000140950631567527577907 1155
4336984853016972693790060289406279105592509358310751338776464661215833922564452004226742764844533599329081574787842643081116261625819401038061686048668142814217223063910679092172673806681 5388
6448811320162773450413637975590767806076778730606765619290752643792624914286128756884855306401370973985112288026593986538384611766262138148885637430513624056312687207017938108046115978280 900
8178436941196765778643170698092907970764594648038146843209505838867838833141790719366432421679723125957001637736105691448139262819330702611643925092279041215606931447975443391107087486780051
4653522752263354652511119715843079732147920948035496242761687121567237446014455432718610960128451504224214107031617986507393868267679922608576937308899528196388920547415406609555157355814225
8689704518055793095428922950279342994640989022143520356833246106050213141640369317524516132569112051421400903769448612381007291137524929824360464949666606878166134087790456961613727821034103
3744268949356227810165017340192453763468983680669897874137824295346186167990222885289960400949315185090325959214232847764875865132357426042138556000814375688467634769735558956953781901591463
5050382514264581958421516218831467741222579407230408227250257050399213929331711945910234955749491254884386040905222999278327625351307991703158138739357283773055425108008131052008270453817 8
9565340999123785970876749536434641314713984122726894731026346815442735183089887282085858186010748399356369804835099487367548599905454857717101034393161160010783254855112641781139442673992829
1474754945329316736154267791282817304738995954939812467540292105879937809655914664995018417146276838749837276241387696095638642906946298567816177753506777442793356319264778677339351085905533
4248432140419594369167907497572765623549644493113134952719276854979848475825324190725917146726382488079615905330768552845755547895715888694645401013995880761163944848062139270443982684896630
1503752142195990833332023188808041529891981474872371524249106813364350080540277433670852718620006316936965687808998098211629403190533800139318910291579654002695428522620283013517038390211 95
6594515452919796126796432712765768294851854832624610849314715384908166349726299387299596256474233216885629178263813797894853040020177838327024334317502215177222676078943211454089571464919437
4287846642296772146074758329926764083600819780796346143369463285555568643186652185310932127445431987045329629853481418711411530700436758919837417041962943107246130765367296012603658663828714
16355066342003932050660578211043470095759961697755720938638711640871999634084386723324710036443424280361121921186592191130796164152470313262704250424231600378842938999197539847550445031641227
9992278788765151002002958933082669496930204018931712342461198439477727555904617121540525176175175287880777299757420852620346282492474800697129308879744429500206026502968801786652910349825069 1
2438772259927149193538090038805620375168679824458702174686140436095819941397602821616016257633183064332889698989920507903409720627445453410555847188464194075015300182781330965895389593543475
6146278745166355372988158601076320028646189256532064697275903344438533846027157071215242201942614401515749887228722085627547512671136253666377407144224345091411535093269502180172706504875 70
1425949172643859535102725493388496340047906121628392852410449749778437318843682263946286886281437842293127705234171394117461058474457238010366341900028870672251750965990648934125178570479553
2305198628102473702858184588893088620971519286911100852035256767579448367645554164434866863729720853917490633084044344179124967941336964512050836140975439128577413006365090357925803550099 7
9506109934219123080818303156334182886991183455201068967473770830986616087918992563355996647345398441512901558857007932740914321761719653117976240171293998666509273528187336024390815093169451
5369917028277713087275478876842816654312771711926737067303265751390268108720053331133889473522337612439465709926415858686871050204004833724459690638136828201036641981355156366993096844431313
3691660146450006004302566670233066983585199339713193417926680211349584645160593518688062479179552393690506071905190524439166762994944054259453522140183746877214277083016927420858472665226942
0699218670482121890487652669433623019932770701523073770780961760202773071339003583655624228467768643690176290475202558500236258115532977722151202314394024863786773007661108548726422170096 13
6601780416356472954476481694679423356493063766749376740177267077542415210011127565508153197988682502175827565220449318309176800649661541855519545988817036194094352975091747280325807132250566
6407510569590589639499796062781488813870169999723377525583553126284999697154611663748242148415598977359640647593346965392423471886393294859170269195699717934459851689051777400749737668133 88
5095141791057905457564971272639622939778191454597582528670437067456249812470077511227065861927195620259086148894837473829582914244922277379507581921878187360908182943810541463528913591197822
0170442520054835488277209978838607171032784621856561842154129614767929659427062250537438981770026673234704159231213218594874866810360693668744264228346602636632492379664802804928863660084255
8694409551154508162311080273251545360300985153906535809448191836638007184987764703450396712067894539538247283516819612528420272762762294524434988473663936873429378799595873869087592314885304 9
4239500660877241429525869980487779001765672106421679846615239010117752645659991959219520355416204842561684736923265599062920397908430045589856274644110261133672496921470882009394643023547293 4
1178573079542527342937093109588883110300290207797465850857410053118219403347167712959059385496947795948763128957559563918249496257540288786195919386119144815635316758084295061645880053692735 1
1222222836736979735442613330005471719812687132164185475136051348964601227132328273227748958495486907817683056904005345706072932208361183510318127781194280327125427768434628905222529704697 11
7546439189007459069025523445322845740243987951816617474423878201740885227209125743701400679609845748390244844276687607985710619283625531135261290352737051478538712951423434251433001848170645
6654963528592386685774619013363684876299903156611287944705000052980009914695019887945767799874152307118127511115862235323516232232267132773085349146816915337141148944401724683723421541317963
9815853368684903345846051155626083666260209242771729250786614904094315490147292445950953381009836613443494833155339945116804488013584977627619457139308584818425178914237619590189497070894 44
9395841568070253307233288598870027593475707800333495574457092007427099576714206549685310369914848693464778377524545504995062743975229476703359764094327705568673730368720703399064303439119908
8290448297259415678009024617594968997999573538072862316677711578624749289874114971171055744394734761463171269774553002489623898513951817420217074314670777811003329679040197897129546416360 54
2378615881568749732432523199242299955706962946089828316209797353566572312993814438465606650299563918728940079814604404978578523679801411894633921730472324169858448755768088300857540812548816
0409560855108377914280214454802008494847450297840667052686787822410975222303691628081131500168729158780023462637124079197007185778614642270892277816300281930174303682199919918396895669762691
7148697673185834052641578751352250018603041238830272507290845789924801965707077280815318110372869684299917511677881298347051670928013289381778758259772325213527964434080743332678251844467044
5032614175807986392888144085087956319449228295339329090525725669995720334801798292343015821988628744875626639933601505560407126100615631718220699234759759826951870260586947494950447757601065
9005527842465200608269117725326614026669528817230246263316591152847420268309424006130516351696583379072328052051170278885910710898968859758980467118712266106767908704589428256174513562361883
4535753369463785466206709552738162560911267079920664102522056780055112682848853116653697309709932480410762825284140703565750603491929944823817615996056100207455545430249193304243182671630476
0045044004414563959298998959650645182963592805068925650323455940019770288783430709195765165870461619532059138138842617607640371466770812570577457693441383028260462931228515125659842012875787
7584604470203037368257620159032734270048107607376318977247002419197104836899547901032636651803542837856770632477626716827071505735545165485066138529689867190390381102661631581785867755117964
5100037375939638900764663656443337960186998054060686672024345631856811333382083164388948228738542408086792325950085716072216939532878631858154295821334457453743114594599925177134374220324991
4110715772607090207210604724139447268727938801755403761423000426946118764889399549546557451473976037637228706872128573337373393028714700140084594944791208891185446265365991297204645604967745
6322225942486264377045492349865159256849451955266136375939665690378259509141506717025153568058634892237326658435098843683925010260245683439097615400946246833806629698527262848168901262827281
1925957104176559783967202369941754938995400481041851120970062297640179967417752485138595102977249032101964995982465009684966046394913914245937498273305465391356372781660739563533889494362368
6857955250920317064161164254144640271909898961961776255991193928907524623455589684459530285729539387883410885435403051129740159546745155875345115904105971030600968964232337036852822397195113
4716728390465844450367296804406517995819708991123900811450123352994325440781243106400227228909783900967748063900299309391562525276008907407494566561194198838945496104889286484935008337710083
6067643589237291757806819056432398854405484912876229784731605422945347577746998450452289781128386423047394270927607529633963284604125486739601107201767136729455412456925468897265908632467 87
2862810862516991861040147585602105075447625569328306257579408287016058934650840244659223450159095202720559307296319382092392873592112320705683773412419979587819657767941934886249323913226080
1672336701542979402587937002018123993114306613519657200340295601363306847558202031075838508589547791380110165470130713785755583689835590383555567955978442033258788050591102352667305502437449
2698533912206757270662368868961418757593245132973248878915383749349466641793705209990667498919795689185160975280057279394799812149841470235190418612471805517067525116036348428435546889956873
1838113515607253655041057736553188051399785719965327121745486492306270931291856768295919927529280293717843979006162137192360754552127635842406712650697268162403051378667178907279903121938481
2106002191459115170441895245056054553126534630132875791293598225224970830727992643799383553846856324753509344926921398308748154837191703780209752269957737780326058595067378265736406570813860
8126520368795818482524938018865913207713627474628527292096238558084730683946195784434796536733525004408769714804350669696497114308935287213256037031858158671644900197014535268646085711241325
5964245634385048697292878784730490177245074803268498509361494020033529177679977256684893125556625325592214539167659189585080547414285150712876389683318945039854388123320105351955883855969874
8331040881371135745177987936408218278588026500116504777912084894754186632782445654332955256409839479531133122736207493469096068075817223594767374271260226845379261363262263461289149636002139
9120681774615004086517905733786869222446576059179577141567217941613172413930215688327510813330965755039342359875480618181260197331752628144573282085145393489073296749550857117707605898293404
3338786565264811031925457952747382491027884177215796538131249843411765962449329213453133502484162254624912297561974145128563840576460626264838045187545748571238095305665730105526821430133101
6819325052824141224152046249971676010525844701623640235106680146263942971975936495411296474212280095606474672019563874671439894357645739010428794233409547031811594045627887954284943536933845
4097946274344491267249667933582671504605631972949972288283796226319216573625915418686441908739833775681467217325998658537740904294143852380332316220669851349198080964053226966823788421412678
9874179329769006088449556354489835184332343040833709491426609077243054130393442543871454230749194974970043701546331706802627051635310959088876761355519146223702729273517677372382478014862 08
0617499527446654716508959134859675229256712700131177394819442358074554882685355101109957327546708608942744492073128842949196134167407215386157992469786160023560361111190522230671568508473 32
7936555737402666755968639076937059395402274878140473798455940015287719663683288426593079737441359173944316944588624525540508783888505438299812716594622624868908180241259767271871224870680 488
7338529794043497548941861635694649888405248595047599753267743931369101805507632167592054698870413472069201895823632357923721554702641485612520454666206885933263988938041473507837869257102605
1895251987151018891625452416219397455488509245080058683280953472736273609540404344087764486396387231632815392107828639035019796381768676256853917372869403850822542277119166667070365697230437
7739442745836010363347919456383419062998394887929160829413302687911841024588283585016263916336395747235223317631102596698934878750241174463310722437334707136919080792582861582470088773530093
7605671935949099367257885441591975651696861474273795956666996168173853851430184096184543319667306098892197849015968175569895696332881775046044313472522534377291718407682767077269001587515070
9615569202426971436412344431273527242772562865485527861466831524152486181962655533851030635432967253046612520484206286686959285619438798492380406271466331805851671037603199298553669784048950
9729997091331848628379866412109995964087786188054675247911948524641985314985679788624029875953971834702571664766453995591896273285393975187628621863748385722653239399281426294110810409454621 5
0711639495241999359323810909242758065528755829973772876893329460077690388433321312148692995203176767449732273619129738367451004626651855754777156381835604152255937114526117623992401909780 44
9292673708808117392371490780474085682476786089306631867120520547336288796843408872256659113146687199752487290534433254440984686905805676584554238263458106551442137161746046551675159061605971
6563168965510932758920511201538985249601727811258035673863075099548237715864860307930084063005867772111723590865431093312470057336074261562367796011942231094736823682619447866821808119318968
0389023796676099700846135964492823476682600168414750591567782381736669302612892681809918016907370379467738267902510095382228978390009909435595769193160802743240738695026215911728165082396152
9454910410423881144078013718970188484120046062276281240063872722646035236394079824889935708961538771394651845446777131980654632330004891655993983176751813364244560098696023902403007602832268 7
8745952102935549811969878806591558595158160816619618031340684312890211640112899531913762932467893717784597365288685679025963976592861200919733111231659217938823865782530023795820421844880086
9092344523664924657687888643750715667872355075713832446064320137174810361294469220501435861685325866220270370782761408568751808067713301913384145601546396114756691522166006318330240205925049
2269042710640655064297763800080568333089133966187613208406707062806602271757775349935514353558352868408740690593782338867546751705447853882366300892679060246000958417121993849372387845986903
2416346919721803401087178098821740711591314694414680325236195922607200323784271525187307004007381722631553950401084941997298817724688114334970842763766271393187548909002092325732638975859094 53
8447711271151375423004262990581137005964786349041874492664210163554552466278001704721638949444940674887471754435405030981482624216675972734982062836771188757116573428761252609696559260879258 1
6457996123394500564226931394307155335304264169373159369274028553650415426130797916955049808400813233912475241539645567164904034518371518843578751771279839121085643513216343825952676828356234625
5973609442767572912343386023443998601679897609983616793760265032504810242181238850411826605225907112019427556873715093546006695538300628836415579116208594744179408335837319466320276299464105
1881029967542707997390060783438162262425817947999185785087696889274775210507330448259885398691053818513582657462154565071689330478456233088186296282810471974611309872596142449049984327547144
6642992175447840224625551768182093586745444819298291259040210279137852809078666032830868617552995057810416909890687804502167499615764690822227750869641136477951468529686482647085288995831493
0355223983978263667799931290392736742158405437985140668256581246940537782489753676845809704080209532438070539717130528549486365922991525159176342114749599710534853056768929973619884652513900
4660094763079022682237546389612904457629360987322427818838562349384081211338133831957317701007751972914966494340347036843369908743737885352967490439571547404524141644423188150120227299925017
4601064596417780060412387771766066232574877995814895312370822655640156793222629143436689735168178354441387892945517655977792616242826044169794366382362574414626137067237372961562889203368376
8016831127562597751059641226812030801018980202948935337527911694090841459851604372723402003262417591125809020991331309613662082478481466002692552539972533864898620359801633809818443958182988
6070373442319903006611625180425298408765297128089363304104418286753840581222410067024663823150177503108529307141037938397734153743543865972624532563359086216056771851705686760947723475940426
3101389937591719839533297244447019781821687276229630081476511254651504413119994148963865245076678072848270378237457253372680979784151824821176427265783126263479239273526711437407363241596802
9200845681980995914174024315795728665811617800135247472989334806104687202115483982395550919206455482265082680717481101494301062961590234251029780851351626824281207438997392974738229372565012
9775921258087769920479666485293230695488103880051959106858346170237170199318930784451296405631778122562396786938845901605576831265099846706992558438913202516847579227479808904236535359636977
6219969050024876198327756567609053773746201060577385165066205725815710418107337538312688098630068477719305460203244500901149177803827814542358993571262026748475822942710725930710437502771465
7939889757455460138876041892723721532667952988656636451398003700384152187763208836890774595914896920126197887843827354130745694805284602265519207768940701138811025875698024602911196869267 39
0648361862908978358370397309296860444920008231548376400154971207783279666630404203226827469923830502375888059316981407830293175773018241622168830065688727093848380086986093382477083064031935
2297241485433204083507387422287073383975132840592637021093649656394107865736393912487073406715654929364990448294192554483650967849973025576862858177607621020568148643571245128451930279165526
5103612427012950796147507099517819935517408001179212440900345161658946747217321775908599593183784399163298548838905999458484244686229543742074892345542250691540884984042491469344802704020388
0907593464782151750763851446907646306680168281980836110804176099873878547926301191410667078238484015956949801511813829849549540183488751805469413496750083861859934559622292239884881110067174
0484464488190201697157210140075647881053057570121569279568220549584813628518657648869710191799863470555846496002032183315592265993841518344549086152993899947026873003999537138723960580940688
8590113946929208432868257432592638833584939908341909405202806553060640001535177298082295164076511407599102303806030459345375480767292523209502421304322914925337309589730072686742346532320373
6119700911836544919363622097172931150960602454736140778689529934606646106326277178468621144365431424530925313015339638132878941772372883891814269286812545790798307460121505072151372395083296
1980393947079304123610372731147223599647318348446092215177984406966162495082853602288200521707167328538505244793350238325607868422405089317016979377575214550866386931294608152109147786233714
1663138257391722315823362145550033278099679208496735383993163596139232580961726974728693580033158044393051706117191064118065796084665199593460904946014061948480650055960168491099201954873 13
9259939843071155682500694496958575563110279655449039531469524786982351925736695567613535887364087555064332607320447519176716653643566411194680444953821346867478355961344586706627269133104000
7325688695439056430450425098754476206142644678482939033896505419083451609746433928840725714937897395187102487711921281845071091226519112277601200925812260930103501491562723752546638451985870
9336617067603423879549395931682356773610357797211756156205987867183359393162031783528860058912312790441002338890438611121694616035336238764047300806262637581746747315808839946181741420269527
0569602381269498101130334202773297205021229767185770939547556735149917517629868572367456585054552666652119599992288975060639741163473507281617879503583304806470534429745985805033789976458360 7
7170419643795067847538165017851579604189550063540424708131901958537841033334439421606658112587039743998662110750954928194133816389872727523268469735736815211961927902580956920712751856822061
5923763850950385318013324514894568293548483296452127673072646859999129837156728806824615458670657352082400998848659608751631601121774376616393672212345664985885268033115254579714146381694889
5043941864978208996393797399860919884005969316236438068398842673890553962122105627533460188273939891084348509063706137143622980650789750129505271916578158826627429209288638371772086967269810
0756108073287336044705361140236214349571312050743883741726291513195802919097189341812726612885990209341397853299625557772412218891263476039660121489139533998810593647670043738301015187394591 5
5440986481684946235164875251283571241941121427020246500542140619711829566969276436755072758079761043909467941902537936061255118468829544743217272648277950499734739794834275132599671081682369
3135552937335352685745096652100984617996466837452858714277279704179090586876350706237715651257724076934685849815227731596032142229343744752372958564423687343041806803153800122212680164224429
9178252423622891473603923688363501964786106299609985237328381083279121851876803154044485081527853156793056198601640695632531493101259721960925122479942725860367985133004008389137671923213411
3093481721240894224955021313536931911563167769533194397336393987519959158451480946004989917377952823302101265331837931181567961683762747897026738280898942080098401947404298271393747382139700
5663678921169559888017614555182155223537918911600490320926305544092864510589003950537543811031675475292342936089412950685090055968433646386848961750311880772309501181610676040669255706594973
8313841549864469260948838719743017087433122019257660594632737867776038638955465140299870197693191261139357228081280222414797228469579888812362694994061675959122659646146232908923588357944738
8027501038518852579768950051164563387947896586246436712049296615346691788320000653278460671486948105034500085245050168223389463092867283552419952647081039346791719475039953737602349777155234 1
8027731506542749871332999586446894418806374762191072232208008420275711876290785639192295078931167371468160682392841326059880042164811887472981285716592488600448520401817130708609393207370750
5826664127807928152969748295760189864833584985206083094066723776821627631900007940216783632172890971948077780468455151732616400906975570212275091317923858463148598188050693487642860933182039
2257890045238866471961385364532008644203259385777093574613645077848542819839608062719973560842387152809199178679332760296884727230728754574908424911417612776116854995207227515181773190357616
2421881563734058368703682373286018155986982093207998954774625239883780763878765055925020289521221579110672474906668590159516814090457305200053693213415992828994931812114216119925519364067976
7995373431356576366846661037494857206689970145754148650276164707358216170163696791230653984146906391499077943553025477853439571407304311755505107936795775346592842151600869453979227331058872 2
2443993450688894925404388278363369169610402131873540434678432840102292362591363050907918914872947950673675955383641646067725491015423593620038621749183181799752438967117028142457907531589461
4409995283323637524083969075662815997816252487648536891803562562980028308970512313364361315638822345685806776889435876048541547473737386095681542554015936518191692128029234342487435945375575 5
7894426082073845016723913265408087890930984811930778902593270274056614044942173652534788498863529064972633521790877581677684599231703848187040788478090771475169132450710096747819599543869464
6925999553776836068173256479348301182419645097288388787355351418451234179673734717564305103413436591457500897963492789036696238944001770306115443883017612174150319670942729066712605069930523

5218435192706779285191356200228685596594814089689834191826817863378377536315232652688721731264216265446034239834957736286518925958848161961028017782448261393127132198460444243535916746245618
338587094390915324821342169253957548632393681689736296636956871107263636094348077668107423856223392426350101464134762840140530434643043060902601965572785327259804756820638000291080581650 0689
833379615766346405832106342230361969055666555352001449186913643613822063973517803574973872599229688912834041296112867442327409609764891663801182141219769333240163128215728182095594605950377 88
626684644903898783737996969241394608555705542433619004926525524460358780878022855938173931728292064447356235701788452611889824380052315723826640031276904781052042400204032100961928804128 1996
2565577529010647859259346224547739603947509533322997742085826529231811361856124119296193211326122312225498308225892567906178306173472053613490760760258330809581684654386360265396360745118413
7898072039882929921227287781002206318965923413341560106749378819282151949225226712623646719732851475084736850693128145870193631594376039711623560883830718455117841780857038672926297557108784
3587858896195695548029562446146850095983066400859110516793142153037010097365748660657145689145071315461057034612504986440003593010936158994909826621427017874744934469319358957854627204794410
2661599749814288572858335846987205515005536980636660721090540493626148508540608203411972479193103594500530793999056354800603604794754017748185563677782034902351501750870450095371471053073729
9112560052364095671295816025233998831228025678750419171405042392552432844977224236838374384313233160372483727190477021633035450963369727098881234344629359183369439711654471593197465012247857
2626104506795948592664445739834623031861198279124461923058257139126189995089842709438671323112880187208286557652554956524202205646061726094574180934357600534795377414758636923891084416348410
1543551007130468809336421773558023760411374604819633486165031574112530895453215691038463569238672672480932367231261376833705458988344041673415473012440196529929979124534618979781531935967979
5955106474669434736073460660559359169086336656700047642379525250662667897969901085415353094282183857734216462346708613596701259318115333081786788322927996685059615847452541076590087201487490
23157868782192841128413308298892685379725928890894539364041116217813158068381879696560351478389932718398378058708490730078288766688591734663370223236234322742888220451171511872144110135166893
4606604915805459059384509111358034102774213413702653593967950563640627959766799275615317341530515674912995200951404485490114099079685510856708570232049587383778326781756451443397490672577742
3107472091983203106966364048573262045562438808867473519553455024141215200588397540570465116608823543580414653529371427418988412776533149714664617764910310383937884220574829702953594820102681
1166692407736278080543357763269942207217134109373567357178249249333626432977731760265804583167043283107546176980256209905641333099322729628495595344988630257813266002353626024981616708906979
9354993159638353222840272593725853995131951427676940379140481257722345464028461312106656730830572299945625029059285976898046116776091219755612756832531080731587558751898807638324827508294834
8448419232103250602893721132251585320874726051961758106824127720676220581934377421870021195070977038600817648354858441892852185180720463863067194447106899162708430174198866215742861607355323
9771042668932077003265008643342446483291096613333186363009648401140530327658869528063434106583732972863052884150811898091364204746619781452077121492501922961616616546998207520400975248572644
0055820551291576862879572574291381671334617859491967385045099751588753853805950840550968111663409209183273532159943205330397693715001052248019234685951745728913596407655223180830204718519175
8218947394225083469337546357434248299426585507871905561730286762656219902447640202647184833406736139693781890916628332539973403431163013120129540745910922195577268793036395030765362167801233
3445672223822822040386528933297747756611280638684267779818651201538906036692483970998115716470888402554840980819640369684035942889822035244095611659960292456174239563493715476400680683070781
2006137070967648444330803406726502186201756449251231939998876512536955687288878576347117887106236809726991727830775390492842341538716607057588244941587522333006280562611731267444083754691491
5473897408152613159508393231955440168697177318773606750225626864260575298084557665223014544244112375951020759107444980113732851085514605162607921639934135580966033874501059841843649916804321
4465489891306862560668447899942594432472329414488546054911977239737049357347952218463851742850286434641075661488859686050722206024122687904962149025578669617277884406250444061848022251467389
5049756914809573991174395272856902404802677999898445055927282623395806072845368731979142215230804794398457769214733632755913553257725358643665835280509127746743279728102976165294846742251441
4645422557161716307962446603073899368610710562124440782656687084549207715040833042963204745329360349022420830796903209366848545279998327060192929036027451515149736089573644766849349368687422
8542883813256312731748615572818436088765508442201369258775212722255351148596345592032358290344311922226107572888504381305060417731380528834891188164911489589061710510926920168172515461621933
8055759572466628617398752061782255183848334766464942086279982051758692612687529579311075275016613418689827875308300659925749683115593526235124487047536548265388003029950882269828753758359580
9871866333257767203949169709438682546814572892706752585863456499261120840763968047594866735871869620157438895858937476652663688280135870612153813206205885934899053716639974826355634343517899
3028249933559644999317368604584257934926536333929437020215147088658055845645786775930504461807525474552190376817976586342639240826969063993357723962847133870977175269854391205766394786845230
4975777659085991903106183171272523154935361830423293954373366657459039309151813879064860152230751332609582061589575850012787080342785340117638811467681744776171208544029295461500517712568522
2449827966900939139096089721269696487419378860568264558748943367903090164881723460185255364533483317410243299214601376232072444158652869910343622026364611618131858762874470067174773286371132
4892326926585856336601039887982752781112722350707748932250272835235844996452546630480888325773920143404118574094926020597738352546398356710102957666584004612946014076465294303117016754067373
1792375279623742167960300448581970201935444420129075316601209800556399331337882846584943610030234330127442582056134848556879470430817052063192704020241094257796677434398091032001132292458678
1816246802625357354225114610248514830323026670302042987491861192429242658216773644651340027660368862160229035299740150251251162198398972527444024401075213943716220101345637165081265330120930
3004176603648130483955092996919165084803147678698888073332784053741952635931190191024744708965529009292852554414644446130181708454747563885776154520925221371922606091248233034825922658767453 9
8932995137815165451734730152415573021606101333907127368054162555049488736027592107559907988584558276299077363002650054744304410981466762004248825819491275702308030770581605839087894178662521

[illegible]

4191888512204052389681659087467472252283380041786661116630909962168903709594737986022757690033836286671953030388361646457986427104318811348055346169755254359273530624371690900145268841293513
7307421702275282582181107090681084523028136107313860985114684483061534649885444340047938564192178568382274024271268777980829966315209270230129262992968042741944111807239513125256941096213986
4612585436698793268387374133552151559408269538772322992688275168583835741405362453666135592455983859058453367090508182385012033931337074883563876132956331347495797591724407219654540310257537
7129895781392487147374246268032082904357839156588535385999598238235024613812128722925030899142311600426388863484828216514462096135182728810474924792162695313182745501909999687880442985293450
8888101695441913645347947665735055435065594237902751461539097998533427780297969894497583232063352321482843611232115349938392615457153735619270027718365006343345520549118632331467270898959278
8885089311373291478659522771566893255139673516174535809625821272070895041188314207395451037260259132505792819131594623186825561797631055937868703183839301387354968638853579690997109486422955
1564386880185517030413166349610070716419867727656237831849626595274395984276631500632143998388898808375179537274740973239657189300439088041463870456792614642815017207330051273778668802207010
6020731500587744336067524274479978123598780975518545082765974619217338687469159344049095218945112158352386170852349549624727385886358363351259125964168087376084885165631955597180357027821523 0
3203764552628697141356969633533174442696848843174906192480701759725442915934389767404820878448979613174324801421138976673398846862833914254768660367474318707976954924822963105126707039356072
3334220137394842465471504221117649013193516967003568995463154206324972230898525217027450500661528210403386218405727510581393053217896835989988267638862027364612924447901776241101240417705174
7397501186278953007638612212417621380191058458184834103113868679054916348662878619889159924195863234053904004978104166465636225350979064819955213379500773184579725933841454435057579844712002
3929986541453336640753837660311952802190982532862361142258742209437320147574190108980072076373600542383567782123143661296053106017077702033592928523624680301913999107907162126194133386189202 7
7144335404629683301237060907949063083955175381365693551725135671797332311992736133295724927659073149401908991946115006921339381073349820670878400621098258869023374418049380633544747344127904
3799451989768206243488855428242036255752265632360231190766344167400643094022770879319523502571024637683620591220112252815064576218208771191149387329688062117935502798212593763810544183769309
0078136839035308810880931750077089727461578403279968339616841432363749973018866057870621746017510404314205301670090566447033763275738253593964550850515858080647131118587266956200804059637228 8
6544979614384142355529299411120933932222193408180356126160643463274517071261346392004415147803767420685965928751555559600173088055123281883658530419317675777247088799059348236914556719944933 4
4457436061628108087486594603224017964136055027084963192183181866259226132057157385900572596086550546229561912430111092140855889977243641869885478396756575030319957254595270444943881239504927
8192049716781470663384415654329661923777904981221742839488963396303844875294146534113033080292660038420017675432390778342523524927514664349552183226793385174865451294628737767568808104721019
8465468365801629373444974691314308182673719559147684476987983179555182203894480474441547694231555821926607748268911542136823063093974258700655988126116199416583537736408864863982629072052990
5223237457118969802562982864333848865186696105203145115977119780689399475339617233210914804847091134198374774019700860126874088047439627556324834409089083692374118985954472508378567550731248
3983501562622872500686501312283635666684209924635376686294405950520571347592729525607380348788087604538633507898416561794726424646637308840371901410359935631163966756145979257770013297480975
3869717944693894781493947356758935217819156268386005371466683451224486590076507094150383492491879585450883647607578112930692444059669723755133713092290862091449707324187823389007448795087008 9
0737767590084489016701604651413113195916411444935756792789149441445863435922148934777835889128060511083780167775075216061309854819832412506159508838882070497923585377725979441163681235509347
0318998022775445793879502311912124047639389807213270724308124237591052488192469512100558358245939405104463069210955669494618498951210294476919141415059882859430536977517390515675227504605534
7137038275358421632071014696246455384957431862030251689241919877929677391300045519669399777688989257578139822226151357795596745628076079413350054807485715388217437067230523049539069059525621
8377608727429447402183178325465418603796771210784459513994702153608775075403804643432481773148020712657760572075728536355237047588101872415576154856767789297185377216294443015471163061141540
8008439034472887343623316076149808399834653892528991246657723535538398294084505394205751285029827166688516938003662668546749025138948879249797727735141225120049117266977463887566788082230205
4135780509659914403102841171454925453684052552281418719288029889592338424460292630046112391680792326403702305565045856065937536169471976466560694781457338469366270915032311485942768834666612
9309227743212635134639055240304894193399816843839432129672637549298515568738570254699800373006725749070929197395327352604945229528061451309710742460541171870985208841434615960819773802503357
3765270300048000605504844961730589368692920908167405671210732280838301024981351453924808827394544778245027304192491813072384628414403991166782786687709689430066031432994439395970010758256670
8066840384598625349863529300040674470937700842442762137445114684235580451471633739027409218900033874865903209558696100951387560636317093362586900829840321802295895851185927696431744354286071
5855322563363232499186162982327391199171340224730854767502637143839263491264062134121829811885689703428404882777955828124464220958608037437324473482385641054749103938635750549816839818402224
3833274556556318134598289466208326019817858448955205361692082870458423705247188322124323013375808784465077506109783178611891811945931625271384023891360146169205843899340432085251270892802579
1473936630648169370177493569821489759151337023786951559650006068878897670746799719573786413883818729102380936986253017874181936627685663520986747912205383400809543912310971733508264717374880
8925439647641540452094775479429841789077631893426797346389387789752112311944960318423238931888591606968714297104566722797215738842901885326052966015096929218595071879889239890335965443009512
1211147998695424595599115169070288145138833671737451371831526860292104919972767910193886641846162075756395987585609778073416915336103691654806318700725486701074667966112362453102014126172629 3
7483292218165466511638858894216063467526427343899258403236675638035983058133216504618830778526911542577881013756579223708967664189676363891295865807099888804512272750635383153828458787092472
6272411272764369025504993915606120512662059888357209571361224385819026850824848929336395506721152885530852057148074664091834609884692801364069207057283394967371428101392300362042991376559929
3781353000978851497641430342635894741058915957877387005491339572147866055863719625609566254473487179996676646391103326631846524929505942057397284072689154518291421575765687166134387962245151
8092564722929235593794314496264715031017068739894949326028361209839514705129777258344826682433953922034750601509772640080422321648609847562518451685012778037186638543592766438328620851882909
0916044419447012076506183481540809676005498310179053339252506576358305224658174138396713458664443535864907214925366070457695188176146408297579763791395277753848581480338755251059759998454767 1
7487232530076704834589086713276336952483487588849100251101012519480175609076106051277891424040620181708224554102427888509483675312783918985087245850392866821282868942433191908390725868413842
8821328739373876743365025831697777599978791067996430265918395913905913297885760379380091133476579655699207179600404374812460118384258790083035720372127096372665499093204250323565363776605791
0194193962049440724412307544495782276445989078736796672034089434784216000258433017469867612914589841547858397423935344768421190435674017930448470621605678742331951216673612600820712582450861
6066150278018178052708342324503629070693811972689626593814180077256736610700909342818977875665430194630742712928208319288343821908645711053409985497993717091308555074756011912433570816780106
6209757634031710146276418321520942182645628236451879364650276150935966132000969134723449649349581252547032692598283272320909504967687750449136496047112155862088029575628881280909779361042470
2113441506437076282021425527383819781364335595851379312939634301335717034086434741582191080683529245452614677632946304873562815272272418946031787934919366330425296191209588776152066349001858
9723621941107368396400132644644962020462076099498933315898684095609791687189189924072149044412562223017874557436881149800097405987638010742838924759393719552197327709295262302630444042471396
2878284198868211620878389306719781375588980635961779912109822258176396717035832724854396798871984607344608169579237794938664453738235891690129922945913924240018038294966471133669490535805084
3600604400209030627023458953695369173147294831011775131985642870271244463718528492952249831933750537929019991630393771667964017369999975171913738344596410298770287505380160220633601572312181
3072400859631579316363167221354848385001068635063092012399371818609648304637143617676240136026091017001878726587802063404824774134877633152743739946810399634689715510647296390944764808203886
4035788993303033303741824090711828021340137014114816146163983725435358749518112874209507117853526316887309634879424622271578867099341691054383206558842040537085965200059641783734792385549130 4
2813507166358170871580963703333945210750963182874274681243617576218779657704109234539825315669834079311794605095821008609353124351987204683091058352522076937334013265143418825524219561890255
3589469467605916689047824295101528902488570290840676487796916474204290446354648387792533467050236912757579094101368606113414318103960398550102430620354328478632786922842357778211600425433974
8946701168967876666352145584215910592047391918721542657024426792364034486058915077414634501321428021290633042450087122686305471887200084819051323614978930996455825279762396302418620173893395
9878498641095006355953339029992456630399408008114112287292213856796709715675198937587135273242977072594014033054183486910071379435533205229187018425997191341078296022408251133177667343570626
8536102801175170544559867442813029948757077162251632678724351284722680806023250618881169178224737787451084847135011612403631961117398442165556461709588339011121534691427498727924015883789368
5567542461222903833386662005597213856153505688328322064075617550215207982837298348372796530433421029688202646534090299587145604009621511207401208667879542993513270513894278260173362381770936
8564631582717219293786565024469474613239797745183818411640670968855846255064974671364716365879415251373865595343966118020715084637752099735728590539694986979363208679508256761304799514650083
2240918351240257016310837774792079117858046809919583873592047553567156273991160228850690591915671745615848797717261353450972326321753205148107336357650123680183927134799658263183592734531387
7074766748775198679017381676297891146919899322266467298936770255675346330900586965075728199392162701072243126779338161317467412517654733152798679961018101438599789134638731725188080633067307
4703147579536764213444331962379044755959985244247193702672760129787307273047739184527532531687077772501596104684860481651032918660665558812857738834959856315943577735498641686746708106300555 20
7120018555157617328358669421528620701971269379071534484246939210333954950917138890892346993614743583136551481830764458021160687398580964065610883983184789308158172209944884376816526792811276
0984323134156930957049033789084771403498273103779899899057354496942666814446000451421879309223023325232924301017971473851591218483353402506987495044629305342237623067688732370872316615990759
6612161155044537843920538726531568134139692420478381564625254035592883349479242157116693245633051137052894333185201160142176370814001503941063977216613875021497308509665589460733374947777052
7671922584997691587272665786020625209739858044991495059133496341563275195294297238312223006633872397639100688796426096446614695763306482596933504821446600294507032434172624927583394937375536
5359201366521633441283743524946547870520638647978237188482452697460805495000883020368183058482256250002167063001268396761880293008419779774790637384863633908272081187115944927411806638555785
7247784492409320585385310599021153478255609722569726590203391640723927963671848196573739654539058225569851917546105319243556298022790343015916704518774417919011356193002966432300510085819730
9063386184702071668477094869915194508530299437839292529655607266806411114561884320798452109702213887936421050556050167255072519302428966500269765255581423957284954046255060539113051416212892 8
0992939935480253891766815371852380768046642436329198894722630146850454491925628020059375571470298044364675158298807443770128688611500735023601138305672525573249916608614367523270401277822110
9332463587568841441098500406311689006176349190268238519797341774680517013731780038129010412975360308240252827455111916582751113367786750208939803435968950991403548149764444246581991056908585
9451722338030170538529784931392212737776401486976456884448961496372375006012200860716079623435740349563898032402334627999984463020304398448931474264011942095859169700525620384242733866445932
0122785298255247961957756407047465249490968610490439339135776323291452288045807478829327218051716940115365736252445293608474003241092020488674961028112876695743011542980566138591680712366844
2956824736724700431432034851296008018079613818826530593329527695473225045125483355335180846617715696950734620716636204282920755730094627558462691101613725865109720435812378238191114533433175
0721483877500682543654251886051347707570540004630614882867037768624060283132480683789606399978796082760999747256293296401191829883205405835088782986569675985874452452759593495180769383994688
8986995388327670694493321119039322828472122719702009444805263571358349460236771208829130340822358147049531161520602569667736713799431755125344681055019357354524097544277185887745528526313917
9229455650806641960846691828545089740869066853744907250935795934471891650355822686632705591214850275740429274306548222329964696608375801144806951969107601973938444103316438058453310000445265 8
4258716339610619831795357953699351563252352576444238399808802508658613630541779346539870544010305733521739027471410534512445736078851731845816059336938225844570520844116243264478407798517146
1609931576609809340071213664342347306453227372563888925878583989771007668866442129094266118721399913714168457715560080900033437912628662445374382067566398779210445619642286924589223647459750
8090018667268075603620479975072870877949065772745941317419481559306182650763211839931840659000035601142281408176248701274381335080432621446138688073649937395714398586099952837200455077771120
0188766199395803629159120576709657331226105823246656536771989196477143273351854152985640543799360372514465998957212130371250718834018441288970719530306401316851240769227994303796791898754924
1918513780329692225750346710022802230743631377707901182668439939738934102310121584072777565315500640479992975508474591112133378416873670352354648494368452745506351620528065923459900387926288
6071152392739915001335542242277870934790210701087117768325290535219774301455371540404583588542222602808760252746874208291251033429245171066290208896100906004196246608242267234311943928529816
1425947294881799810591602211227164485639808151968678959360739037750197570942042300172624281468671809994125770403553972975799930535832620523600822383731657764678395778775886721615274996860322
3497233291108488721250272563556803799672917536541386351465279165083611741444453172461242946403151301827481673845982044127827390562360974343330922065488782586458263748809690514243754630155218 1
5920570948697678819977188868696930982864106973559651446749293329871340003412878154955612647428197274671705197867555255419514024083293589052282402943953158944191578383411968876230137650419223 3
3216030648767311492953580382398603854360206650510401035357447171490391645945466409106268324919519647155855260645161774354450984897686932566879621874285107064016354604995664569101027649517895
7431051747530725659212869339968370037770368701084448152681338504382353098190237003096621618992626561563962454263012344524865793076864839422251782615210878206550400129200001687898390397027128
2718169639140731937421856088278989018456637683755216746849044856712583175237787413799158766211477446753952877542317974859017076402259739226631732542827963516109982874342478316109190664469950
5812663091149322206565662055530700397303862075061568806126867928889888950317618866510710654659024897552716483673056635605824037007943409218018889972770985640254221733703083780325463418821564 0
2674226199134302981623282667094406945782670757457112180771748417262956070660421053044133442197604884752045591975808776449265494040876105727353755529889065508735093463568527943155857430636333
3922943627114218519213656619293288648931592459846390682530432248075960106422448368964486902544524688063287823053675330497991355042944881030575261920105113888684777227043856004656864622219939 3
9604779629931799456581049980666623059984934957446842100805168052238719665879820620831510178956789845918520122320327374252709445850744992592098050823328598267657992990394287189570712432955511
3064385729448752058194237119003785636738012210620511571117666176197082194497338576221456054424848228233143298363512441104954103765659174690732791712212982758874236928248904445976655139761567 9
8709254849496046908590927700516800830851037966661084571214285411093324492480749874499350334786929518658253612726036343752264082979315441719740659130990612151414414970971876708173781364667759
4042394782492415244405031010195858333849708933149097553807013547741477179259276670809864553604344572926573635996580837548498288530830774046618364165847071360864959759844836336737427211519469
3851089222867396671518515088935840079786135028325930727050676067133624286860050776613604286462142620742698296489833872470233118971536772975662612007105384480298409424323176674250710498649341
4258153152880163369638320927511434925762398400994035034415822137319284951089313209166705305286612536134166368035964801895091277031409394473278493431122844623134829825834625183966580157203459
5465629561872028957719921090373862651824399507164585524316373180855685753421849596119065710405597548813905812533968342104690320539604169167332737709820782087260056670616566080673167023419991
9318375017071181855658204708177605456240949560513790461336432853599769600986875398192610112835098434639815605325404134874606296693200440587527970299960146519383770521411973252809092539478092
5419269083404322131371458985952608374851822318434608767972106632900673706654448793379590598342613846163021942888024272190330283373346143270565917470518859496447047743837102968645866324276103
5520694209169899473675922714517753568049576017644509705887282628292563752889239785964286140697189623041140903435493202360517548118870301326746890982373324561097415815335054811769714078658935
8620080808866649990690477826777199213896485857941225119615753460268818727614224360144203165629867041758108795135010805953828831162802585431177946383765085549223867470100580330326701145321813
6876069372596006187123896516410595356768435133899058965385434935420194497088793689864548568754438228299532805116885619537394215048001991035394719603219208558706250531966219562524060170243724
0578090486629637240354779075349329702085575641856302813833378858499539227814773093791624750780219297377536738466811375422970109631822248647066461569877383167761916130387446351225494322236369 2
8639820325308225124840309435845712404926835270776697962723304928247927619005260000714306147354085092442187907913887193241286694942405368403407250544784993652953919150357314014918567676726281
0430909259459849205013500115390408501530477052671392368907145569082246520847518309074049747635161249324922951318386891563028976491032747645488099029297042865029459354988292967204122460060125
7126251509446911445163443108395599384264859509135253636269490404687877104712940910552150858955725961815748910593038221026790974194527594767200824519969643805796312895844998419320647477250651
8052671972136918691866605660806152308613612200827871103503191099802092803230958228355510824073614199113987591988641597053344560583190622749127322942374279143337935144031373541997927609939546
8037430975240013048852906635186267923855178213862889847969207404986662310608002172700112954890804844498749653930768174247015839906784216021242974790210428193061310996466470165706206242858443
6576205751450663813212400715910347041015719856126950357106155025374351729309606235739540685907895040776692234002315891584235474492580065036777954720472471048681301543260692933033178067534741
6075583939120500225000586735915713286801253017448744931708659557807231605957575937084146888526534363678957457363656269451897215830688510604538288033259901930407684144312519540761700281042473
9111396400159827518347800091161363506062580086432602030600827687318807759816548784524092825458894163849198817851042942242027017193887803491215580709937335483267759459810121462339822519494379
2767219737966092922747442911853280199258292247405049481417080021555643313993655143861594879335582294078003994096489026944061664494264349305589326898893249010046223868532011045030200439244871
3204575851235436822829789549048569389662100914855940352531477292050222836954382315970590026415953096665371596656764197989056552949953982615236393554020172134309757844914617619609289032464334
2812699638191327794148588317484623945038731568643311340423749245271629139151762930825663119219926020425784340480643339614875767071543541103411697816738292229253002676773156306041539505226717
1405221337172062866546598222612086679183803227151658306381543919721603834780717016599855997842644677507932749309027915054244900543552403745660581128466792061837344132656785585369878590482440
0675571637941807684391363262761495938112967611499718098842408433474998481553655250862142383128740725570464809271263747983699308921470092872939230555662511826346448714344540190739395964393925 3
0415318652588971923097822072888422820775127661742538987422349881644558925658290305139793726719553804204107415799591391213800581450120972660257011246889497719668982600811951009631911301593364
5765230514795172366244723153305911616230141354183396233822912657963161713191595224655935496161985337113964615588112235171985379986597374455543676082383115013459096313366569143627365649333022
2603288649367280475319532252533500891836286082194052954910638641410920745166822811647337686870298504387097857566719546824726750135862783259458439820906321656958620856190325449964975592435404
6164648507933042565289550840430021649671032756519663902990049593107414210372399708763081104461592959993275537297586124891816840972874186987440616107646450421499038505920269635680301358039024 0
3615046502573782457278940709661111890404703624902437757467404343020187177865980184258855404084535305308645294444979265035448896742498422408177598239341957122226853661523316063875367340019144 7
5109498254998546938590926331502776081115434833862322337073483901853924078554968136523271476374900147331563655614335143073676177325028966437464892020727176426490780052096826867045495188437256
5776331459306576851375794291586795872867856183016432047074299616601628713047923331886908799110947508018666890679419137171185309023678199580642953015149911104222852362369947998825566479847716 3
2873312057102836004096551425153695967671574404708392205813716995097599314919115616837582070165406667035644913532501092049932303523743007193341621850381625230945629382401824405811949743698711
0438746824640067427736095493395181913634083649341341526913193641762825999252422775636601439019076053187491366154656903719305714688077489969015869997209034980934288893130461361681067059424829
9248914630908325448015423253672426662942107009569775549650360821416860675881168463193420766695598353523382947686799654767353004851077390250781497007479549293100557640768099604280165159587083
7413890642428010944289522705438214185250797912122752146723231957633532729053437197710492140107137695061162734929615133787576493365500986508935468288050752415505723779584935675715942284642456
5703150503640345712974075774857364629829247768204201327672480468921551167592814758672851150163039758027952406693926399273967606679875593634158106648609568527465722705530016934324837980047239
1828958787793509257101123032072347559226891066877842830484406051513402850117014892275759491507870886719833097581563802449839876300849669857690150245904737538859508840092948268377947341005533
9527948043731814338271347955327066019961396504733880126313570973812333982887166472449293779048135510037632583004047599986005111411305898606423489713391805916284464029087622358744526154722791
7863769402766454752133792806165037458485694456194027063829052360948289205263553060764594974045670239335701014329373605396837737953535645660491285155371453321492712630916599941511409819026408
3908048623438262743907255331991264264594371374463584470001849214206022603068235800906498132146190554528090294279646722560616116368660891517059585272132833166770244338455631389146296874236235
7400878049766504477768826399945638946329866852449314751613707064950176957730622782208229331807075972211591342460137563164670639129170809165626120053348358694213863776444691743685313102660688
7554368219002614957702536542222592038406789789303291875184828260917726635044893699776291989842657533689162930300847791013476404141475150617874449853957790378883535328677581340516679815399455
4126766464625718492427669923749291942223282599753917005081550929116263976702205733276174814549256636221196093689846769971143235809181833997998317701864641592061414183509479455117175657467927
8406342440684705819235750184357496885871397060464746812159883929621854972294017852018900724752480632267464633408853102539379441508504503736201078678986140988545892662651581982731739657939086
5298902778140114690269221048754437884275968651034023771892405848262713909639826417152372347453661568414504631791119838338401123040575973578304221672273851964427587528238323001434812003334157
1351003138589375502736318331084985165047877290053280346291319048692509131437201993381937398346766449571142236634729005369038058397651548864485994206341825985106032249368392185829909439622514
7611163989460517888029731148726678524564133240956662633559348016190641114980735376669336900543382780029598205227577590859327294325206397817363317020592034044427358967441467245997364842149049 9
3610605965255284325459859032540342880327311012460904853140599163739037683556499905377165583016613822280262480559862841226113121145206456853517747818540656868308198134525776125592158425587251
2019220211939244960897148375481921974694216064869443771177633044352810695585153610841709683373379520540901375572643680835732541079761654755734867487738513135625189047801502809603719649423231
8082181528787566350668121202235169354511401992958323117593079508685768812240807824797279692328696855831365455036488876856425520893005778768914302740138423144495970027169719216827904767662517
3964778193210615708454084200201649200332753777731301999544801391384791420565789024791583099727919805843807765363137942502377406204845654565327150336823217417168117688371536026091984405223649 1
3121491265855774727990611064320314558470610714604686511932394531124028568652560281557928860425948711525999200858664101065175531193634825322799952490036619539534765497226696610232013303896669
4623192091407588278048668305620059218801519347443446919687735014801381904943199541854007312685383050546747960607800344310538800204105454833303612975759314691710716078725326851336828439342263
8653610343414093340761315214903379493197544926430556371928943930788763226587205036580947865216543444949513834081029878673074814221038517465761710781693365767476708004201256868965014572070081
2931506278221631643405736199022537305800051233177329224135292426306778456388205050775223909894267089581986122675485919465767034560276379803443871537041584231086399744469238518012702322741367
5794872681808847624113038852458601088509083647221555675555667829494225210182558312328896999805078384326553194593636076704556474759740029779500893250925165083707597131646802530705222587561740 9
0472310157795839483184052872678755624298342757957233460960212535049831522098093459889036734927062217034361941199598539186932064230514900373215558577604342230267190865609816762489905844343 06
1314891048037911983427611372103859621912097546946988461915782682876988188292901022506201174334886822792314501333138502875960022186766855383660802491860832589596485647024782107874761273191324
9691606269628968460747058158462909964688108349682627924690739375710018170647749831005390235344035665475850006563152056579913200292943858679604966897045822424953332475700770288977344547846896
7238197649271005597808656143155514708094447936139249396787416946856236263526692959938107340031945787710360092897367141945430810027655547222531592846176539038207608361893858417770629623013310
4770039770058773597383933784004254019743373481684679964879114953404212483592036751292598001644187325231059902147237235270162335111117079372885451648735287261240856991280190525408534773251913
8379320349018689329755527000556342831557791813100196652550046041784906535016456322676410197906022730878007497654325167702672563570067211689632744486427400925644799467205300471852670284843368
5810780261515822457117032015354892971994323113977423274034620651067774968266307596350324177401383594408028218703493808806162349773701930906990641681831687150580378542036848880183481268159404
2988141418747642307554020130598879155004075790498428579733527649619083168785890887791922004706592583069803101846464310294102317998826715825240008207277195299007512762243156371655263116752743
0083033798815173206659649136979532069944489751353015339748391303777693025524143220095842394751556071038964197813894248959323918095304448744703801521927402007655800184312085257784346995705073 1
1297976684941326950411124575868329351680146943135522581557314157285219893850146457669881055963405481373833436969884707392842937571620427314034491015965112112401580470856023368694282520538270
4563799038026143079423245166774994378676063164863028309740219451214372670033157858389447623632932776913982733328992336999834657488888949706724092547030201693155201164239089770558501937306845
9895669863923377122236781836698215740052635322283366449359918163856679203319089103340463575818026184543200092025941862057524371055093483834063396929231195622586986159753388709584213492553619
1143861534281879111809338795410389097785415486618601688482390687664184737795398741821169436593451684923888706153677897657596605937831008244670554579779803785825828886745235792741043005597096
6742628061372033773387008906714423755356347917839858838087597168482138162069626089658424449337862264733684326453291842171777130039999528988752485066530787782615465527622246175602267790997044
5984642736192814755472898695095512558097869700431036340689499927952030273025369676662638666040504325690283701992468611076355380379404683870456309456884651070669608922487786229276159700900395
8406152488270228560657493253980512265590344259043911187194566354397892253593156568700242638735996774967284624189916022720398136900870301757746108009406391075043542996416258255428798381321410
0975311270610906596437894642570419839471543740675888962213304916746796133380562865354424935694261612149259517325810634775682363337083913095499096061212396583550605296127965452193466885474337
0779442170467080040270673068537036719052981108250299508083501691908454389865973880693048047643186211286310833375421443258905452091822517070670478138821016503395341234860185595409258424618599
4705505941814626861679541847857453046504313001236115078142011260221577766837694871803637168391010508716820295739993647222471637314822128737071518789592031311920622148118701261600023709931989
2547495578718690950068203138966685409444394871291674338970938103180869030744756827883504515768178694195528062597349268981938229812744926048539383342019614351501877156294071871717727860256537
3417019183308675960576009871471236192503702997858938778857174987071228528422202351699243133996403700715799577793089759570811475329395369536984752258057487190063307137208886350080552812773555
0698857259990914970208172235451410158075816048134459799057188431840028588112126172254837765688241798083240690723130169957585820660612914196770528544130280207565787943421139859425669260183942
9981952555364922178198063538622135118398683497504148695898736250836164166287818095750133939396337171541482129698047302859414500230101411341741640227115622576897545885369083794857299351942649
7492513668371794848561960502562337487344198365177025500310492119823471230675755103311114762634246396822385358485017467059600240191923409701580299566856336798888981419669727621827647011682868 2
9707163182308235747523824016366346246692218273110946253186970917403150705723795500312299555989895470821221214704722767631311722266184661505045952129863391657435557616963056452390214037644154
0480875593112787908762328847347854274532622536622215970565866484239783895667010948716066704123213471802065743787551244701949400390942175353174767483790513163426016397007077472948984024395954
6646459456246138765296565825021912848470474595056308670453599810224611671118752834153279300968471361999096056438874058065680267820962716150188524100825316568698279714973782767103310701462215
6421575152309853261828883291657404937221666436036144423103408125533723744041781887507946463289313892195796374779282946727157396865406553397370654996260190081825051180864103313056465732506115
2718270058217805176133489196864293430644015187972040565750150815080089460582017870470795581531698682155272535445309926932171187695461066456279700469814085800324397604505702495186223592920609
5594732079645027656312609623878837735880223840053228443414413626654541845753498038400259065875791405586347490192573305193457984058689968898959607096883727262802274281895261281983114945175626
6631294538996112305235239936232742993310480585435354308387693837958155255551249457821296013946327695600225886112306357208657132324792269882851025450160001158820941912437443042350029138584523
0023161117801877503790300721818408614447217699188781887280249721882863553876442188074933690739841038030407834198293631881627911702993074382146515562259024396140936876133284767892958489459152
8595367995531258948995279232757678618833032714055085013665760303661429493735202499011896931702182525559790094540343523448320288273675661711225945156499053090519246567603844139310021749704030

[illegible]

[illegible]

[illegible]

[illegible]

[illegible]

[illegible]

95553750319392101151502824723138224956931703797125535722919636012965290142193132500397182022776191714585462 [illegible]
41824873895350941966431720794098559541091409663312892688480801903384547749066435295447729360530212163058131 [illegible]
84558980011903111369188841652130631681157348514586068945348335630605682026096986435896146854125356149465602 [illegible]
74719345691647967703236174653908710809684762989109070587919965387860992073380635540677048932367260051737825 [illegible]
20328034486701174352599152663483422141272805915212547516903369358967622928089232832452599009110540309779656 [illegible]
55649379697285362073532580037813974743998941780009754687785570507739950371598969401925159390763465936238535 [illegible]
40782411691357619857267637698080869157528943228350720554974523591279183140186425243899821651213065185243288 [illegible]
94171937325682826962913790890738985480475697227862409663365757256289953450078247934811792389784024541755026 [illegible]
63139987011165698616375045263991232396040259954867337813341250498970248541189271842829972395038786065441973 [illegible]
17160231244490004724727264845755148079414893728656924693358488992688766511789358747496089478766564280806002 [illegible]
41002833801128198821406105760515056080515125029404265592542936937680856393630914334351480861253453446016403 [illegible]
34442201785836381628410561324762290592450866325911793445891524850 [illegible]
96336912164482424739151110458259128666505322792596243363855930387800 [illegible]
6153324838836582254857319027611404793955949048477571587315019110370 [illegible]
[illegible]

[illegible]

[illegible]

[illegible]

[illegible]

[illegible]

0299938034749135454052067110460525785379346578689987078038495144244856125205021332070610713734193255858878104021320765295235030484405652314267207756676835537219721409900481388208238722545231
3224394059344192243258842024484162535733244288500890137617363326232546551084174560251169097920289343779684891373420400412910121992567820205388911732462189980064394172807600458265964711064493
43228361495557719773247459884469510371349380676796344965772842142326330605059555143248847849020373440949593448588056826997247045703266735011616963483431681399833766511289357316268022707589147
8040718405474589845178237470663965903141255734473185605558950153421403115980818103891817293726624510254692537294445178495992925818330899464248875374799314974369660533765763600578692575230574
4331128024970122598071588862383820078758293627967342532179530080324319755145827010537374680963542905242486864210055225290498080086496271753489072071818242024459645378600967171255867827017910
27735514913009581597543521336558994177763737666438170297552918256207359539160436701973077239603747705407802622075916750004616350740914999815331734044749674407032755197915984755979103495269061
5012257891839953379278194941295352633244792562776481139477492243840420632793591379003287300309878038617969120435382163188776398956654761823604835535425724932142650258716867340445020757058391
4945865629817103709495539947034749140683240721464213069774570100940601691683476250235598728135261098040874849431773823444122401219061608845342569258874125110937074271760537893326839317041320
6582752338698609815896827336090800195799049182838716425942250752878828702302670773027877163905964198673982143537669103674299099867178269374748557371561915383270024838955562734938844958894924
2761388291861976266568170044208371835442320692696482159074214927131651811078529215107672564199203330171493342107001557025306426949542697902058106899715099135649476332439512529685864047920631
8957523534503299322211975016477139222204117687635005330594418221869038187287524154496571149088119049106650599628560462107112016741626075363878323334312667857042601038964488671686602149167223
3295651432677412621207934188528783140704988778352251422021499519513156024893195975953666292538130017795465538819576326846367251835757720497107315535108079288225293996568310259431944700536788
6452350001521853463843276852746746700252388661107854750385530830264448584216153840654469959340870754602164970563545531660085677809924362809792379385103955270819128340642118713324807624435758
4330034554598270912519828818011521354116365219179161190561412415048869556981418294465420150898232280896065289465522068639395225167834356348295611918917880740508533365773950675769782345480020
9777311589367120395135524841212446651234190769095952538418411172302668246191473332366069812436517164597305819818575875577088582600188227570882868529218790435616627797338869371732703631800505
8147937661555982017603389239933756840717529491212074347814310862541485234773575202966835586571768207867452512433199648851091081316288447038008396837188690592062621032384448077935792312735718
9702445796147600869423156142545309656876698523437245322213393878032700067564303741941851856180249477567041236623688414550392288256234755220791914555231424044436512365347922776294182067647035
9022674640242558938447501653834660322484474397808344084899624522310523792986152422858642268415802836946157063067340001804026489486203136429341729231218886856897933179612081009646483293317293
0813048439968595828517915242524011150035322768838067249654664924249048680956481572704207082267817281394554660251164738529559776387337768819663938559576281361380620761350799708961099894904922
7984956510537093556291564006129636086345875326829488542106992854203527592488233421843367515898966723393926035619842315120037182415896740537134187307906644782705102378506489278809122421342383
5326557472854973416748029617175702574337812318226744695742604068684560499025492210577453283986197211480177429592271309819352393537352876021061401336624611843338377583450393794267990155018279

[illegible]

[illegible]

[illegible]

[illegible]

[illegible]

[illegible]

[illegible]

[illegible]

[illegible]

[illegible]

[illegible]

[illegible]

[illegible]

[illegible]

[illegible]

4514277476912500210884023391312753657890814662009713012384718206316641127969966799752867552365645203862326742684086913831768532591185072345493891613208208985896051967676895041082285487443156
2948975327835195946805597746987789075848298457166581198177989592851120313041232122335421322961321177199300161544048060495689132424587494227582290684145860232291638809178456391627807453451584
4475244636126829840631440666116814080136853227875611910411361282913298683262573552582683373122990141913636487093316308318940146302706829917546782481934920785261121333999860608307906330178081
8297014239170893820934207284768150858207795419998993668018383691182043887518367272389515148657057066896461136723921151535354959545537974249431568017560061116657822207406280712848126548496037
5205677310386927983824901309819034776080303742990419571234118497937101862430183042772463500173882968013592040081920889758641759518381695256517187497248508341003173771172392347311459359269696
7733148934082747719317066962335704304742716746216665580366119760379425465382019928359343119200649588085275598869842991778200183574910458173213160861586302253054030496271415085586964811492840
9034034979505189209392112760591258734507535236745559880933890080847522672888170417864379145737296829054819837156550386988543927532364270974600905120780284467196502920387776546505673093499799
9451224110554036696898030709542023132445317331747483516495276604012721939045306459985536299371566279867763640120860071214304239185427771647357814485183865991967139312329787313586936536489676
6922658738204553371066413081506480079201233930148134820359509772737629895830657451369097635732233271143799142345338450843092376639027286414835108335636487429894368910032074890750299874586918
8588890218663050816015893215416789197178404344035465283897197087199961395669004876858517736652776993577184511533775539250985404871570537514365624118050771293293986383922743005333611275088268
1320236418404328221782528983860958554925073003532947431533091587613076046270328968567163409964955148259138266657605984610816081560077626843718148877903936411724794387060921894441420909918033
3450900366522730246046840288645189869877356282393412163400773497361422888668505276809740871389905937281977350698462452926560360687675128671110143250310334911706537612250133152188939762524768
2973364744049272253077074816836115389137430343065140519493148373816652261978058033420449397825682731735700063585936280521571387463824115754990608485044333805647136333980153037547815079145785
2920879525444769217506191096335201964056249687922028988164359139057206784814712185005130081647522860629124037440915189752482420746166384262014507407821782878951049941833331205582091034668724
7977604935317914491748052052894542815097777141262278828283940627126880563514967831525344955783536233784763606607121127992157314707450393895857516856169461280462016131031939522293322885732284
9759349676585117749757962024531797148324112538652896307949511303182006950636956185336805323576836092360552617727769730538165972360367588655356279369493322138134698401733452478993740850171234
72713829768008943194513201014048249050104700511149302204871312008248888924303969007515984552902405847548032070922687610954779762886899602391446045191608383914940409012525422269330456167443176
1688299486053443761472044630502672352772266118257858699738338744569551987571189678280386872540661515275045117676373506522687940492062639057284019919888705382558758612241736934198714273430717
5710416985917116726327477060351503604545915381337489569413429981657038099682742414479156497681268244921354744068398789050703705007032023129408110630802452441273729409098522774715316155091817
4133839719264309667598684021132148136392763859395733973946110616514826332184265447986095251182543186731185165594146366763382882088109813572014573599922348727371591520854228650256018651724035
3253719300785589662445816223529766778807062822146230350201077741237578508213723634272875577602834401114463870598517128227192775783517242641545692907991172706727875529155112526024011319593453
8645451931056830898430038993551261559760833395450816358569002659426051461127552866182931890682284201952083757286348835226618999260103170061099808592446353434075006815224539711983798467472181
7571890217584283732476404337970048356618550423225110982199537361084559344157130124255811983401854312015457983240725881240236652868552098100160186155290451697330064295680148975143194777989311
5136937737623374634759887043227345312589997517865806579596959195649901760931701148068108938293127774061884671371051876510940578168108294883025905440742867312361721404790472460607755344612507
441777746308157055686770146860626279610179198504546405559246376023074852127162552856463908638957699550609001635034526720370922711557137365018078962895498420919770857544830497730753375073 6895
1538805174387357850492426736961648179395364185710813651204133663739140901342306357949915270182004869718766369270778596092586506342411424227058771516426904154892645531271155427724671366266543
4037877035879448690086786007622054457127280962082701287359727064594758161017264845208580326784255630006121873134958369276826581549403678175471882496419387907008916950619275354388122835011968
9411908385638356442579811197333061159440988219288110290835824668472313262564004374444353792352580871160074426192714198604985435366099644853036320770633474343836495035921806231883450664897169
5717287174938935306020807568659563824159535277985347058434647394182252981337429103824515497615401198291522870501734624547557521664430349967383137467925546955780789893078311520788072102123723
7068850245539061955452601960935265868785812113761118214358832864140341687639821764083102704802248142545417946339281360989345677699523347751833949471186921318946833456106540625246525338313929
92297399777225563957644932025333420514611808477507094009114448881545211208109211280420024595991738888034829976899247316722626253515035469817653391264918885788005897582680803294640579461269021
88429590110936630716444870870449485643681194799684470558360016533942650593146567092374586471656179936062827900170314231122679582280321652916175273234358177117199977213472147989089360610320673
5285833547685931922976755995422751655394025004462256514471759474471007901304122811912357726778823852704427872488682388417341413545148693971480247342930997694492201210683045976941575833556776
2603201811294819888940149187302198096104391740439165208920345278717311898227793425165519877442033685398675103794167362032542797419552710263633055246813008993458581804643076031486943263866 48
1144981022139038398270153297771567694121017410196861866185039453175746493112860099375328307665007831619403151319225061237122261627625529219200974620864484690096594863978510896752926742572636
0095766143989129952461544937593074292981442836866059745094680240229658105224202751458984726513883846077846251621780010235710601935619089077202967843948750196515283873677160422861612921034529
2301437844723104154641960127672707200387264252995619698922948549084371891315790869864099016381908137910710722718451991766153458750487928626292103552513055584766425398849973737030258964259525
4581304051520872304233451556754770323482902325307713509070011965148635260670644878256255974068888544932267130339840682179362008707696942595186160282595245581798017015678901711860912356124835
1102538014083151894371522309148700400745060614992309060735831917811452657779782691492612467428459932003990420282171750406165947386272921853135549373326872465795907059538753478124082179574520
2785040910234306926785330705499108368759736424134583411166904324221038637479648864997659998198661263260155565169531845796467404289536283300927842703778069981437054234967371594450924211066974
0598560699102043825694148026684537686442453347847076265717874838889395222515689846455289478215638669547143523407302973469694842032373734517376298209554116402385821790905010603877286655561571
8094486544737112652600682488915372958501199303399215344515925653426061146404447955742350699384005080779676736878914298950523091992540332801478444221771099848728155082620014192640531796572889
4087463217216421919353941133502424276712090139739120659954053647038311016261872087624254832482615687256592520361398236939751228937055262570175700944866438738886336340945921166036797109895543
5202971220375230676761346139405909294217796031009283790492774252533168383468473973266078167484172733739437967947020174001310398366056287328888730792652863308107720020147489933077762083260958
3143388095334458403599384395843628711258563236219436412750188228977996989142147931066671275949333603686503591402572346322387355595318449167994863601316265464023487609140660759453159147253334
12223097332427767278139355573325294729932307759573076479225060950756971787727510947591583599391901679110829433239346923381194495013304543140439000096558085002516694749997568270251102521652047
3533123912484755250476814056548070598976874829793963843777189633123042515382974443798325677756082726235446478625180431805474769591078642103879250543617769722529004872825816576141339834136021
2820843628510685706826586281797390303008467809619173020395740625836406610106019006010925510191134650038510115157493852277661224263936167101845528418289739002320822818360648798262112536696025
7518517751310041372996318984591505702089686974674872855973345081996995471486203854920725756117364986729118619592206319628082078579230965737341245769481047295060183822705205356710233772927337
5984421568083733707877655395250390820774038283251074874912585085641745851653045341704141351383246036354506465324410548924966083169554979363134756233719571985016668795130074092341519955993158
3033767789637632031171808421170971186905082167717786217954374338156915198350155949625633202481723005642574640288601610778181004123058739963050990978407793572533213237537645408424248720635379
8794873751543108177748992109708221019848594726429461945824393266622283116081550225515864692282737461104930642897292492343611133744483384276251581644564923941781314173159234684773612685601930
41375197122588373217210641999857145899241261592630212693006358836041276095657499519141263723328423166745628201917191530307389539467780415049885534432543148919393904853492942682040084356111 31
7493009981733981229341071813450378142935328642681161675984946351906791318523761364112984953634311998197465447675376756813864854269210151894253201640615088771128192355944907493662941024641012
0314142948018038804030875740060422828619296649682387285572959709005570370573818675314221624289722255705901284522953852308645357132953363439456634614548584064041399232815364787284966603688597
8035395240630999677636367179543592755886901802691603820253057651493493549789601870416684351579484990648675307369511248610984989742307309598428259203103767402880931322539230951327814181769029
6458053348018688244057888004735024759022935872306145263965694258772542864408671600611961186895067933635231729413956614683534207058402865032227458311284734760792486034758816442277172828235527
2429762765271040429543568755538210815566678466172541347730583657161533185723535293050509037503118407987956554952483876528935318412937893297786299703953203131006019213505530080586788362163542
5074402712696358108389708368984729224511652613193772482756616188110737554390198068222883158555631803222120371492127127571270413652930807433408419167376179353575625594919786325239090541720152
4757124511973675822030655432576718291900572697168743010681932056707450828641690140284405323714760268035186942032300662513920302484526639743797389680313416934830731381726910766165386610372813
2423205391159203090167912807985137408994706576265718046921288111897859607719184170931358897925484974521178226643417696502869934978549994569154690198212101516587670561083704022432972542853429
4859533502585915233931128444468061719894427112524741965087919339469832946759718681225356885758300698440142193426756568075421726627439357222210341664399658921936244805104837810845858225749356
1552761250696098734607182585766434345357531560047641526500207389753311422664791199355903161894706666914984514777885667541508496952314596474961069646837919590569635959456987027938947924561409
1533068589405172794150768128200011120924201135439428336165232312815493382816578808694615832961235932759360115201932010321488827897092005075110136217208192466700926681760667005374414424458625
1280708211625851079126518962699478173967140681496902122833363092632480106270977345812550576446304532173852121078472379278433197277241089559303319071093395080250594759830551785248067040465618
17293857754387083001679494071663333181754443874828444825788061649575557812911351901223838960275239236389224737551427309493556129016107569680406650443288794883476942434135038106295287250733903
2098782791020040160091987693155730459531910132228691495279384040569599492589032610150795832530671462096174567622869277729060708692695001488789273442729343181797371640833119081363699149767523
0331113027793199438004638405222745716600849712760396622299315916549027651779809183779087749620072141861458877716894946189915043232701516922580603467617341415018247090376782178184082655120392
4406701231039928817164061903288536059863404548148458835329463472846323958740848272689412537768601005805673621964051095986372536302902745366742322947600670043278894632904132178667720201342013
7524678396733591518276491719129509771985520965743837731349858921479235037616544847682671539130239160221583869712250049617905924666886378536084303178051305295305903027475944146785522540363812
1749004109027563636670284561662304627156184141612092210407672668115948325302261578073845641509832679167028745752092133473321593278800578744779390060955696953801517642434787176320123933685599
5495080926185281030277548885453097139507828461894507621284435757034201056352433147256584354993203555456171619745422554346258666533314017979919001786433697737816587496997521003551020474932142
1047774154661553579610743807410392410631943146684344604175685567230544065023365172335166942131881347115191526910206916558624181832316899842446821758910762784364745510710251272103328296707424
5800461871312664265928282874421391927767956782293489211101101592362795568425468879510643106553519532858571365079452285157126875658636760873694847336878593346935594096048277224116954684080269
5695766033438247900442745068059908222076741152482546145584937242642588472176239811479062804683412051699752911978973496619254903047747729708449674272797903963807415989386169052829946329335849
5167420710098384643254564537714377583794114327761104446700739005002154024509751605689987725264894216296618086207848326640180072556438887457802932394329668824225658969245836199614826081452285
4236196223755195531208288786260760191214654547323902936088129924750496353498377700646372012780324819213240386520937236701930649429325604476755590571949802650069524920413801325875434736761635
5346585007568776887826184150023088346254460396372372948028460323996565075604968945561987385595272519390749154559882988315946818744342924326147567843844721448355070659943113754456497243741996
4653315496970277950559419570260121055001547900073686602096685558193654930201623945902165407461592246927091517119205223134604403562031195923040530316648526899023235202410965755143273275428052
7544626718417153442368767803876531076063977612123453811276355922431614131447769991864664858466984210582134706354886773747051802176659101479442747998703447005311836912868487485025799121446977
0327018066212363965511431250423415334273717890229237057973532691481665279261841841406558906986831164060211925504318841323481913936468292546812364933915645536108770936273025217130705036333750
6329567977759968252219215751974232704942806086567356751468571890177779382867256329291082052203703441919071624375459077655249328314026347174207806534568271603085569903454137340098675570992155
5078620461059364884771473943628625049085158499110224043873863619940048107040976094395040753390169891471596843087725434545098083752766411800572998838506686605224692593486815600419090195189493
9097477881613195089665262148523782530011250783239275422992866616891884444876168804160054331178586467032201709584830489528587411915703610402576863679144885967298147878263379365567264826890871
8854473300389626519032885278518118242479238296379738421771786626763804545481889704422839873828321083483834223460859711951894486276285772608814852449527985920388286572535225897059476802416026
4414991131049070041436769873138954047342162428790518304017836469974618773079537715665171777223449095184293646011090492372620003560924602202925502728119358497744604959174393774890912019093606
6419740030295295238599904192738611722628258677387951242996173788722144232532338453015129957088075994770836937014660297768859318597514417494476253769633428024915834880238226640276978486821172
48131743484798707329823978044831665376305716652713014843366952955455378262764039798402770920929606581117527494449422900929109660703326325968355527086741799947568100270195825024461082270785202
8536668276834234838111697476739596070576715717007294922135929347381354510096057156849756830204849668158708002250892559683485882899895977438216734705691945022881537149821634665190648734562591
9098836653143551731968820982548667366509826833507976127903784374578321585082504110034194009005383730812870225990717929083303545477732164921950105745377316042170372258774689804109891396055622
1259007315628522405200860947507645028091722143235637656712682102975517939173927884959495140806972071383886269885241443222831649547582446886978464879889060289335601234443764470474698140835356
2680736567972395129022303783626530376960469660450992193013828592765348199137700120412883419831039895191290330834042360915888668418227075411155574829392914794626353554828115628322199692387564
1403075657922006893521496022510011494652307173028388888247891366523800917675868949243358804167766486228261402592894603717371131091844734849464541945137908483614216958262308648157743439789770
7632378113058223861860799010057054614315584013704949010692978418781150428431484646814524195504143212937985393724844237096756816417047334333354343056458821163423604469336465331048542035942127
8076881654897626965726842576079255531560394772496321874127152780800340877799349899866749323546012507124953489290118685263616311061729601110111433062563420887364664560639976953995611485313661
0136769163797388026199190667587420103356020108276589644016179703172987883237151698151863214122193857852456163005111461565718368397009761552363319487890520543808389047780727173604898620797582
0830772713145542829152213319318136558715017720263398506127840452640714054515148200781935177914096870104029613824238922175717929124495326030466397701892132646206130176455378796052686455942785
7517307194819082138169842377824367797599199068137786509586701086300405701716796333144160458943888839587034595218609845578754135084753559972285631961193251061662844805783268188576472483808096
6160583699607450959395964732950199051117443763065349826492318985978453239830357900184983997464659752807047271486636505356618974066102749624757622840274773478336845723784858965575465054204140
2148480281308831287583676819426687406171735443014469083579573229120059540809497587414222398545382300211581117725676757314564695648564389874026686454133654514817945183413242591001058402948536
1799893007030688096914914251379798980388412601328421321853129948253493049249737911984819654812673821084373588013440177945358440640211147472710487021983219434634658683607260016298064109748171
0086568025842984260632754298706987327834566045640943451746657598761490833325074692260731714737765639598413125659232808122446271680138363684683894036467647461424136529467549763031987721251846
0049696805372385414320563557371072568191209687489412694484241806616632759990413979341023332866889977423642190613488515352753334831179416786494324156702280083731686732738699850168419266408238
7974628302831373956716798495175132817719924072850131916414600332619887400017698687778193429360161136399245704480970242183613240118899729792785594261298130094659325362909716278012772135643731
7303266831251313026423206305879636483538706581425507012464494562867420879599970775524629142508904540052751327358466928163988422846862933812432249342895356118729875891537520278364655227066 28
1057473134967614051133982638732439320905797717492338744783244796591401078925727213501514447286943835751677471861733379107606168282673252987779156342080095895512124606706844772426320987527885
0260417099673346682296837754887327799234000784833015280139513769085597266778885862616077845765959522203071555595686244099396687627367272658229636643061032048639644111143126507312730448242623
8244695391744744649679809472281507698835654632302868408229220229485532258726095085180979686240045719969866877662600368883122481102713611880763282229644310779502192805146224493430155369446829
3726954521968848273031415613940658744913071427567125887409440608295307794320041279007112543108273860434647310889746065250618533179375976497160411868890553397815489653597169244547131799815668
3133733276405917339872703744872493317977098425728480139552288777949682952190033569370770903670814155163122523750697825752831185414362164007804591002466917591317564191996942833854406354207145
1180377019171847142679971694537014018194328446868209904265863368519670126242786983918659001906301394334891390394450247876946352173496764036495377847600603477254527374254430488812244683800225
8137231524394732712515628024814938224169089325468453473920998969696215354861828793445152116839136255559017922198015981129954689990736065482508076789117715626190880388777404467252284493055167
6486747317531728572365760920243433928709330330576424690884811706698596168166262664685295342393903771513105990391907463605558605525484405643707424745047751053132114791261024467606212820356422
7520419596059058520911460187428821789138489292343946693113525334893590167424505691093492924178462657712225695672254106492924813739415340055730349492658077060910089946390550949029255219816205
9084340367623909820707170356327415045074331748268270170872249519333722542612988984579374960165564193141861666224071179432481925004566445588220428606834602518201010901374490445632026385806777
8822442575007095572992414486330346405711573107546526577813052070834089140120698144792984781594218337508957473318791462909273988275222111694006729777331369110042181599867018287968129632908064
9252656220455658581164555235145570293848451118602299307391934518595200227846996608501535511367159047281665246068887161565847412818674521351856967127298070159159437165838737399167782344562645
2164397622385257918721490702416216513212957139031245003105223045940605349158869060086633476518003801857338588536200172827311263621277673478928912926700422826289832789182142125988238330015815
3942759108837094381563017421528206434217655217850135838652703102416652472084764034060327121143494301879987515849078564081332336749501483004286173388644192261867521956118219617597537582648820
9678937071052788793009279337421244311359830004932264988052162745558584568599359248832922275819090217267591626863849757330550888397423085294952081364734529837786596270302988081035794528356455
4128570696428165284667928289410280619426542851562348103741967305002552990843733949383988484646390897397446663130750262763751304873614907712176367926751613690147944281662170125160056756197061
5685098522922271370316079353216074695839023868149492015708061831403257736486927851088739703766704651502315010292047451775148074728960016894167799528364955952040661609951794957534744290891695
6724333827094043118822763535090707813698239462642506634703217110930676857229464918259162929444553497909080056670508656682766547182683498537352829928519566852240220485886760038711016460778402
6435613139727346461753018070436880451243996520150615972200436761015007520712380840250119484784477530232065342546487333325155268976964804409890085400202250101293297591554054844262589685127600
8553333568345282932165081588395503120238657454557414404696296114784775073239300612204552070951422680762323783251722824911088165344824940126321693490236617930862957630184417465458421366562622
5274698431622924116550950603091303457661027289236052730090083744697142571786178093152878530914982698212686267330340791573254747457485209080242765924872498916048863014369347414486482103943888
8970400401562678962646115794732576767536996609612430329357191873624511553260491147330816181312795233764305010973548553092137071856170952188237957863033995431810755550896174427936343206360589
8271323739590135097548341328658459219795848663306196622869879258765965828002943783677405267018531921682730238008553082903938475934522067427856364487926798057265892197519776895150365839340861
0933863500730695285369663676586974046371466959184612865323258359788777829778248464260325871214299905143035631428884991868374655167848439807757686631996791244163879177407046357841669710531855
3295498703931622008130740691651462729463315232050951301946701956413155308003049175530219368118954833459540700416709991771281760741376203528742536873368855571519849728267465216567965600468771
5728038551423198386379297818386713344052597564562146449557986654997630844858229156419011795572498530488804221845086784426675392035907395479046935739106464657246488658963239011170082814102591
7353879746178731186806540352086465458201892175084979668466280100630674852982164796681446774959816758948994447735041363067131085032988831200351369158376896086592078532330758717105711640883902
2908228840534070399457699202119781188927949959752150935855154450890619396907166264673512229191011593917038278702374013794651538341334090783261802114198752731223273500395094191414298343262098
7101211734440368882233469120320111662859696644523733271758257282322611470327364643251249521961949712183856548621870309614394903848201522013853976392333620409149490040365806350744203459920237
3176026210067015112138671198226738970105636780186796074480385268499691990702348789224800839773069671599460140968182549251511287697262266254026591485995951864882806767056529873961343350249315
4649751103234936184120260577069995440096639300827021415190656049378762951800124243825134034060594930401527589181355621944740481289303184473890950822410640358882058664357695881147411813875806
2567296235376627872949544823878383922046506827496036430595524735711180246899148661752465142895454660979348992894491586988511423022582973116475339344398257230010096801050561682969319216537984
3551389944696669619799721174271352438244701456170850499315448997481137091839740682343290955061034353507584739365600461491607830833416754749609805455253272450058610093956634111575644857788297
5661562921983548683534797357212413680735651489124951337898394717240604856616624639659272298938414393414756980292906254854035789557215949968261973349892635027883592233329607346575965476611414
6959442401035134495306713957285105747871397617094670087681451488245957753332138724178886393875469778396412988283829965327070776165470589689430445632540204904513096312009166055613826849589461
6333377098165745977950945593310842147949920137698582642125454210762079832083996694801616095416335653746848945805122844241808501087253116089415712510341767769425735098360715129334669798322250
0600736947476615249226216065070879442768555677266670777090436743796883710924725328235721548435520337301868868404238265407538064586583855104807461518890927518448332972969809267511832598746984
6555320567321219872859182898797222898557052403888858601067592440326337122842103765720150147523093163535410238375728011484623055411683698232003977652789858466521483162219672870570226408039463
1251440984025270710125436316557161365962289924035882204280231953751873351753861661405922160699841854834521707689516904749636539574163624935678050632873278875112161576851560516134550428340763
8863876652713529997341635848209399636960440475199118504608322664319110082199993456781073650090608674145279324998049720266786486579985396739368060066303117444082490345087597283525465759600354
9773572981662539868097313295543354548429080224191453409699480727546460520194407656067986140523907556311115694362209783042793395328878724664803520082385196603255696185331567579049213407263182
1095345973344543105116334401024541527956313002866781177747258367872591072122785083802304378842661219252407052365349805912377489654738544120259119293787566832135275234132791235563493769888647
8245393122341917291845853103498653621292261885994064108671368141719408907137222269795970840626135645561027429015963388545693285097242264877679247594255978309755415401218233206807513388289171
6785588745710912948609930424762326622242885602914876141616969168256176202334753211182937571532026663171161223081886945732652309889359579429576992746781468227706914591024446224425056104769238
0121883830969776704397773567600487699783586996024081466328030629151953142740521541789579445343052103508138089136179187303577613251961089761997428421793651726559980764623276436325615931557886
1352500337220801360367136994635675574631957101895127183775986257071206456140948299325418587774060608122927368851514356560095800200345836860465716080705073433263840503198579307287301012391551
2866637608801273487022614835653002347627719072026769698727306491277113591143995427226605301405880678030862961193521868071901766368445048124161845544582883719766425376977144392803097902569534
1225586158054250182981598009153081973394525478744015332527913102932641135672283856051129570354009954261119040226515693343216075884856192348363058489598382353439477556819228293905547201788761
9140005440988308590248559762796636426180297903167180101290405699378898719592507763480821439851387835638603746443203719790504239314494006281919430483271869352514411198482878245698669290509024
3575965231020859166231591788676566717881643539501743650960576473896392644352927054318837457526136781679486072321634123254351330406055463917372577895558621505778725912574777148238333390371965
8006032042659467246396811409932306411023140821656537067042624429480334034005978780007383947697578747249138695041901649516048432823797569879853695616509493186862939739146367158687559701922478
1281074215611299354966296157811266303174118780214667537417584980215036026819385429242965249073268450353221810993555911511786721014047065356854890496283584133813814270316985668749876234862199
2603925079483345853542938646033426391305804615922275219676756801195035106244596065924681197828357169260940110800895310362850835095392831036682819992701351350227013144686948911668823930349530
2160296638720895592268744411664635425857909055098715853816977306076289032616767498914569324325730843334153391653358744874460869764489083396986646368716592037851112637621663463850017362375009
5618040891083858597657112723259567869385302849183856463062877506058448590205075571462331582544592542975458169875335911557663681991896544400805609132403884752911329312362339812687194061251321
5444202625314497337458667231003818725995324313872863048305242270794340317536596238781305425668386222419324750444730587640381663016219282314919924320431120042933312243828423469280554053739827
2725163731001414252738222592689197129900185743241719922189873260122565398523924139730571106763092779161341262948223250295753533836968343706852009271752743826520640478454293775906588546478435
0430936822962192439736505022521185972722029074574527512103997462445395162979451475599499861569030823537980824206487190568721391548080078811875886631753812178401919046006275694783160352411869
0068305292571036275368241397437767245946941823925729294429741632803772356197577247691355078457974245416549656991113604517995171873559277241907341618607751553484466678690181769314337715725509
7570807733748409771474588221811092315469445192860786385369396234997135198893206560197613561819338313565040286728752289112460289645793907544400950507192257480653871892837336817281438049077161
8210841746351599679375117363748746340914372874868535965773348030346366650576285256335045543222509317572417058825458152304738716229458979861237923588591961042509409558836649050109405160369791
9238438086408645722052338674112953958668037851713669991300094363279535914976793102641475380119270450638730345071672072226791375677675536105322892677801079934423369910630073611429471857693897
8035293114628286988324305828446392815062955781967309886485251649009502553168801941596436868656438589337268587027570796150473561827004790078752504448343934281166138683579552747247371441340911
7466892608185411713471253155882858023522987191224075059583484566010153286612059503364546814678733054838184275745700411406549322568810203960839982683810820832918562228485419422484740737839110
4656427377868195955785287851690151227339108847818439332589155246897016443033997264480611008389141241397406742654860262404996410878828997173359294299055600176053684194993710316343686533909378
9627623312759818487007105041848648911797691371231904403663367552257857878693257588690276485057070863973013647425158006667111678608980418170458575437947930288653493709352492278572672126491368
5996476946418534961507966110754559086325055604398524760816635707711923694384971423550577371029884200421131330756205804698959563092489611343282593711259252319333168293660950584821709817962714
12539435976572056435998892875548348947608666005944860674004604744158064289300698235107307999377850513495072417900645937930396288819135359038980478287500582141484119452020545374776134729616133
6500613720268025348559843358754725589588855605474599152087711609398641282062028397174372284335418169844348473827250952541134631511474209812712171688678743262261914990616693441618320516304726
076930310318450564902316539128463925569383778447960987366222150505578845781407696332698767899230493114747122888704219294875155243849060037168355569706478431556542492190668926216028005441102
3678232352385818165740795999694203222448042050213375252400634338646581616744192497969779950074560095997807062256066943636730124013751374150515119408130931535417956704253225480618956637944943
5746506848187540969789911310089313549746370531118506322037806726284008268476389991245142402383609957163745072439607234033678781675775361316133801996864158783166258692549089271396537600780040
4957245692246483788578228518100507099083114837242428020598273337135020147351894168780982795051753711061910707324147934804476102778055354358152654035788391885070402271667734305893676997081273
2941651033340772124467637638824801611321531973251655908973952032402678278733558364813236372221209951874051428576356588318274087760639866398703033185407254109026794750826270735909603380311899
3990237046890566864803644620167488549601189141677004142922229004671928672405055445618142739571710364930813616074462032896520420930070233934864948825818953897909900217809428801351017473761131
2818928171228360736834371782663728683354919611625617647342072278381254131441265698917015599877988930599747691331061419702052409936803414877720666032797920925666594487450875874868656786971659
7769679050228875335147819241339673111250384029116010945061363307353028367008687744566012243186355643518506365874389210005500407080186389357643374595072799641899607695322775706022810468117352
0712452110554977423500007160566383915422533811702139877505070459519173860046066845314954399550410847472616986156680925295264364521479763173014429324074871008388164313528278507620463711816497

[illegible]

[illegible]

09523512822908562496415482690497402639997532000090917208992866471184138461026465249044561720342922842658088427557388072200546149881233849817413317125927217819522829972448853939294092822387658 4
0884929878199344212042309987731953762326416638092776306252647245814056962386586327669232319667223795992089766707942570236165679395848937554437825160709022394091502186815040921657659195139590
3628363920879306687826486744206055123325689021294765403155539676138559097837474831742305302860122408647545558628886672972758479233843483682319495685605199613268728970199347895635986871256886
7440065052140754143111878236652663757991455515246689598584757276033600639665850738557006228154370829462099497141194287064494327799760633345480555575362007858746133601865968818678096598518874777
87221524984229222703514940999766825903069922226781912738241233943293447734643708836235728717768499566564135346238919138202720324719358853207158547500846613627653155183514017837747503908416028
00192085044471554784812001817154796569976349085603313253444329986152258486763085073103529569621004081932013819794365496990308249407967551105708448025682727963164205879520003961622953706620027
73096352031091768149886876567994919098963435809564267446999340014376917817072793170643842433011926580140156468727996793417499027192987152021944688312145143976448808641302733380057679115453060
26748277129186027914583334302400044735950537450306921960269957584043661338235796186981655368376355158804710702413604114996130843180365585554202831781336698042465286719056841359400829443455004
65618100949249464918485311144945703182026653115367037005126546141264361711430616226301378018008657092843448016435726831244388640746765166306005624024440525449846480449406185456744319173509562
29992196315339076703048146264349811109872628223317784040115750418297444798341679581292413580331370772135872488284383850100348482400064962075769884472209320695576306278878278437240207720917849
3324547469716905151368792286374007721485306298019637548635845719811456259026395115991652222962343649974461631424267519712920486819401839646510991012554598551088779293150984042932146701925812
97715190065404318533644056828332844228553850175930434850180489300434440911099147707455896088394661615961089706410748902844456205151785305742018239811162677317066834044995249791631647977283 64
34199297938603276081508767662966570107360000420357013488870373817359927607625719122682752837944154165553543097535159670297873143852220980107522133207701209986198428944543116268698850215596858
9082586784064374768347240078237951451085529394888134303337996778162067794107177376885971137445073337802142025103354204172866696970685960710996703542643666825873461215666094166118603732681747515

[illegible]

4924450361215997297368514366411964376978604020144668426185171238416142322959199395881993479096297450888065917362248930430061915216297695124006394627030908462315819652478872979834592493551021
72255443947899719018857893829952648381099612245871225530123961836097117671412444149620817119846846055480024647757043669391317807061138861904645568753850144861841195155852407054845876157545540
22186321579805788161878576941504832220358990993343075041714651920154057919074792578009261130481387642971063240615938412698573080963779982761216337855748472679643253029512458181853042279795591
1370976092070226691282355230288847087252658191758428547164906197669728908836788300641168178054132879370024905241577375732674493901498410802687803638213696756092208625414128915244585973267333
2499675255053017781801073664071570675269136834573980381503960460363452696037652936997096669442056690588742926364863892758473764989010509488114731748352003307622017931974421870710260132462056

[illegible]

[illegible]

[illegible]

[illegible]

9376755765018719020041772159153747457335261376822689534441548604955422975831304409514819127320574055770028996613990978651785102612249317681960693013978308224638802244542454389621970385784128
7594848876704179289749189067321521004809491675841035704767874678044043485024268093345813691382961790198419911901734878367740053383640622671167162874774492999848318950579818983864226670220322
5107174488986045314298486773271948572338651948190103357648442207077843358046609942931057729831787096962510297525228509695398186374767890076290899268950992860376732552792838880387580306460331
4776233699699547427553103145739783594506502411008360669837092167871239266293290596249554434886370792960677163431621266614096740140359390524805715015799842303191718506889839208699588416225266
9001653124709335501186593581222026432220579000322039556203824708704800698073118148918700168924516849729259625890370741847679906873549859645795316638870529541660745210487504950723661286196311
3615856171432012777071642836664656598983901787242381427331796656404962642183001491776606310524470122734111856698257957154498618047331932692442239745229994851687065773560967697378789948402113
9247260640241660510583220511966851163543208292749755760671126034295374489777039867969448304467525809077443122176695413535254118572438714969981006453751848556370497537590218823928901738472924
4685280774119387969144473131061642754047691330566220570636313732883352202078392618101604459324807563154872091144435187533284015149886244860229167081857490983834117023997601030409179121837589
6818061193635665547982915983347713745408579503529885572204959346630537776196284577837509806861084740677464460104627760730984012413834032658769222810378873936028514366231994257831013579183427
3702346219763568704714123667568054835621352456444202568743285990725595101720060294288521102345922845964459996802082360700589372181750018248591060482919050224297357662997042226406378763252135
5595153142141050284710990282093741637560819115255583498815588724023301441279230071170160213230674838360478153853543280356512046608850245498763606950955077877095989523493993451525997228383115 6
0659517918252818563981909021901097326922331869674089150461156338591858577914054316557232472961073724782480536487407058816348582604127305358562994462552573825563402532877932288750739207719181
3789703928209991944953030833671079307682633278835677182623696607857375104652530964893110321649692155058803414829591698472411471440121822162551506683759184511286533754109841226237934143358100
7182818629261621833140367458999352953606451655292660908758682150966974610102880002747103806329254610765099965026117579446246493203891949901844613206404866185119661198695232671918363276477351
7968582399394294001658254257227698420944383334061630323061847689301050646845586569812213971102315529707651886912915410256875961484042321061920472341371243442704033558998335101634367189425549 3
5166209105415819183232727534356963505437086158094904911016693585294210166140166495255099678429618489001082939314537194734902386045722063705834348214193310429494696070202766057751016067703526
8627728746666070887478112851114660465699410296715678830634600767886656925623107633047673918206175211216091799701465336734598259719636219408949666089176578392125552819358683484210741709521417
8426160256494876933060256010467188979078787844652822741507631684045734558016852720706688814660799529471201753307665276373670775914174801159359137767627413465123078186957181770546351464107072
0030886673320155224599169808092886734793958166285977052654599422407538278182380591467054628566508814266367848087449792305886665371873955855576972411575763528627008165372285592119889725699850
1809483830349019160119999832815821595250157454087919904113036291732397759415103282335246071918631985049285112397586555271360324092841642350992142194955091361417674976944444076784383565053487
2707816723449790356949301657104327493551940356807490430140859524822801714555214434442928173782930226534930206064121202249744196125314003482828765736840610872408242666563704607608465288926104 5
4366796888641109463786171996637370218294208540233111464555849075583929296594323753899987383302614978605483957174559268528883559692367964135897471488954946420414109503667673308136964009261529
3382283822142699313492216879963305818702809832270020588957559459208015696669881701390063530953182429470233478908920806671968860015473114611332991264043929930319309660413016690422728336932050
9164517713859646365846524438017299008122759808954294636191414388797127470513408258164399424302233688185061794712984058882041789123573039550920206446747124604875395459736314734322640506698609
0657879462315705479924075052377887539144031514893627927901573559394264032485434244770340204099128568545170327113783383027730659624264146183206678566650363981299611994853732153798146133239492
5036285778994273541245350725613275441808922305619106575703247230498983324876887830862287631768813684691437870557391582748092398844963637147394999723432194978327093110596555552022591653713242
7159740038298459886354147848786690168293685517016923575628422544631280073324931139828822527525330286739897992656262786413904086942801629094839635216830238257600692130162873146713025049749195
5193560677478381852273067363633940071231588044313821729677383991071548547343154625801978092657456551487826773733003542788876982340763598576345477988596920902054062933109860593756892381895046
8226881281226284575374050242381294734952787631291327121927960336939772195781227188274046615862950011756530561352504831201595002037774697796505765386878359417737989704566477905441258421247112
5173740619854283203929062133800044688471774721691167637301595556064580739206196736282324684063158938525084955366379899039139193741102671175185989182123760451638698755447806948663691993996829
7888026098932864421234715311151214902081087197881709242059708330950219448552536230346224183886530197757755335739358942246267844508668284007539395771266496404201243283432927371888784298490618
8869554389105525638188292619609358258066288999939114725473673668744954093805653197064413997915992826549014811276160734254233464747218789482262346614692422870665726185075900294458054721906172
4896623669308357479718048443313899197599892001062151166684977323013083240253079069161154610058129775124521413867379570289813398402054531684500056902926223363557116431304733022033792811867560 5
3090406637822162442834592410890011265851283031051268147191070956552441735070374937612622613071074577011923988037598971303027436022666552660766677750489224915835399867652630701436320814807193
5722859170430866073294589340653047719015966674002441218113009606152405186335982163488891041301487273363977978888967486325674654728941536886144307145072182461941273269691830798281151896192511 6
6802132302963580629487134257312601845862815967789350253639743996330559639015758592536884648945994268907677752859442450905571301493401895229615109321068991034209061865378328183079848586531785 0
9218131626087926905258295046767341141966387679739063155593477020918532527186975101632820865266264456857059815777067593799178022155418001087498221364339385081908275914373202996650758743760283
7368528007934576260323411182291127365362220447799826932232748178226291150068621586818965851508157129020878317829301630431559966697437407641993954134608070226708928577046133454852187554456037
9323836702523988441782700479630349563270293794062612924121345087993366766372925083744703430009817292167831833057947386668902448292828733721631282462273531090460526000643465991118892478240670
0124810255055214151553924002569688143384602860280404873929093840290739053122261997408903300362525266389140293693080602056371137466787043293726618143736191384365342870619587034739909885653672
8752943626477065715563830856470004127129048838082160050900142727772767395223854113931431713333966937551901934942391264958009945347866986603592556871187427899143236877482585901179478656798084
0282773051331185975473576797613190764326749471639779843324883067686802678067743501202390572510915861313253714704455395135290321686667373291159284941386316216985189736566496954287929643828140
5334850530233828585119358841328313467073939356886252223701042542959614931010147109176712127454063634642685655584106643784043052393742003936889496739551367774165783696421875639968264670263488 0
4447716799944340215325494418745819174492957863485823121034655276066275070206776761930654907949474680779771023943453190069805238708101091413639764996008324907870011622340115516550888497489652
4655621136747471350138090176647286924414151587843648970347352354716952137034858050033286521833878698224017730135833488100498363336963355513083902076340223455014691476614562288088898723418297
3551750738572388075415764442803626605195626489935815896773153445164629509045263368605025269621695262514573140854085755587825855985404047093814634472245595298476101711123579267964162611937735 0
9104209106030022672670556548829725332860023368419110937748780182275225370395321796614069534206885043495250940522394531625451461452581836068278844494349680559717443480257009580945863645710534
1561634118209628963730213227271106831250987404373183451119970971966343944088636207713169015223740669167002607832837360068442485916446848627238184955152649808569955836085234552071551337134498
9095248227746152609603305493517567058533394303604841201156003332495034500891048021564699124402378607804583511681755048713486931872659440644046205973888686124231226244201582155023598554467526
4349030680507566630706667048637462163821250390597949046539596494899937302966723028182010142896718881671357823377697275282154422880282607213571665694292246523149441803910809307739217835280929
0940692343645070787039116845875054321526980640180225915067410992528547580565931838198658498641119907512282610441732127417777535304164927441736307724672876133894929742686937215980419979974729
6317099103043138441759145289937477404248502183751059472679459184725955235585629549579498308499806482058713765651584494772427999449790581440613133772265971867561086042527991809256109591952010
6977391179350705129155289908880351125725941557361399514512185938982404499323508708726350445119290496051276854201076932313838878541973145687927245665263986177800847590100346508707329909576514
7984833345507936604632282361966813530600130699012900339478572766621060357906941966610638270747728967039517985175617296370920946832416802051315780738857488819197172607340495785696725729185265
2835223163984100754080910506758206856152800573470664362366388279383162339427488511158628441181296322371462598242032203408650764099972017909286576770114017370964324870486054589945204520436632
1382205118827545333297728505454439152668424125056950775810624881197813313616441593398295662663033054603422420830303383116630377483090509996089561170488579644875552001197777810024136873295938
3673521842202118158776161948424930307536706134163440600220708294248080847706815753556068616240159041838883989978299062782858383186051843161250084204388598915978924664204127925792233706760578
1107786512670458800038780775255026209170704977647301346077711596516206457948003649776239576226457481902085279399985468631395009975843844400865970710088189290651894294567134122164771546869376
6753995944673137687938546304802548410394380249742478808760619947303815829338482792074128570861230434002981128577694917496588611504787482118485507170353866873746333107872314752165124138351315
3961313567006070337467365188788320254064140074864009809547788855148639420432552876920824434059029049870050999747907941672960296895441448382370717019975361989350502659169030707124803045726356
9466741059897680346191653993088161565988716574967393078526511073622183430830263706086852426587817296278843227915618768369023806683845545785518314999098899725769792657088743919263220416801336
7203939602628476696572977900210790330639309910193159435862547177813606121159213908345068102572734322579593658855237264060855482668570247309083255139023623258211450226921928714009739074954265
5271460161135974228558224255714313349659656431419935538315093510588544951757615000516497719079496580326862448536947000863259007080231562393596434394398420605712599320107148703596394275950761
5296914127229829110522268036047821778175138890136750080504114546510083706699222190887471514574941524338469971199727111280808545946487282924836917766929984023354138581658876703891395042713206
0714963353080308977302424859445528588841674218732597255913365211112182255222460526676595699226736910948177111926365061507553915272740445348257640516439642354824698098189463815749156434148062 88
1865592913996600447102909558761305774116901781358373934051066187989688438062997836277994647220654526292137273060436827439455340826167090544348129111905066490594599157015686599484188089965743 8
3745356662562717045214432637763512755099100434014512979854598614445761275457352374966226306912138431969326777812787110092517693701025275204927418235321394959181557855389784315661203807023090
7220918969841586478200663371154803261229437450360671313132301730429528919159064615205868325583239084069587121148428144273202185669862835592398922034592600639072232286326922805995301124161051
7682385550237665181638036097911057866991958366166863521681108403734658800270341938035145949975733291970808486970611024193642760022952475947353359717576121522642148696030894798535822148693341
1655736568550320135939596054269206512770631037317569653652773954591917540403266253901609231938614986436546687248681308770599320294143919855595620277878325513749775199567926348084482802658610
4706920533394446951078066322312955420065211438156932291568136301313257430991395424675824082895009573820185749996110209984841518523824712072715673971727689754297056599897196900990500324061775
4672503445011247643532454195757605433955922173650918193069819020940611652101513753362658583813770382922073933851847866195307929482715705071336983103675287128793788010442162450794411256417049
5236059289127550250822852770396156267856218855997031302170737121295721937197422747757094583026089494981005769333549664581656731098075166351418207140718124200534137612894060269190402959031572
0156795588495682589746619507635189817292755608405659235679420517201286610458148957709964877396895109105443660274534524559073055144516996889394176332013072061170560932354594987134494284724799
8721477952689239530805446997272369698404823536736923365713528478564585213726292082082755775790143770595578349154987430278928689024082060238616810900909506565881830413304086164841093849433472
7802456127273478874410435601050585388861286942435439981509686728256600334135827906295129045731299230172609520340911966692433804958373116298869630274321380976054334874808240140747065144606339 4
6241368918127366199233198296721251197710978226681759232801616750092210095961567501899379505308734698815762302209126085381011604727942234166164547498775004427017172881678763791810012303282725
8836460296082837223604519984970917016829299498718696191306061296500069890332395515782311524488956003222759797097205703220074952185094780010616942405715495495149264107185130473643481046299102
8470284161897285668978166512017855448263149951066361717657962535309194803214864870732363784201885927106224581356999975914538780463997256615392839893726120252938561270333125389587094239230811
7761127367910268984937770382251319831315367296222142698138942177442705740812365407468807487351047093223063893543659684190392159660715982051204762134443753036441068409422975004327945785957983
8093843281266015825594793261302746996968770559374466920620645458301892402929532764387687445203144708804805729640696881156345847948379447775166389731100509963897834142163236740720304411038144
4478342040279236647714472266354612511655410023844051713773025878488566889120301007864289852075858028479329881400855560257382132523953777575748797113626984505833495041232472338662548690815549
5484330978015821524643480699362342452588810000620013623653729082082747478018918612227290277575435750365066214266595572623103870783663967100109937017404404094024716639321392234512855779769955
3235581498102420674941355292688227675244141594169584031468919812001515849780962984616029616596887893743100019324872495051660170561341865315238389642702917434733574819123354178186776580155792
9372192849565344869021124336248616939480422768094514808528867968208708897300985423021784609800252691973770267589393837310203982378768331189142472795260446850505184952721089011665584038247591
0514633839389434662959169375550690198710162408092516081549222513484392251172420405506265003710050043284702897111297699925628683480848937642457955473430502076080800928599675328897062622836834
7493195555803540191243331558601454093810742905488242850694829560703139557930743478237975881681953443971406887705606948635392011629108522692032006868432029008890538048016916050933607930091465
2108931630894910235865708912212100615456881591905672994969909950564468488819987997556295727461670813753737799407664130964192033785624987446082653899506804511609709450438487141839040363689394
5075274701145873515343162310625679868791707048713830466534192166056943745517386744093984610454161526395432633083328942619648395545370954664393700003890220457328079208228984805389408413553597
2595441202999617990567980228752537955130468614372036447653835826493919670130339828541761263315273264903697636650330085390448882294009543599128559555837653074385149893467789514481731695733790
5558514571435607756619784540793036377034517735071465997139800026063769773076225665456679379860244884567259577812265737997372316280924467947969259910882238509614729895470543216893288070925552
8928159762483568801303954443827338144014146657549666362842508603343428242476216285822837532386336049801209368700773120593633136707923548336082687173337181104776558274729434408253000145468022
6309568901959354546865804867839806269065675075636402948941177265570446061182813224428423963311136082397107959300124012387169299585832736473347696742716006405260258586627333003606960444587834
5586314820505964956687037483446627576322504370668281822944760727243853995767710331929426356352076660403269507589812287931393441153907141427384337773957842203034204607005870646834528098781531
8075034513031481528739307979282038239157980983533503259590065065134383419694832826099614441827558964589551363559211324591945344409690330170965302845846951330431876321448102995411785793950753
1752638078320931559073711224261570915485175892805830854879664773690895689163058343743850004947437808090555786556089138693719119757941574067084722119999220767246896307750064200758224537046310
3154318573591681296471338072522890467070654110765614221622008830036439255100707324764141366354538946877153711686715233264096911776612481973616222644720705096122448121028356894171364360039551
8610862019221915106236912117803530965497087629295109616201122596820712499248436477853412149891701791542055366154021451090608396283495386659257531762549963378535436028285244901046329300984920
4814782600604833854440782067219334556224988177219583982943656925991054630856771505151025598461670988748970994224752735786594105847697741859103475275275144277372978291820338670874235419218602
5611605046848074523759466022250816120750970538926409990881396557811133000173028398517713399072761612916351818173860879001093899260910579812384220335130799933032989165828943211910957215387249
0801259430633933710914508566112784940768165262283981058196564124155318746967611737289776009738573137192003435722323713141922144572840759230354888029166439656578454101358201825433152468629088
7197773197372458293093696211377537019300782529330232726148447045874195625661416445222652235778286283780659283842035875010271629639097487109912499980580118730793359642726312847384686684864624
4877033429626945245020556201885327085920729073783277101942627472483291216304646289435526405199471448294880725554234262089578187271533811177329724242122237956543584238332641312288338190362817
1076049067794713060427037602706991745997690098908129212053636935334602195023377684365971988096095396769823631470786140330537224006455656210887319222132196885741870873222348881273624498053104
9024725246301272360704782325448482220119533668793804053592837714525833851560145693715413635940452394667317377410695232712009600555856109162883763132714602375030442612276173760926607879969508 6
8463828972666776300274121216006925355067249495732443387068046968200557307236926603333175853249159668493657150898364297671185122076669722145715708970069908975792854990751270129003544340100628
5150426321008549647183572860331059357457427964299278662806355149250041434054326472602616124178640133277197677437016286179829686184787708028704899425049692335702864928125069351479455466505968
7914103465143612642664821485645859694497368824248366216749823726634014073130336562891224619066298575134276001426889566067936568220272927181863964791225733852814364239732991488894339438533307 54
6753605902982467101623813389165687723335242754214244476387126234658155245651240586144078678529614098998997405625660305584117232327603828261505827684048281048085707743561488771182603246461191
9721208731066036576590267025081037808677062310430832019472339384556176994829038516637024114630698852305858455871226764025830847460026714925325011022494879842562554013208954347007407223904873
7667530098643064128210721903503812863415674133703948266508376983714521159193650451710368159668919058310709902929346857984374260753748135648937984407940101220031323638825978482149375113735869
7320198018667669953872069871673405940129453597978038077904979616441690192465669837519069827422970501420394233187301392044416473185813121528663798760805288986115603615660804988770878092598911
9425478131542396711576529415295344138628052052762393368180666696514910373106283532610917081766944781153391879976134642934975298846765123912845300055402334057746137446006789408086706217333117
5298183826013319273782813651748941281728881139588619924535145379042709791725462622858086915720377031449694968800440167870875314827977428899443314418276732839240228340981711188327968462733510 03
6754485196724522199096219898679272629703538784322034257330338952512763646269594190902200591537368480497767279251907687446462115610673546536102354904411571426082171391921984249121789168196912
3857289591467095935574546180070551966450086882203741948983062628832984447071782990665106303298696723477673584775754102398705522364366264285151720668247006043426183039234401624368035900526986
9908414260130063585683714759549543632251325940006783215840327648951218912609585421972205483399257994786887572772760793012847671838723926549995286508765365726559392711420469031263539724916496
7704286336802563049136110375546100131982447239994287961375080657456962726376251694749654523849444507796041509690185792972585164422175523676912756111053371377765102543278810739170634305335971
0094767142781354584318157587374743191047459783111186611222910830165225121419009946884932890408668657847722526484008651109630742278748027036653747260859618958107014313497253998492951914907678
0491944866199950468698821044917418372182717609802292579225937950745919162616226670761733263963971344624177819573132198363909890348421682530173626269125752280477889287495352361362546031974829
7343193818705442943412241725168049024055959263279353739917027273418933061406839100540355258798009049743286080165517542962038164348336002504397254718587628786484369485814977659906862291885785
8056616415309845386772777002101072650087781978408019484421122075137271750942523061795317047520025080255159571562003300387995708286826205384524847374915572048730964623308916808409511627277664
1318721807533948765187488011761375410110202019348962582916804927070401406328371678227216005362906344322813969323356757644205388752831202578214813469436997703200338709261107570573322112429200
6571955570508418933178401099434125175477665017476331155169160586214071066047036030576496903360197374277764724678981795589874329033045638712718306667878297656665950679749286215111335956581206 4
1916836598866493380374706101913175238734317611357777783506436161258191426321424310317262871542548473957310956318209484328393098034426873466058792283269979755276622905785865845887259656704238
7010025790138262921570182928138263974048320958530063166099378833654847674745054007995409112057779342860369217091411231581900674761849227844710517234775982868051551515743363108171984056757326
3716389726081471200913475811961821524127492219094266333138409276551533050786132178137073936270583309642101303365815477825085718012863178241777243465002549866945479202655644296646587637893463
9234283704420012631120073423172200826583138523348946461475187821717406863489366462569406042731137537083958503124300773644842885848158515547333450042389371783106041869851155216332305547189777
6681887918413344944791647091636574714258468146889864868458062556233121353922109313640399522909343431431232134830683228344481127164529490642310892500394157376740423929231158664536488808652721
5155169064978847093406584365234561275701495028335017128197239257972823946769346949379410995387778277076979060835148720195101174150529111935337517580457529361786541943216425946795501308616938
4569533025663326793207650106732914090890232240390625070577626626268908269906883939124498155057796346154865713035118994304226528134496378448032670975865671373298091578478576458767007783428534
2143803928471907674276213268290568832604520789554950923663728868260977811867258965007771495396391531995837492315584108179619784349596022656371840228849406947438808893995415065881940850262 68
3753807560398076601516582724086847310256823097479323889574360903105225564203492431116100406594199418425294650949278307118823275631758620553029577390555687933797689116560398349178661801532042
0155944151501466517816037884438764933280591371485921255672856095558596559047186624733391896947026948644764596976111245678358633472169911617091679635556308265449153314409406347518740801303019 5
7725801039583780906662482018485730027606972484767297723855816754588419745486146780649640866795425364999761460352880134122960934932071265130145154090402357698016666845632399514050949754945444
5854486205725767962222243914531142158041674712887511574307909008692866324116672160434099170974898669681490537271005807146967821921405574601381700720051744758062072066401592963276492553864167
0323042110557314085738494386118642486739902678751018376365196587490813249487190857932052184763274617324540948087951627154465909452452313906691439670337723555810650766519686475939171617835044
8512742234740756653438972959364742403962783233043866041755579657687460792630633523192724445197019717812245230405500063923714332768899483996012268976035066465263333365398468481085393008768783 2
0721728605238352821375193069997123032331689258203754576332927226748960824138469386730792668812153749648435944440333098950389174025960953084969632179373345874802881373641433580726577528911211
7911571552670428189863220768724791858750194157272023873046329738454544937988991127481860391433893438399292621737012446855938774647884699864755595723066076446793634645962510223299316410430182
7332462181201660007699755955694501993228642063904058480076231887014435410224229029495120079564629995700144070644686194241980604421090217911734302335128097589462403404629513164061428482675223
2121554091070119656021466256665666978144092674924244964902284321086044920979268631210571238843246787057655939348675863703404488154199124753648511633889020833538666316660675659804886301588834
1825593718753565569153535723533425500827462242546678015956856404093210215850806932611099851007199296627986541887486502948627735994792879267451265386415066603550098315087606369168922902199276
6758795360157455115626840326595260143055738108898698589221071577699108718767961779861740891090361459184490411451569154696450058183790568819442197036592104944282496904051190796484854539680717
1537768924595986623099073240409833875692481588460178765712285355887856429635734077371779436003183610548135200364521092603552767229409274442351916752311186920868896794020311999154923869879504
4276789299677415096042502630062356121945740148877862870570065861557432103585539462656644446269227140428619781380468849969283547840340394882735234702997965654998472795858280394070366916611098
6436205773689224029090907988408302797011256909040773582623679261210805507949077622192392752632962550120909133147209910221958793542221876806419822297715502583827325753035728937299624461982228
1033800473307619213493858468776363193980611042933702823101428293030859707057881213790706992525400280887488158090876054289634179605408051518511090677664672310159051787338674243622754404805435
3011908779198033899073398116893584654410430997520233935278091007269849753319602074399840878747491906987996035844870736912567901591981531053045376807257206751453282462277966881040371620343531
3720332241174454866913714673734356587007629222735277822382191072916925534923518497098413038921702707734056795017239573567545636049486504513525071418588375381065161676981605575793378338205358
1402593319642786139572877024217540952501346023302153734428540926929485872483544317453925860498297316493540257268679199023404792661993045702649534885481420164078821348988895688881417049059067
3345970515130514034976830788755512492319751945175494013375668251459504683260903048040793672354696609086629625608890722691543921186023827280068106992746105144732275616911621159360323506204569
2147688261767635577434636297939546404503897124442829246207348452166319659869390435697609337719036959548654591783258572490689133700144768579840265391375084483426569709584951071494872960704058
4791211870000499032201392675383624487510466610079349585396755172276117220249807061758214141382034163306402953327042614082469199305548664799804932275830699005472142687228485945025458867033209
8923604889415514703989849306956245068854299740614550333294435477970560808885340683734502791166697162982328542411384481935902348847979297232098465855510549151339109866596578187914297002605826
7241849370057966494082196197392798493446031977792449216313571161233978728383409963331666317430998095372332511504098883963804062824386930021824147201453832015642075283384024433958104451530788
3016467583714723826615528496075708250691706591590370452099596366776471381387071222630041790623929329718262802318166868037966685042125996628432765218372605091977954980671515729759689381760993
9736333109534841190126766135805982780264632501052228359709080470006391095407035710701811299178169849070462253251167082119751821983538428904343098461208411149742773407450764681584587689351914
9444392709049807180605491159243892960184227221995419411120546778798599975751012138835462321164933271931524284392273353226346759230571374239174856193922736869211396775007100570308086536025302
0273856359054953925748957382871067947730303815274821318673657260298634938969482583325561429499562614512542617552496451842743432911590560806712503524497895518676226375579437120662960924308903
5831518469825124301692460713881820349663336331198371113003352279921707480044354471416630738526324496404382306736045059855322580618666821442848924285362655263923256639629854330937003319833461 9
9885870917647368934770636837395814912942746660288764996288394139202621042250179177419091597678792562068717633022412353262179420987126206526694822099764125159707425156160602378756543247374724
0842023425366243258412443630643387547370208340003902028628787821095169247511646553514438090363522480113145432644048227785385490327552643053710994799257412068652890457808824877985216796621994
8723406298435791437017575185299510982506070809316219962965457639171020547465294976023464732216382109532769555686183565200485634337334024564488833033421675502383823543920364785031970196966504 39
5165723942653510904292462445017288909853305859628412557172933415489938892663672445409742920216546263329414678886801637279451176609624179749492959605458962869173452788763359706812755173700539
5868686551394629058012592369158083866619034194008731297680931902605376023002270849134745785125138496699977554637989317020849502183885841101337371379477892308095051360393418923142348514037447
9860271844606676377558801230451546705673377498384788458220437450625593548856454591480687080005035039841789283151563479086334721001331316369431805233046970226443214940260983938933061937351001 4
1765337728120328399922101066008822936550080329839456407411140263609689341006540355440869811282071312966649187012236768434714028680596691819837708989138577897393669563101313101287539175965240
7643808709514377541739495692945649842288283127152119060038980766970700175185830303331411084319827237428637822386132458961591878916849088895538242399672121462269913207439085091110939105276173 7
6035449653314717536664974008944240959128162367686002572167715851415849619260922183377911324131363084169058745527298153469195511517403619466026379734064166527149416437290655887176289175884917
9912993426571095363830417318816833676117014502639755606160700562322269911153996737416101121740822446204674062321736374382406687635604633579236374932849462568004493545897107265968328745543990
4183301684740263314967786241345983164105986778378990885396230883576414342937670053769981616414249911302016380292624771163209427801695489185484410662187171227587634352509786753521019958884803
9497388298910588224238844835167034805601359956503322002098179860765695416544483526331988657088124168898088306794655976263374576040701645956255774729153521212433496037460122241238757942011298
[illegible]

[illegible]

[illegible]

78361307748538768760729039727275478621420803345366268841207984515510611633165551470993078661292606496460212201150963005162451382597588411038935205319002163794321829771571138726514190757
82945312730849482992138333740387711099516717361965893589649715769181938288667718555027707334341970088080791215905176913480288340059738975441241191997694704847417648936404999846971716261
97138228615334549278494931089550291328576743535815349219084025001039687823057493004785875485408995920360605157706145347415227274139049334148031397571036237058988140096967575867967026771
14817109359950455140763207859502982205198634113736457539158239185367742985854497279996460893654417455566619998524307995290478280924987127189728933268961726605593398368288196664746295861
38156864548193654948661620334817633406565686362503831733530630718948535814781639342305505690334878599557564231880020978087490403070087886210879633808279676568519345060056034467056917401
31725438995635301805801361787182906853038648089781503901538730988158472472751915874545626979393796844571597873310293003748873578315796350670609779796691891857679068957214136314225143541
83138897666862981207905235974269895576045591286621782734394475589560295685145509372420781665020143005914516383304603642992230454915432725893196867049642807473546708353382888339822654831
93889472582835737579637736118110057157355201463078370429111597182879148909177734692148569093304353650040216403541002560658961457884603339772325542973867407706913882379519254417156337051
94504451527742811947676877519102119160109100202588758959567757685803231544250690696941266633051697177024333700942015915160785906669289149998770092057215074592800468203030572188440355829851
18485523633046316276953301931041941068408371491988252088680884796861413440161346810056496501702897215048666210099394023097337775633329852750399351154593029106256193582165094240022133581
50163117046405028855602060174475509272528700820416663802382991607556619255687570173729126767234325999426069439100163420078262032670515521486507761155178907256507202023845099923879113741
98403010803935067403503183052640028576775704699532130882380192480438425327588412911258152241983411643160505117469236246059831053969289726814758199864133017455878189716186074719857171541
96971848221335126172775182327059950656924723178106625269407835640001879610058767300146699177852804766364387497875239105648858603531358943235880602104899779799583887303732349874083375811
50833594342559101271531803120021924474138671397958670227195720091094010489996842914975618321956234149303231134141889591435545815544771295180838529879025492607953076356521406955689112841
25402774351331574928442330459440859994257219646445102940575735172425509207973801354560710580821451009500776896014044099524677724482112497869562622847298024376711034538327235418353018881
12368299426782538437484101050913710851750218297948934935709173904647645529724876832779660171551341471649333471352073125444415654404376259381806171801408916478568972542501775213017648621
65753322580242073962250267815785100384969828708905988340662641111357702342523590793358013978576811601242410752772963359961547729928136134468669089621228584461544507459083715757404560051
04945646053702990620030113060457849311131829459332750578261389462275939246178224980734800114495668796388801233180186918715141395443906408633340107458902575057999424277856445438376878921
67782788682317462585916487688548472611419584357885768161117172053388239724053812713302983477076682836480558665589802713457685198658124599789027042208925610096000138418534515248153692271
83374719572878164632419333612598262694881098487964548058914834775216215431325384223703871939208283744735163833354400345659548424022136433919428426137093043279245260622372217519188168841
14890650760794271721231429319807772492404411065009247033116153978485040856805007258889928332136706584187580834415346445190437944551383067968557429010594532598173634008141739710955762611

[illegible]

[illegible]

[illegible]

[illegible]

[illegible]

[illegible]

9055278627259979502519391259072323873363957495314880468463708673921894510475397035008896144363604890624478612682433091787517744340896400561347269365363836055795280760471535309764583860222594
5942737011761799170766925642721365556775766136429852125613605606997214869572899335918153870559102151093093049138803713332445275163132938270515128536745696154410404199728240164811429505466465519
5351769276336907134251005740547073765557299004586401028240299755844602722446526350705079761259664648224101222106252841838691685821134035561997007484323202609925822231718887079761785556610514

[illegible]

[illegible]

[illegible]

[illegible]

99147918519742148113851458750236585616579012778711301688463
14696266724941222071041284035811175517887142735792956699268
64647602719693344306948865854601911761083753303677804420291
66026681272216048257508756377286479966959900956409285036761
53057359022190552556231283269511298193369800809457801590301
74913214298309095287780484045872393411438594913925521345245
25393090107326257524629561661219484643816332821528067766111
22939385811810335617202350693404691030336145937669755373965
74385165367499731632549631302785728192337269327508380887558
36833794687153071066984772481560262081767092740277908632254
69601520160665032252922456987742991613207587408787710823131
24777845827937092442928326000616501094458372366762848319400
17459060680408853464979006943665605610773541473509282894240

[illegible]

[illegible]

[illegible]

[illegible]

[illegible]

[illegible]

[illegible]

[illegible]

[illegible]

[illegible]

[illegible]

[illegible]

[illegible]

[illegible]

[illegible]

[illegible]

[illegible]

[illegible]

[illegible]

[illegible]

[illegible]

[illegible]

[illegible]

[illegible]

[illegible]

[illegible]

[illegible]

[illegible]

[illegible]

[illegible]

3520824287759006515905851611823256112845212555027724961610260104149412238030580354365787075066252033633431672592564959503709569663698958240236729467693282519207954650618605564342980737002528
1391911371289792166033240060893621972685959499652737741891837660138989864243907161880427114925760258760760617578972004173012002555915172927349243117901860479366653024846892578799338634679975
3052862385061559773778274943922676881741421402914031944469456477878843145411523620404656207934750543922966872718673027857740018931759515533096175393513358974828370029685217248019983287184004
8771076017289403815556335772090613148003814534434051661213097287157063389243271733301137943648299624724342922090594179697032149728408633300537636908670711786747978080371987226437731280198238
6369312149473789012306439745211165468155004797839722577955464611342226017274720613890733155183567965637848583968664872551870971283017408627132360808479622606443783085535333656057024095846924
3267286976750369782739937810068116788387543124734593974580054530844876508568270013208555172150837375290934868984445820721302181507948693590075249975239563977721303113174100772818180813571323 7
8303027828643417328990764636001569364771526081192139006552824751157796421567003098957442075611545462680178105631327942028639886478369718451175198225600599810743543370595542380630261806427997
7795345091658889598539522228477451925294639309288310224787265045689641302001065170343909928064926539980131279316450960496562812476279252109365854296784908204447251515182089072264660343798787
9326639069812074336276539040254767050969066871634939186527618782526660717390433741728296159442265646369407717925553300188337083430079847330056769884697586523492976096190706071826857181751933
9715875102397090322545808522579603362884387307022414953552094118296156346601829367743170559680659017067597847414097989258639712251388484518620423257211004072111620100704841791462902778400468
9268843279950583048478033692974700175814349607160934645781430413769828856242218969923650167199019026552797053729641204774429484745779966714293298701986155231029064045204303105446611801193618
6854092961390724441368310040539426822615277699084040077714818646339725454430199799492659820386260519597703246189640683431376578881816756262825152219655724121269856480725968249716452144437137
6416192511210784066961827078205471920017493278263850033801366992998678613307977872532517253185348088863365451435152781201680469572151411391244798658234142023801149001584766691339569664053768
5250608599857868360846800948840859765709810444680929576189392770293318950453333915594511304960216793380439731289889133967435174511490954678222126079528322461445858558266082603699488659884755
1641403004863540065158021881326721123309380855126121281670682016070548570354643010259642520700349030150910132479163144402190254022417060639353217625281564879570976286778460635808834960388450
9599587183186109461660689470242848685383025049221229016883309709324993662413228095713744725400269482958155426252647083418426195667472710572346597274514226286548629786183204085997554782564175
6348458146959202559836850635598408210777144132935639303708882399987591210668388888050018508418385149226065964542281937741359528653521400297975425223573628526695768748776658040076910157833248
8482174581009341898018007216929867172482907675518806328259718207427272986453418164756362933505213266322439661426024304533837096934582476943142528394385122816138719297609619111304667970914631
0927279841667361672616095071009735689065852984509188274446774999885264067705598732664795659211736321876683337406746780837906853431590175718293197281605698811071091663388591014100673200072057
5540006554512233835278974464583964854455041378602530446609805821444515046777526585765308570718585409624439406592278759549754954902272908399398510468572549576506898884479170015668947802860417
1778943487703559996146437257416411766813667310280573833268888627033921742427540659227314899848639691604939649618554512321691260185941109051697620393292435053610819504094543091736918242478529
0854225602874706234001405689042166229061695091268493051512967327540794386435376830391938933754187290270815524734860062263440662678593976883530430645331706707034751748448447169395372064987949
2024183744153857714284859916530528000291279639071118283251836250566438138917036347925007794938246260541035441353552601523647164767869802542189492790938010841054914247677905596564593760861694
6137658284343719758722705784461406289941856230438672533914537648698517759922964010082922442945778468264698246733904994130502827807960610037105176985465846555971660341587548591241245650525331
3609887343323695451803670479503557378923904720125184206344800243727012156860082545490812385210763294344991515796271291974243730095836068029063216860859528369417239942137020864814005388898811
1843288530174513202061198682653563376498174765002695331471896451754550858049489481765736776910918996207993342881290846231837108053761546178762903595413267063106603795863409004342385275416056
1399050890291956977031847568868326312095317939239790570084990295906782644082463599018556620732433020243339861897855149900422881955929642572979265785100948183844834228208017545755063705323391
5930006666593434689029734291870166155343534156314207833134463031453464955262439336630555274610450575955281944705560150492130605332443833706125447593974677061078581214223579858959093872488363
0417892554499966688767319703004013158167762139135838015457274933341933781735121159274912422819495664559822662882652436230557999839709808745436488708771600359361875274657536605953783940164167
4239930266173659106603676838467716561579176244185454136489653172376473654258117817597051025941957748056564979014838131113211586353059665306726976304347493643618825873447281018958637052724824 5
6977270595525369357956294370439397648570955821577331963311632362256563863843037989842181029338000103936361992014286727248419909362672994602944035076642594887708458787375142012857064681733701
4623853523771219108612781648082395013014784066209851669573980347536385945944726963571468450142653977749893402281894803033531000661555773441317280529718164045242811017916052904799892087653969
1215136352356831116009781612212512656028934828971340505805365189514478617534859064305251992238832220471777911661859224266087994501323159100862897769007949322046504310862360118787579283514458
5312601979510201993133479305432727022622080530048299701169642947613750508821079310714783611672855680247915242399786483521209444241394483766515996662246171401436776153815010394986948323770494
36112893094589476156215683899071195032723353490446697162081821435199450248653887611711159659301374017237000373560200291357828536241355963364499565743754350887559440668795773928876804543995030
4289170356282374700816459639754637983897746619617694539639391172739360703945045519935289546792707532272031603963794628495010937829868791676703190093188041157043051748388243140221876043849691
6044560753570431711816954979529770211500772014604127186351977497028724309168819555659266092997265786215283577986221777390414247835245052158497651649051441885569855709721760434497810588510963
1327599846551595097408143659100568292936702258597863349398786133592981674022819837182344869280003936557333618836789861940177139110835291990622264501795692880997346524300812506033935897352393
3755883802706372244479911736532206072968447770553371767929447858923829814602939065961385725793018661613288861879479404173780551138031384301505970705106183725866858963466237878373414052868222
0365044444958870413215825983272748010682970870901395848480372725953443616890350348885628258541428418383740948393284299235564092418404174215552679096626754646252732130314700676205852524641171
1745106120646088587572006386544138360112728384939976962726548720350007269376899950827667795974198156622477423000681461023239115245907913933149931153665198341650581689332470594052589241321298
0319267443582001492501278728651286273555279982243390606323759249620143605999352292101677203339738556590213171957268803171460982244470120585049215646657374753985769576790441873976645789878218
7690635735278687270034221992029115139578217671118918086670453346370483146269099382986102344305798433520996708034828700540986420801980545044331637703046436147360695986649450348801116779820701
3097055340731389256988421206238724394741238726678849102699824856649357048802782344513449196623855422899705889280695506200462661741749185481211784918194112370465205524112192504160662155156583
7266964337621404131105902941222588799800247584739369099975426681323365672687161687869319375875447505395295827718136582374105593909518435456190796829460324126857746060301380854281053953207865
9332269456884951019002831987871273539598118026824450404308482517485054759246757481021867342900041241043491497302827175963555412688933059345815036395944122504056386343201789921974909468518678
3044586120832890193208546300541773584056448124116266669736703050426772750295366252359187636409892925351478198840843151199476928727156947401600095899403761468357015041494983985273928118952179
5329190259141886042456544426568577323627965837370944442300458267379239338599774813778640328234491246139553404771634918479945819959781540468024857200837501663600292047132660698819635035672009
8789069571331713245824292900359008020197022931659458834666686108560921823909149718395388409753007488073676589501298473808487061488606012241384098835471044215563071993542582492476917484996746
1908827878647962679512676389192362100503707260208038954822127410748984597163664512887080765782530082791800079703087619574962340875529886079123888427351806292329678951803981455255008194663085
7191674456541771390133933774301534411863300055199619554416233931602224689719827508601782227203035212968825717828461957086980252024381999125670620488885393857959964613629559497586353785278678
9941036922784051848182341516721688023519002132850164899304750798520871531841035372995385909087409014425548074767288077759530177570969145691942321046693840163094698279297701309835003520349352
62397911665616879161047817739592424285283630083304060120043583102777423659184902478051295552286672775809268628016720023369544764136938628851236521246073760219063006745558812088002513088362740
8267949997878266343539154715959922888000358644187242166088089059537065879027602883053287603495605287949066581284062785547437710529690451050886132861785264941680767415876221871399371837550620
4879046388473064634848217569921336766995991277300598449253184702456534376515230496568382319443312572348159477936784282514279175202991948569741308822912440820599711050576438149650010947205175
6131459893333658640015083878454715659339488464101325430902904710161878911686673346452731950218211600200878496550718525958523897567107257689783446412638254432667751289382061076069441389720013
6275211369862994895997490839914601704343275837993038284568001889581014468303322999724522853122137695919198084856639007496515011677639532187254526754933091018930059535290009573797927153872044
1223603929924698280283988423132491005912708125238953131077196051446145418399376623921502791826183215142212062141002346095207508807821216084552641623523541119672828102540370778972856641049325
1837554552675819573227643376695286320081201232105657345847876230655566620261073037741282417478907087963411876431572104614869010940127559418949632488442378489416402700810097705034336554923165
9643718104513877846725903886218524417230619418185428757716629564279845094679992727731277763346110783540751179529238316180799059187493234706862971727825826914662446419434114819253593478792187
0130005759675814421972217059553105688887007141812426061569284217430740147672105568183499286915385952369952439819879467319563956196900517322231393451748203776301496326203692731170043027275718
66793338658576293274508670053578886594430225767946511968888488115078970979754821033056456192590084116308290840807004091721620554127028612625539239371982979551942792976748140689354047360070059
0313326762122167712960162118302513572355529831828002063516761609739811716920252185697336531112753172216209157208368478192923686434702591388713906410473612800610143007623387619733057694487551
4322594146532626748005802195932412219547224123378451504138984995457190744679873563650994218810312666559523484354583020764775831264437962352642433906370729500023910385641499807812723597984136
2051463886162244732640991089230260370035531271833977665020528676618994394282463729221381166716981966322991699856058829058168670859498332008251037144402701537519329860608797447179572921525467
9199149528552152176703634229896742128655243717416810715220210304111614427942311752792298328535229660129418244308166692954293191446008061615363984863688573575038184266649062357954601801333821
388213679503580656046658448114183381660012852508246832337913325987120030776996175821710011713433675840404143477741642840889833441806511478791025513369614073440532420996637032954050062055967
0192007970528659200678240886215455685972940888169176239945709850710581874682798208180493918038431999866568003649278053871270063839601622690286321626153884972616114017026040890728986580679320
7226261613865408926556138373113735503139227298836799943349191829675819605919505482976005502942695842461988336489697703062452785329787889341107338523466884582598698222749516622398678057502270
5398932892968686289909148403090957630617730667036895427122377295374857524653563395239625303199624395790050341584759995755100171004720498849944852768871264234596972030833827347903595418144195
5752532011496807039575431353421111797058788682939345814400751732874994899456552770086413527932202291616418962964251038151764700489868364749624808843443957862231860999114248665370504818709473
8461876801111438694265717231412246980558230482946942511431082687445747846283511759162224749933465754825186344338110975045480650225257208190609523854031987168662577460129307545444383646841877
1798272336903455088263091068451586515060382126971016177116766444257252534179556454646261592016550671500010401354849134194688206880236150036728062646430300030199333228452957001731677827885176
5381102230227605978231831731185103609993020822893947101946256283039216320582622150751901961386159957341599258146293158688587534503519202915447869189210190878954765771355903197730790115871912
8121075332250014773784998714462621393044932806908691734543807994683431537169358671849504629449052998177301026724604148587486990185002691136955372938999603116718101195443555421021625290898600
0627833853205087727074395230424571305928701426359884462531693279578406272332535351022084939774944558551718924968531502739491362283152768022387978128049252646598204655543959638772337069221497
9639223774355202432736709198121081929170443839425442247727086377492464692600716983719174173691373137800341673215515140885590590591524175401757266883728808189171832897422338333781878451160102
4502261559449620672147892614721313459556588152720863615035763934385000561772598955131032639059600736427924855975035909947282073347164834721018032991136863527932255499774155523521195307873899
64888037686936754896266643458526555040238039020427510665408609960671809807135279608910970465981841713618757470425435203031250631028575610418818061761951384405021386501790881783699467186621437
6915047616733229677153380652792661706769096473339564251835110916710710979762217177374734125796971009290891934988500404799332182518776116688148494144488929833638857070472801559449347152697599
321613872193336075387937956354145829638547809508643788745569203119152605415280774274325213965270003055083950052022554513371523676618000420828995362649986960087581594038803500314289017474224 73
9303628446078688914824619860131701144691143346332782796247363664523793055365824337989477741518158579400046586014056576522699238659399672344791993173520023274323825989165281621985328000663949
9848062674747071003699519723943561322877851136173707044213497865141403871862858202294107107257032338219342190166836770450556600920577983936652768029767701231684910803754430927599746012444562
7844411739066037213650735583977931342967997967084820552863019632882598313303288035333851180505406040868069153138551311607210340121218965558131053872321107506241739136028924179811018622499702
4004164847220776993747987365052307007517226139763659089785287316957809737307262387012773322169685455278894969003058930727247498534849871452801050277643609937177780555999835789278825107627924
2133251754144837530290475003772802841091537651585735410372700792577047187201309331064548614649871244700108968643158389712498498403689673929122250494190803177716003284291441859217576482290704
2003756313794525911652999780629246451723698255787745892421302730417142853397619666441892429798794058587861494374345878837750818268238752964710345275330928069895314873127218239710839374185928
4447452653452564336525767226972424537600498009080824644760989639564808320717127114232362958221015519344942545497366185543949246766761274684639714263422309689153232795565823791845664279799245
3050063317467268646887133722127302485456858789987199304801785413127785816639869654294536178771077874184017083964687846778031416351253416345372866469017290466116054788746306958323959260585744
99045655553273919572961008618047720275543358171195555212363820482075690811575855177538497358491922400798851103127883871292217906667373670567971459109873162172885224871114624339907899625243224 4
48573607863345448886881677507472075987668744902791458921657775077687150012695012416586192849638796370550841608740738544471159794155128032780695661957687720571257534031835442183956581509129460
3602168145212598060811274791190117030927418847114928638734552980952382621374558012115948247522705055441057256267686457256409341002035301594422611828130969198664276592160318385667387391795928
8155348846909345495815601809496227095241444414307581310209779255971050687272819982396081426253755695587716430928689362199694560852541347517972832170846051978774311930977167626850235627318079
1832993609337002025474516062704691280017347313203884744926376505923412280302284790705135025671056192411273664392245141107964690028971737821533928744409540823362953519262254780426871512019887
5808255422060860930557598343431998557244264998774220809170858486361361443447379214392756039102046842615633865619821579978516645056619967999836738011194062386757269119871683670980451190093842
7014147842086283752601887873869937989224721943824756821254968814691096724257687358662497172658007340134741566353441471464899402813091691245578685564788043891022175732010085797316290499758941
6745684822752138068027115678636595211689004993098870649111391319739687669728844820301934240820116975492390794855334416359419811180439849225528716264228867397412890095932926240429654073151530
5231611768407372007816536661058637659356031487291693364853991714620905186826323072310599297034904078831761519509494223371971162724621696946237812866551917625322627787898321205411221667682783
0159803986181250428241636805618745596160058581356170125376544472402908784645229302435340469035406137078843901105525925254999990176689378636516611916209067180568490091524056637496502123933929
5920009115029833452039662356420164000684424132991163754144803743109256311158048721219591816283310585935502088793823382985921138662984146398475053059614315697112722423752608417914618244065643
9131901683521215929091238160626348454547150142136990881363993629540393255783720660609716972792126414916207874911106026268810211204519124667306302224229844834366854082504056783534226808872692
3753914815365840801537293656458947476231194990311150373852696423866074133071325788008033093587728660941529856065481008376025843042823299489131432027892150700705061253524178765855811533742777
6184925808552245704162206572875422512452506672281449240364232233318497787089523173230111567777982972486873036665018719842501175409581387942980768641049134281409736598377091033247107583209868
4623849786110362081454240746527824440341656138145202299451740228382188065902122998414099689370520151953787335616010090765753462528755403192945667676445950624813773287077502949667577417116105
7846191747795759564859913093837802069061847589735077329621679983523819397292165379798330937160916271671450595430793065734081179078859207689814786848343201518744054608012296480826804749325612
5796865978973601923931128393058816111612102814078837196665077222719011311119593403896788567255553485138411202522726007798397816897158320044969875587360630096258294941300304368417672788588792
6480180315774913178124437472783349414442286740147795020144720086015115882835450219535303920081804889814843740708581233770207328121177592745625310758892930636884289013667576406760916186777193
3465831606561033137414301963307870220571147103694572917917383167311807714391736166721952209900016918407942102395777567700373721531641415199463603065292983903009569098975379832026048728668200
2011458849402914764522773525621877194736580696356476944306191123503090770876283801651472479847329475965778432643632644287858788242133331823668961290438314435759078528243894429198763666994808
3003558721407557292833005563147976288390372156870540424437701164918132294239305321999622313909216550980232454014705566020222542676176187385351281326810283521194909491097946114208917160910053 7
8317204111109306751722735999488337698615112929473438156057054733701121981505579154851728102564311129711507764560424331214699372839225961284530079168973390307297964313618518305868304384444053 4
9473032993986618656420256784980490879441149567606588638589533417460483411009644578384110002260740153166916099579531206762415286018455967366068879794314193955283787522401328171582303871086124
389290899040496701621290781008959214382388742532201979375961679833380443218734518236514590478508080169827663458412286240714801194807252980295216862262007681082157569369128930263699533697440
8645844178762714978199756709310683001561752355570425682284338648133721193571097949272002792979853957061797327741714052210637542273770593713767577086005838715585478576221882332115944822828575
3030555993229601236080470225356992542816757299147834101044215791618367954659170796753282074950417532374885446102108735914787230564806267376391080942785946146397563132379580837012622260317096 2
2101411115355276302156129158261242606737609940274913041966888695704546667185745506570839948653475742541799530959193245294852403566494769808758173213774862306821957810244271136539642448173958
3370836822321683557938972200073910590802239426236874531551502797191609262764105714396028570194895282073971023079951646112314942548040598495741288070915276200354210517689691312130267997429118
9294543478130766724376967835046735158954118845886981689130354588184579954323600049197792504123501883931023693915944435924373625783118355525364394052492197756314595724064051745340598569002989 9
5065498961684272026263245121355436036924717146321342534381828001800022160525310245584561563252151849234533121587845422424311638286446865463996452958013699170429144524577643911372249237858 46
4066319662326179512016656824534298838838712907360576539726260936699700857581501913037180278624210852264707562299909004395397252416230149876089657657273847212896128876099859258571790172838013
7268818807209550010429408803183245087599761968165709146247406617942665110446194785378522014560218729799326746598534579657908700191512295498288559542517404413055837478063050442120473155938751
2995032304407146037103991969479501510954554368565621345738834508686875611022571773959268181383679245103230392574696556327242412576166407132282520184903632728140226985300097512630769215903376
2300276550528336879816358915702559707693699656288653876671657570386658904249511384595299072179221405787139894820706438410482077007902984268257185539547118651283279667045677148859019498620969
7785832513207511480486572885074171778295707550812545432660432070719997763933219581795759767408767953596457015938665503839202269190095698436739575483084354568218696526848639303914276067545586
5657518336047533049047467509530107967779814932922345284585537356983979222372906852638448755444846000660781566926276622676620215397987072121729716835316961846604115731705944684482574064591063
3871907298951222009552237251256454341259682962926998977860741519047905959236490680877176261705299392613918962875415532245482449296466735420951301497057030959757720209628030419846866128877527
8680612304540251972113483122413979987445680703022697295014451107682733941826917840073869063544658426488063119510974294679933870231816260429888218203003874340373648279264241663242982341140894
4420922393622735164044063268459125072769477492943629055186827562452124599334036977900273048988609721358513472683047024907856502633788681414890291924201142734239305810891199410487672075833780
2874804127398914037143621680795762448050730211326030224368177006988898046315602588482745102136499692253964837549634928411888593121977739428542782692401149287456503445853864355913485682469688
3256165428693821944569029047004340193314098104755588922206132696578014624074196381557970691493062287257406943372579768118603991734207067296685363105168073873159788207426534727763792528486743
0892250119945116681369200234414612916823021156843927216645726621685234974844289821196370816169206186718194164482378186442928050432135341217558522506801086852192422625912636973176262508437168
3428635831478947987839151216592206786834091962039144828056492902901975252497212540129650371852008797543191325076438864406407360426005797682482197011214403561604806069623558319554586302077776
5412132516658543748713172095892447524878833149867602504864362149629596002839356945882821522669596643045768165753944999216486133094426178800695834204949565803477741201292915688188302881599130
5047005689576769587820375957727675330701487902260216853993103389099883399130211052165178391512544619440969599737989837413730225026425284016848926509989706329149932803586047867685899553982952
5346582038021352686378828444482419824138369418257296465623270760790108268791193890044569268088483301843270358065826909638441358740431879683022108931556836940160310324088542964870474035494865
2232258080699112962945360639463355397696749090259458692323010373337031568850269269596809737555650252442959198136239859436332035687627427158461100461385478727023080185867045067385074540718329
7223918921883637153078685658480757458556295652993895245970428689503990603714588022618643627367914482977511538867040740608644321679139686467918317466215085214805221278230278902762617567784744
2502477292492997926635478028553095648489096393454772649727258928206335326058526015696850371898734995608958029518953333030464962639208436618125899732949210041622687799795387254864217344182804
3731942132859418038339653319210807301433595049348385418673569854538124455284452076572175298601221332633675087460187365805817459699240340621069473954683237129772549372311851796657669787659156
5641258925683878553131646221162973959223560008787809629361869829960173533340894800859081007543198769213138302285694832591148880052995384297626204104204354574000404148289172207550021175741733
0787269234505242954700619069852531422017107544072799292377684897947877166445860534089172470291597979890006786566243120368009995007487704154130322475368533794494152059348196471793194141610689
1505511160025401365478624656616791543934074583533175360903736971665331601560811082276817128307471454174153942849487213295833427065361974158685611851954239653949737200443839677046480372967445
0338225303232522602297431509811301948521455533002827502026647751494710644270432790499603212108297373180923630981299998500961933717813442266662100331886159257159821191743131334386946337408638
9579872159064757859423732353041417911433112796489108336192637797760159211986248999982094406558543436237074594637791568774788510678210482814285290960428927816352865867961677918991023125721761
7893316388211014153652357801313874077073481412905128421787016677200376997871192566915045823667605314568573746030615497673934093773658402093164120662610210186637261326807003366990550027242319
6913161441369858820166063933375684367342322897902886359065790047568232871584198643534412598826399421739198834282646998161236256061112573307653710258424163435904614780128577603181699167604223
3418527318165329442855776878339857943820093291294488026144602374743312378930958783503827304300184870572869643759825781289663410061370705912721040787192912921382038350840237299207098221091749
8288602684222254975335990384184994441178609673252163352574033112307793144298993463463376978378461113771748052043260450301817008650276619714812432413234707726462773415670804065075579429594405
5414145628076789973156102544556864525546857664918220238758414682852250761595838737767632223881089234921320583467029914197268893086183104130164287564507189377865553724687015876274483062025188
3445758355515563426662136127198067326767842704335788226256078383201394572404446474441661309633573152618482218184776118162642402319226379458470841247945370213638155056284169140542555610033554
2467566115319035240366625263100199205016816496561986176091514140800714449855049888267540320737245016068233638706330416247882176703910357988247478544944915829854873853777889724597626001981126
6235012859334125849620939259860744508489592201475334126164786767103741529658482365697760037208327365279682403025539159956152938265584449844745025974875834664351202068151962429614663032410456
9177717798308570928697438174369310385330032073468604256297939986839814218447018514358637491612570900210374360405883897415189025411714853903256318015845873045925551585307562666504733878707303
7303297713623280363062186936395917513921436069579866033101480439280817862733139033437398652969330517382225406648030747479245852359210897035102752383445195364116136023365992294611344662534891
0220843886342148191424418675247113153481945225996903955772253189222279209968080003160473804204873767392205790263020583145050630566791076210127032111387379618951684932565081255396905121173888
5911582192731897030641672260218835700977151060998426430109799313366751791356488162891340465393415440047541344984222144103613022057704730470007404830805060396910438007551775352611321421255880
9673801492140754885799908161791958921395866910222362038817798690545227408886394697308354311419086721254397935989142953158162314992487585625708125811436272741218315791106056335672470542026358
8486123359353123942263224566874759660292191658812959387471762914241247721497656489841420418396487733100027498621723093585831782547397850332061946020976474649639534526643748656359662495881956
6942304439975092989577412163421734086560299063934894476142170210050161888686145707996037776098011211767747333497856394372161638963686259971683640078385811586231993965799397798450068276830713
6129927258788836852067369772790050323534360931363635208963670303113987474634118119894905450868821062130412673354240507674146168768295302185358934529159350343655444020618945810411991253874881
0947917741235474188192540767970702607246983051521438163861017639051777727285805827519758538069381986556333950257638938272370603814106006561041700943617968095577299744209479773024400428020398
8814262090293512113547913807361122531874146558307627043077738796772920413264667487892635037377311890802879541249005123482993987306445506348314346307981914861624120919980109830208098890053763
4331603135979401960723747821071432907728525509956575219219203198542466595767438892194876879348450780805607500936670330474023830147688752360926284770370529946131429990870171286108399641338482
5150377253365822202158372933191656814528514963313975987637412284699647492280975830108281002854768063742662177542050093946484035977450196111816342756245000562950958812256561144193392226586633
6816489546907818999389453438608808664752707619338175982580613217482709794549441190704309549570285929629367713897670013631900968226056920082848041348456098006113853788656101737705504848420160
2507379810646948513752286470172463962235908780786244488740008087857107926801331194581702433170469838616275084455993733660548704468103296243877722598691119536314356105179239392179457358461053
9946203091680397677495760836780438469468247522751215005471503345868822727338719070862836912040286869068123152996176094214586804244942169032461607103187891439759062217654283754115589246295175
7176283176033693554458042783577034895732311485700187009200494599642922611611396875917453904419409208112064876427263252476569870142850347539534467867303725055952672658158514141007553553113981
7699071690162948314105819438084631326402273305970736285555194706542344861787176205946284888721257843073836069755034875029943352372602699589672312392629199930301236389705964672476818252289186
3851090191452537017573503749312384871542313426941182861219389617517154172345237827568925048993055644456222669644540788137642472541420791599496527184742814612226144888490531012189396475981305882
6268561771010569859559667763728439123419630684552830308573703473964865226467343391126791692213884869633020327831245181978794816220139149703319848763097333703748245868367975885110985610092318
9988679834847092303799204397441268522673068680274312170523899712278112363533704706353170127621602467083941333647457242230423648584895401847125992043930599487049597624967167767377115948344787
1761817473473390650626079105223635040735758467744393342034613980697099671947477684416006497688250450129784881635458889089742522228145979828501706765402383617587091733932238936370665554838911
7315747611482368383058505446247896407480206805452644361740312650143647853113863066465882349812248750549309705404725598999888972424550521885270912443024212676523088022296156846852632069205924 8
9326436261486577899781875154861641968590005989341713436303971377245662651366336094021140401441126609917821593209616545564304900486399352967270142198769620879511371188486864215548140736173001
6326917798665129159677502778770199053097015672198328334162176366461510336541243887704612462020788726806646746702322053004610994697867204759504916638397484161689202686049219089042058103972217
9758047940681349165444701208034396160754563132800895118996826366544647519072637128571734236488385751001403466828067396820853481458441939858570588853090311788774230582956832170009229374347729
0594576710974766203790130892138648515939383701419164294346116205918747502698526583581013548667418278538789320340113336534747482042424727813598281968045192895939276296745211780766867486348404
8011563507573734954963943844031270273542500639474939611180910098567442292268775151745059276868578639678349024176640417115618674117991827384495888230343336271275280586987669781637675740950364
8037633949621957480181921582557536151720886170727815586953945629658474886440679262177381597690339019975235524797954402609660108142077701611413942851974250827592012895105231698810204046278285
8497773965058395812762469664971023080766955536275052717853060183476257705336428811211602544851990124788753376222289281891148988254987846347898272264238924812074041467591486926213404514303650
9836794292055502881150196105706791461947719538631832698719824977381677212776567537373705091037236650365192718548900763312531477048433088481245349618718340372354946353289194366112365470058288
8827090418284264091879125185443385693935330975063408981858765074296093240806170328805906738961778843642274645789259335905505809081543797515379300937130272911007526293684768315667563432581768

[illegible]

[illegible]

[illegible]

[illegible]

[illegible]

[illegible]

[illegible]

[illegible]

[illegible]

[illegible]

[illegible]

[illegible]

1440653863201017709967708937948778802470942503510725187588947715041229357838071463371915276605787303173911057778386265611784693490113748402766080134570365523022432552829535417609157251143534
4245526900572528170303003271846937738134367560775633047301915063049855621823710892500891516427164192912408450089619375687305568456549367907580273543720739233909163880936704370319088579424468
8662114087459610150008557124530852826688139714865377972750863492302780462283262575715351480632603767822943132220085071463321072124536163745877994676834347651643346689848529276791277306275349
6999342326657696716656096470575745143344576907625566500764514993126397421767116813636529564514228930438063033130170148482106296706534070190954682834227481655369248475648332904432836549343846
6312673249313861400880825336205658634431609284209416016160264766182359518010641875871870955703086621741801306324002470496720999785948162471219424922127224731848372878060238056281328045929567 8
3381872337052363181906644154181690738394708099388676525172959924838054838080967837795012866468186384778569070994923384292657574937166318057975588340981719611565972944426873138791758868562569
8455311890179620642704475236810013856939821615733433861223497982206681382475676931396815438667131666860100031731253661006425060449759604933814838474373296039128644762480347656344303890739621
1499709225634801841127396202536400439294331470487162800902029777057519114489179387145693799286291331379484685902501694228043295873977849775109966254921966880015068536841255780158600045922902
2321187188318519948806179072026620803152933601507306632421321008052045083942148262298597437352554343071712934232082950498851654607859550091263619475045235736116863950640947981811749954770715
8082794018270590904951130146325787258065506648092944096683712632988922983647098915447285553150205833305694351117012543512896290382972878233470036821763351616042496004787675188940555343043820
1232160549198204951337453807329513334397878390357856608738225394616618553871803234889140820313686831880060722141331195146016183358365772087059767119911152542294080597436706020841707783845117
3982460898428252117275475365135915202507858367807155129437536371264437490259773536351665894914752785651776783212236486116109803648891376390439329034108454177399638095096750589336733329342290
5595870448024777096301549997451440946426513029492494864189049742245813435636432772906513008151408284160004071114639064447448491521569397289291415508298929098561516717568404967907073995336402
8745922447514155996658285893839010639742272067479973600093062936838079052470439976338018697849504848545301853012900038155636609217285683479183440013081476080718900142128817394293936373345093
6179950240774383050271405105816709418572887055284250630751140375220549473501779177278721080774205927199235433492754923105751298290875471743082702833237906469208632028180693462130326624240749
5639798062886355873049777380484734435260662808797189579162752692005188426193450997504578393233268490765221823184921125697513160841146266132345260733176188353046143111614538798178788272862503
0700205680649217387868798482209793730261891061108684828037029861281586181671336767507158907840456368626104151379420993799828706200519274389868405745030569939602210044206509779969643393738794
7109218386342724789376033175073066291368050610911282347246861402479884048109647840945000537615813889061297667935607343670808939871481033808662447714202543656699169135672353090756566928663854
2361524019718757117599331365189484840705380081677762400376391894238194296449488483689669844135179418527952725353920315228849248962523733139331019048155857029224629844189125842005099422958775
7244276597103286777460763708189515262922391356642336632848859037192518447641611676875408757370308712765212814962665965511606992258941725897529866791425616681751268649552596478788666858717219 4
1214446629415748738718120880632078590178774241510807474505698240367804698168233137845666129183223678249313856167246884127985709806013566098085317578326544769016123947520585903266153334651815
4212115535753216502831258040215692212773371046454257994259753142417454033312400604587750751210352055004368162734514948557807139973681622712918123972367222778300072574926643328865489134569766 1
4147270151134399675169964334409016550099246056508186314926668826368947072308104684597413727281187420662984129126763409627768430220863859359793831604013725367382394956151872573148451977570178
2130940265703346014720200993044499571444671307535723153525406286326326344817721514981139814824394056962064934036726659632397364660242641613796009837405278421386598768157813013138426795888856
3308057592758713673974542312653818535726292848780545533542258147619971195323738180412378496123825236079532537995302857474302690537879233436861306247603503559850694490968878135600050917939966
4365192437689336564417291504586274102525321765038832030107734866722878744938728479233699184339625928503586282977485720400081290559095319976690350552383617133045243859926654018183720363621538
6536885054501487226906932166300857906883807979602717728177341569366610143118475748295346666831233133982495552266761959307447548810715801745591931914411062243294881833149150473968797315573163 2
3021651284726944118867574644519969105399981211086848551516183298319043676718496600883798417202203123121232783417759688869147036086378553421665730946628697472696673635425467517069683004478027 9
1895142184320439859796244878520588712701749452541548569610134502349696985942770010406719216583483997951614983018932950316496956231879783269503709862620970816150142771047460514043905965068738
0271375285755943910146326989735658713129480984100654138317210850717870212049844293446539145008844022720445170407348888343802103220206369710166100351344814079383405453519905067817949831546 57
9486660437509688962863162118963426114451062252483713843390311404915548911124069228260463579484477976500823746837787690632260280264979143980361753619325972797326748190027160528294383770981045
7904044472173587924289533274457176266750820134842636339253415758536545908892585881542844390915067509852659239128880654832312769126124145270669223815645860911832468026086210855625746732274009
5757291803174244670994841962185982233188236873997010411312650679719950150639943767584426342950392049564744296112582876682270082919698204802748584116677349132936096006483399163629944355442190
4255592290919869102422318558730512457198662524904390024213942229761745982352207950323228097612565342715243995097099512258782259881527041358322738220400670397025323283036590711545504262573485
0851001045646310990333519035577550294174928972020928634491800940508854612685490936659776808375774826347392278707575865161612349288424436780565077876718516184616257488096240118445807086272667
2741685792541548339329015577346660840100738204193049401519098714583275293435380917685079549929868383379884967939035831254177779740665557926117660327905040742396629517661318443367210626000745
2633162715736197602220007040652657248199896935178614413888891133812163676190150214210963213568750672222227769959491294633834490004823951369393059188064375822787393228344779315234315968697262 3
3223329726690638636972384974210563960329158098971753814265941656544823705580216475187940250363034447807892209100091393563368797531338281550166222090477628217327957240781500865558725677414538
9551199262669114985734510399582207591827483776925046602031774909589395878959211711544177550848136537715407879926053006970034755359516347743554136200728382041581746187538984083963017071182742
9870976486060190491199785330334836547135607460366931116764406566562884226233275341111201037825995767144822597967046848057211847976998882712079752051254459926547395707163473869736678359966358
3094404115547617150752782607872942200234062076536696490226383059431579523854232610314565392270185522199097904591507460751961876301907804372596302042358724687618207084219147271454831779179175
1811366059756837403332036280986089635259397491408913996189834741156456913713555185746032647832545291969392581431615321212036859556578128049784431212934613272465283296468773173167689835181756
5561481491731705995487964269685578311735032184285472595625136163550099463391856645616918915929946748737127275173573421993781628278712338519982264624775742283830981212908222071978790163937663
3119036591712272397980546578304989274180105858032109699221161766406881147854484362372503739340598091143651020898696224284696020097690871915090078327868577994215786067420089203953003270206463
6788702920292420007438667153104889684288571451285403566441510517283301296968561591477210789611459089134380497397126093104001812639825860909433682896562048425657378272364276021042463164272611
2726111544293268284354364768366598943034904623530758914215459394079608374105701268498662626441178180629225477915734657840047189294765088596852262994011477123643620379714608522685187022280506
6525963941225829849579604661219730395014343055975470800387917811698053238888210928047450963889405272472665891990135214136585349888361147002493278190578839583528740702362145208374576617314170
5996050832956689802133181139217705348834445797733819476523771795604016951207935937374218472131971858483154208767128012178521292804042778081329719032310283876747930987673317328350566654278773
0070907981543695354043255426391813959982203544841729221832457721188938642665262787185459992731451658368357320191072523547925112768204069048942587805337265847151580364551484736572111058551051
1976556342235459798211516553694667094369212402824326411999821577325690374596709827540805788726575335899842621523512144544597581833168360227882323838234704046548054574761860806164831978734933
9244541231859324583275856209111037821886653926041687461158207811953028771405505348692039214465445408488667249810509534962441966209980282559104063000882258039258673699947922865765218173786223
1513519699144815948593677278714189046871841304954131501026602323661361041157055044634010074600740115430725008688574446238630296200802131295994801489829128086752957535561370317595665628325892
7046578184004753201555231984725117927992631180344605076989811458659657817456958930907421855579630630407852603774487618038194790765271290701500309425356154680256349580652233182798194055079378
3663354491721614842733030496190969591695101673015992158313772172658851606826239700554367855811100138254258974410133782064358322250803615041282288541272692725856256235299207677193013329396572
6708709419044283732607308101731526870130817828830976990460436250281359312238215142461058290928375945531470426190479782582460262282548768393471057857236784138401452207816879368154200999999605 9
9074558261465451820059569846269710377443226699354639055980319148739071865302608961090108371157135681037792559127760572981816980834503619874767197999266127379553831519801665782087153461802479
6797704566641867109398131058967843461931017046188835901508569717392897086641141296825976727821136425712245411790934186908433344681911188215095147092963063967774797551444010501723452297939945 1
0344233319312862139691083728235382092400353349963458249790578547256769660528167531402022129430206374332883689782679387520607825627407674039647585085544788379954983546106522005514578057290790
0099075761402099417975330162800834522472675750191432696239980253181025277174700815420551222567747349865095553285043434863259224798159621523062136774494687168986818469407187460739804951084362
1162146135474428322848130715885434728731936909119309987717007173800716539500226749031100624069368106151632387691620197251259498217424369543801517273545700371188155080489437811607385451131506
9267362204007516861257255277987505945487873957329622432018469560590938776484287103143406486942227845680358553016525239385664733750147921364559149869162361912700734382478788582133005598289815
3761299478182912754890710107933352677562478619011547934740896293456758326473136720565280405628649975726765063894333389072252329679853708647173035582794419636029619484523531641663193903797525
8321363552113086640616655578035279239040411762851784740223447576057578116204051952635254887122181588296833726958607241865533118256075999154279019412813576479470950279707679374672304465365796
6782068115514665131204474651157030360072359248989192804242458650024113508912179376999624476234261079303813141283773925800239482091039249459434273383686529394381115630284263005500904604748050
0433291198775370227122448636458137402549603405053864276441565768464929079981805223633091992306347051391193419944196635838825985832125163529295703972541724913946172274885861500100773224898867
8243989345102055119967996521700278280984732109047006336228561468886183383009770044076116220666228984013395412859730025687373946377696327463141548089395166110234779032175010215046295829026730
2385863649294573146040606150981070110264239036624862438146200863568782506085403905356052992887575491228605063265272259650053739818452141647878713824132003241508034429241940493707072031770083
2090524704143098840151443827666594444928318241033492120199610287175953913569512332833530663152845984369181127963273250661246240952246763436948366961394245066624834282404944973474270068857152 8
5688436244486059285197440519125785187934816071429924154538215242281191752089160768006973963977186913035213116340703322446043589863613336591397928021256537505159730515997368782043238392651090
2972268226860372635458555020127034990762762447158868193779287779920397163408230109627763047584876866078432402546140675592096093297734449454065267788000374641037731542615703066962566416760628
7639579031297158753788144610347180677021440953773104363463462596891212018173265873016363158268214235175166853602283714657026697314957646908642488534802193265210240025937004065338716981507292
2409905466593981483738533465276817637528720711994332252359068362125468724830829712476780673008825880639868804364200115364658002530607445536720743983336657118605982718760684516985882063423934
6580222579709347084815637829050076449599180876633334866347744224100886516321999785905671843702715036547709724628861524349236974263174744448950608580710887683608746227332039190488490230746406
1146758435178971633311067921629334498587266760927772419357132576817312167765858823531221719301875211062855616436849530577110615592029953531778413830801727703743076078687149786230967488290535 8
9114371421566061712604069812638397715497865731780904089010509729649362693922249235064160185002460062902827218837916352768871506712771376512352381914254918148327461520981399003538203209044822
2390133481715573421256826370597211418545575137587742490382559560602628921516429688409175262426764086166486542825311518817692450409613338662302558089991909239954679071880669927959575767664994
2690960376370220173829865478621882614467602429393706219280770085259603090126421208063538701697565491799184132240841512324884923946052366256626411169087432366618960435271331703008702182399240
3483465031211069198370545519927988096372535097355599077448148122651722182837243335630596457718441315733842924382428084550756763012156527898220281048258372643745678788731217135864143043762393
4365912482941014156332628103451710988985530311180364028442969851810497547144787721035494523681325744408346245459656549793638204086099855174999555378260321113701684883875290355986014122293959
5864818494784067547615224291080691039182928218677864782017209381619702977869701559756950943928509650157733007588171588090311835491135006060955335142048876070001054192945474920150826294402255
3656078010121635199907631374236814869951298541733953712482688204140887628462642752222947187057220513733739313699803294340443766311230653570394055172154154281982903081609988061118507765018151
5217919312872326838035647196431762375640411005724817901003637800445134587408264749568936730001824760286900764528021071709011090413476880050023016658613061180288977812907917111696905219237834 2
3093205714196221718007977388784955334704817560888115249164479199302150017266784580589676068195706422499254327243512311944129871989932564699571841232058461547300285377784241146748632638251361
6259569844777584451861649894411133294940711069392942504506375201294883764841099639692039848078669043677050884612319252998728831275570941359068102077221583739561272346798788906595346247429904
7378073243899342339228915623320106889800062666837067908275501607546424478344785247638404273210485738110045536154937986934289365069438738553477466989544993895445944805767036481416713092121884
9842838339242747258530732655065831562080634655242114397174595045030438045418561053855170904729066585611706557527800813667112237635801953340168404964811249918200510495115729618488958757116674
9846630451273490714221647752367728204677541947362468324796339951885600671240395788098092720257100960524110658296687176852264295228128206062147049278592646345757692732926131997109855838615156
8997419097993052429658958462450421866136315348299872662668288288489538640809597065082184283412694232147413998479544030827428416419122941106871549569722329322387688155826069617988131345472060
7806473127002924155384614542513593856439091799696214707916601961095575645393788992257453471960264731982328094254144540808648062264241813374420411104002581145753048678716067178380067411806759
7161025472599515569435301720450626451682960865255570226527647214924965191785618173543940478327159085501415703854923709940770481632814299114197038191568425076527109365348103576507246902513261
2795719865306911178767072347813960413844669211405479621719289707788404656811429468621460979885107860369685668930036606227743931143080187835529632854316376856223025009829700907974486814295198
7869722795247341635660732528540412080198327446024634616240933585742080900140149292621386246824074333821912915986377930639637944538458518869279964240883360686890670276752481375331763984064667
3925069069820270323869355630537305131850561894276657231279892026242508366748697649600550800112482795356262396519289043242075766309911380766284692616150985314555762127312909071214389592769819
8419411920510062025099592739348321082340011584130630916741880117263339242932247256128658241549923350515855274793990959707529851073861480791301422142478050320216536037209661648288765676964266
3886177284274340653330160767114223635471937884343550845233851513143649670250077458625509704806894754522409384374502915314429317761319437397141004000940692517826789776131779067939265275095250
3215959744585635169835561420336098555160412189828597808379252366804003033549494305907561786305769764548735344813071879259949713846243420683244363151272205763776614753019639934233312049886265
7480516393115146405258664922910723536547287453144809393730243067418643608258349775354325427655630063204987811991558338569850007821625024520707695726734689002971732918006872663998404560203316
9779884515875161773315530242374427071144298905350736565108681203294610466592239728917807432004344161555277414341463121362679185974744716207366444638357002391322716425963228723603135745816011
3948431458725987845095547208934419825448354015311645277254938747329732801914685002165890836878141721040714876072138570916329882616349338044477320503538430955705460359916280224738854920377534
6015679848623661905692962752581347433945500863450025914133449706445161454580172745308045984497881689025603387275506626399658030033277596452182847237664835472958576968948389658711850885989643
3705109938546439109612165278404233853790905067409537410548629280274398171858066520969365223163323331710248834540010894481982847783353833736690985159176374980186959413830670270608473565695046
8795025049156905106876167982541227542491193568523172255809934342968078379955959655018665427859059378082840140164899904680282406900466940847444128870918528647122882314222058132286968498936693
1435879969120554529347374139570708007474529072808017406528750317566376133562083183911496102746388844448591619102251459396021896119774955847881319933987995379008443373629708099749101573155134
6056300310271784655281025441542333377771137559035052395463897913079688940301250709913521274514034947871448360335151925252003721780954476999779326302750684596838918178315051530704265258309960
8535984161857474096587784136940295354682350895641284814411347718782224816017463885970897562557751643859385118923192201781237653749979917093744305473173991673487262784199982837678323717491906
5948930218852418981389085366113017880848717120848453428854964919715436197894606457013982001787705244709008861309155768438837289565424275509453600582519726383090445378902710836495391467938967
3871089509191324785769920693394961808096273214080892363131786671748832696449060695856944263910231263039920657772104002912488111114138994164100770135962511653385688685720266149265380520495885 5
8968991424363862227039003615152653184816325980458329006491708903606291863414765037836827758144497637777527880082648658626451323676701547272511156916869477410100019614601957201875108819939074
8733388568425462111276450355657180156942678463002062019926826900800333101747692303846759902042709651377520982761741033983530808452267078473059343978375199927726713069234212951284007373643558
3089390479369123465740557013426005502291175828603132854738764206888071603211493068012940498308835484766461014795231469788490974823669725219835545806873020478984172843979476056955700928575668
2210393017578139043627317197955830436549662449024159968663437141835532966033664227626150348957324529815478602046731385331107298478121907715027527500928470558627920845757084483692027094110180
8751975477680350281839220698226926625875704679065312628645782631039922689565677899815511111303361554760353285808394493015884477304609436236679180461343503617270484988945946240421364868556567
0050997551791310011463382041866687676816842031575563284220013210306900062257230697576488420658751907446407993944477746507515428200175380730223117386607333746236478778822502200124673818211497
3926249635956273058557485544325202645260858221886222383169571650474070732577337406046814719577727106133076146603262389021085531432513603880308670372982178308935386649956151007582037854697124
5420659932161349704426128990682366553581813632091217310604213518195109971965131890676153440705784473959897244757320236816501140410182053677674984714860407587597911302561788094944643922746520
7812760372498690275588397266961341305620907306942181040765240565765959759678546666304527729257186945032622134049923791220245859348291984077143619521164497872872467499699549607358966847312660
6674974438608664031835937043905828738735690157061296020716414064110257878043777925950460777243609214750642053166142957562476653276648320655930565120070603786476685502933577330431585853413715
1462247687725686921619820727244260265990841271541539543151284996686910885883396431289663097435088362347440262121456420346751563244555273496174950325419506147595845839361084339057955359472744
9266813768901375420971390442815902365054073703597490961114184167287756486461274789667393719747880538531658033817900320801256420231492382612185514583928886268907981369589170245329562578587619
3906354805186024425291831144352548068037478345871133985878246599268616485397939747430715096245586621073419462605945749692085454697307891281635342064336632823491982999836511332360513498367660
6081831682194396351002854437022736911735583745978251600402852263443143375975597494153070039385285916365641957073450334002547984149302907012077741822301258690537932557272066004997607898896761
7448886779826909387323716749444972296733261507882439618254055745021498117942145223407767662628812841284517975426812630419761653556899112810069958247639776110864469256656939436294362830505022 5
1548884526270164697803803984949521560370597048261936916763084756548183966249915330908057452445194175295353354490789366916669769951786860790633288065818671296596978570460757147639964448793290
7580435655950059851753327627553854276022303661992743119774562321789457451629450894289310073920728103477029388356176098624829990505367332978072752809950202707153522626850858536650395584659201
1382909322482598865973203997564551984442368570863359837550283426882343109203970269617454163773120045405983747602940229295274669786313086395220645827814997371893559653884962647851786983676474
7585166314491345970851803168634424919770428790515594604006209594741150699231693644035574896440939812902550914856186431608175328946046672392702875311880593772380304751337810496615338214803854
7023271617553212008662679830068605163064835175572401221543503381388421999842136070707865304742603636912872565638591986908837636436041828347173520765933167900774900857078880861228711183375746
6443250458984008750239520701278035796867046518999902642152893537490391007973536693667971637893387158476450369918664421385131337816572694090034001345724120492338317469689990631922856392570689
8045492372881825967187805186425249569989266224564038292558458775693513013057231664549659763282193639848640051153614803204241516377443681953165246047605502235574352453153191622134529390457230
8769775787169688310733155660564979765259696699688378615792914663062662296270921943378285933877220644825139253995436339484944602017305188270087842603120184171341223181832487222207180981012462
0034390929349981737559734431089306300522976624015728593876524169627132807140522822339197030048388198708458147930699800259812888454453440795958299548809023328114379176854424843111972446565965 2
7805440271389158740868426088300626539795884548228240914133608689824111466870306665677299154221848644923756731640841747392706738610964516398780806074448145296694961029207700215550504724834618
0662265256394889965043051253040568857618279389598413129624783556495767934578694566622271669710474344390995667344506419586761681092286445487490450614815074343552314399767937514132781430853736
6581612837315771919728645632361605812805580499573871978339812412204974531802971012440822897292873996425323548425244777412652863947069632030934668027343530156376246770514150833284735832658312
6196556016611931159538873362633352568598615688887733395556827884021866110613585601147977483694766028534775335458001274992885142630231140551675723956677318627885012813966089826076505026044314
8607162465430264979621588067675865552496581762109543785384782148074628522201862065860388510958511340838085957819602309060306060570191204995438361277491774875509537609139255343964587341608180
3677308763401428699200007328697041063015175614351159383883306436394271522710431132208895278277988050971558280151628257877293348043632123315185472820946163725065528818128779698852180308660505
5426837496473814807828912918081244391043077828851158050072140033708625109539592040876990685151936131623192002240981599616028475829041544830121402638672002724522205396011357532900100706385556
2825723601408083577178656269465926745788606653389231459786552831187128019337747398771362001871931867868333477642767735040617545434937882893577554714866055201526426973326681161261023060039294
4555683165186672831281301071467354263538411341942561074173636987903831785521517914584954324184260760500183925113857269287936526946850231552241116499607296645182559828418187444530615715149117
6498040670636946561193803643350388141992397341428185081593200635492923236077991879862042150314318123698385120517663664961970601246257033128714751122246285558294041443963954252663527281982718
9987886545966137218762496804360297264322084784268508883733927622013783071846606440143903016554771546661865743034418708035290640478525315485199610529747628573859057863303302313887203867089195
6466203548821825431288524504645772004095612798434702632306266997380554903336693906884231775174211496169238436826642689625632689213153303026973175127586342364143253068942782909944897835247569
5944241051517308848397551047206822149632158770301876269286332396040747507598912243754366252761008436437191778058010363533011311353411658857910094948831154069878851070323713955117346803282894
9391602740572184893525339591807247425011472731097567250536162642024573437906168555327686125746275008840405798919529045876435126204301125097903261520165504480308974966640017336402558896264840
0709962072290565781878680646438701145833822525742523899365245339540107511985670417536724069764352972865820057322449631720119448517424378611026920040970232949043709645734523605718637006567007
3747653957669072088665644373061949374887579824089963728927107219859548566826836991394528345515955823942451085329239620999359671662151469954527389819947691403913855322539042309005116841369775
1485871782493630404869189361527050717697541081824865190399986492096628436987168906775495444140231885241077737510882880893545075630180924531704191558606461384618219090394262383910847123995481
8086410126425442448247282924499563085965525688521240345710311811372810487580180363288345907537870161929179761258959224348391787858616011679779049179183858373169405164644469076556206631811672
0064706930811235552534193605555675315223217861226499117382446582298371857100700581813038926903780466330102290095090259114462337962135227465316591544907666684096235731067202397851256213828840 36
4341164444883677416475871330792039846357080875903175809815824428749281110858054485030488691251437276861677403012509715457228204421074226488616480481529016241840368379855427785598459933434793 8
7317337212215748592232611693057729915014038700446204398986081436895749865423268381682997413718509977718790076245773598314844233887254242752831464425718979684142410310736279750952997278244690
3589154559350601856621147938982350165532739110218090823686557438143012786390297339377549033873122186258473570288253639216141743748428333240727149461305884559391186505599014066854399033176939
5724688942464707087346648272182228472933654885538001372470881982224645303259598825070864707547088369966476314979527432871509030655545535476492119359157869651594817362346164697962154466173717
4640024902466464647135546211756476096936117650256650177982732861328259038679937308389245309699828879230658196566012146781916284570887521828586339598714900895869093726725680719504844019074027
5421492435639479755714268254956973817532625854677368773416332107365981808139252870552025213578838964128585488809935039700936338798366625347160905730683085813494578152266364423675884501618241
6845235094654308406508339681093589142051805636172534474169301657304205822999180824422989979775349267098983605195589032957192787150602612040852606003923698307302357390099684119073492315792393
0335762124599880671070864205794659170060029448790411175519784514942969284447477992737358151471567054993907027025514792700696634295814486297330223827553317857830157703331248541161071276355183
4764768990646919759876577955861641183519265241076424742427041503222424931691675038626082414165501232228571816236920029849034563964523154225786643362208985571713659352801078787346789586583516
3615213824794582375511394622808316077504263749345231157484176828030377506485427655104573984126148586245072790160727967714978505411168475740952985519450569718550893950362234151275413024063963
9796753879552751315387567554500924578636836185939056274180841299192048124444191664794881979507733209100354102291313666254582193950787427920612879472896605636121872242221795036905655975213434 5
4978243204383455451782326513946184823168847967468027512598110001581032585796336317156017940692104351014009803661976046736899090611143926305451683215006200664148226252499183168369717388102615
1659653250527306989197917251328392067506573995468350276740198964160267494353712676194266421604612943937098338213616487985109227739765568963671812704112160966507376871836515721638936527347335
9797983195167226849224967274806379483239531665624769115015852419144786034778728013933259235918823177396282249530600610460464236896338953550648853380211003667121285317659748483966791236052459
5561274303034885885212509657356514391671703707502787966781288177014385506972848400786731096417858186626599360056631134879032977457471282726712726713942635639358950719935131286334433094155448
7489036492692528011268754950564917446953941553589805735849897391080184636298230515156771980446677480561273299722220237975412970303092582190473324645093686035427115642106892285084994282203121
2968531908589664823221534623905918296172560782362901240668607795678095500872019356705752176494183498509507803161944652657118359705039351638198003639607465216351648974589610066847852328904141
0132008488889818903133089385585150296045654214532914871211342286850758697074832132067892473961027297398128713109346849192814894291727679511133593717642770443771493620767695858840338987262831
7876390621846138411264864188315472902823811670573982695276761587131008728618151922750187941588933818596291271688565787450309367920791174012609606611722788460906953173059156960513585210520434
7637784133861582874454145452734201867222866516114844483578890234163159127216063907458994419354139108448962890542605019732793091259022822887888763327400065725038227179771393570242725515729524 6
7934720190861034566090876119666669992314353058037579378713984342804348858200473731038377675589522706454236155202484155666147541888215052849603775468248602221433679856870883391064561856855152
6657033317708309050739970924880923297361487088992794670044630933819140915348178685630909209723946249640204978088690003666204186975540360956041755061266334671169894777770839916671124549634035
5678288730103009110990773389563966780329366446559357558394303403214138071553080547262092398367312575442052913982967672929899059552033785753577282577503369791739450581450326130722755998288939
0279547654433008106056080865683826522007706340494815772643368897978063997733870847581455405267767435289055616875372813926214492163197115561607223957384523835682216024541579002714642740771790
9970795050736490529408154814619653230606110442932332909849213071166731555242338080456070479472287941216851784235832141077083811227024622430562051228441163648049156834002010541630665007725844
8060793042583617946838227167170543340018714040599538082107231155310186471625204413691917124304589893174403460212405252169176284061918583246728307339957835496179916852056995956333700063575451
5113680707612011904260384981189897475121777266042865434403096923845988698363470080987694865136708715399252949842570898740720941700573279941012016926005697899883513359288756195216046973575329
7408870615365042926708705178311598703104927804453047727945297617779862157969071798289584549099342068104481202177427214098606407654655530572349464264697060006885584687448400101466765343405352
3936725100154372363273233019990207375435339137598629622029116654798191170996921246045409381895996218648219047656849601912864107473607963867335648595330933666581841695373333075259346706449817
6665812454263720920187916488139556730985955966750229426714999614751202980451147961789735350323170332543425951923782912947160299774999848310456770187854929393604296013177059467231953123582584 6
1322470853488678324592966525973916301659012617887584421412730665476000714824327910434064701602526130894225687895767779133668695915819141682556461428659210560749160083051251476026506179542910
1151740146276155732387836212771720639618597459190455342610671287586208298858835694551369001065982430555377344535329665028104923814185385413406971199409222865742956780140759930494170979474506
2965111037431932351124192026926195401497164068847563994483418456517758623789646386523906340073225646827939069491220855554235519906714467593678270648275605289153396581851302675278054926935456

[illegible]

[illegible]

[illegible]

[illegible]

[illegible]

[illegible]

[illegible]

[illegible]

[illegible]

8679188417822537163520160720812526346201261872632432361277964128478356543237678523420695400579963070645233541165416295237024630552196619672550498603817494388560913003220952321568380694432149
2138655350835707377155650214875480386088924079355733626387820237400127492002110603660340294688755841635467657676141933511264791886199303012576805173658956178868365618331562317332807069866203
3536332419385476105581905300239861563583609272737839221299925731735768763744873382397438423499757176817704593043361207435582818540581169772272269625568205587234569536479759678581775019180961
8040785355599028380219820255089955801138539917303340040406992762749468889865008887678484416069818917868634713076446303111079313970508663620182116329827147502169731666260513362331796033975333
2321084818070110954713009758199394407335666550203241635987302993847094758449983856405016050816726773200082559775437291842827324019536614310207725691381845724002871413314920769688711758292277
9836717966943911559490032766935568766455525900387556304732251766446703442306743740086170778442986763600928451123509802389624083276112570910532960927819763771469823572164861084251293224837544
0922888974263387866774950589387584825674527353536375211241070597655651403472440781138263023148430120574964091414188982840283344676115609045437446156539550372286570065394659138371054922219877
7364951820901255133426258721611819796470735673956816717742293769417450737226542606969239478049514395767459504516311361515331883006620062292526805728770510348358521216562148298594604273067143
2823632032137470415873839801598567446380174442482984749511774264252370849531771340267203488417234972835598759691756143993574361214932174726241034156416466560110571064392508423781451038505968
7251486141291837081636717759436564374524811351724949082173759548735081020885053108266863795739118723665370503209361354863507707039114570680071041018190187076288588896047467648953361272013465
1496891222418853581711834104997321515701522786978322316083876316851113420621170572892366857177926366796114973613105912928763898475878136050035067218636887930175553993933333699603341110753178
3221731876768078950500964552949060602191208822747501663175610055054093162070184074310480379759684139476009370488377511533788117087221979215573313240966928811853428013975075830498584561973282
0190124155514237468393250182007366760690737493170312839875728170043004036591720655653948396781320972314531355521386123544387866398751925296295591227532816286644939460331387982291258992725578
43722815195575234875219775261356832090861957992410857004226280999724512020633647483860757185769483188370025189109250168811302907198194643317102192247092201962871359020931939458471169506863596
4789323100045237589526546867525163398315169558427957864864753648052316364714902167200904764601922009330146199917538003912519981283797567208677034193915495188628676144118419218120254560729343
4660715352114333593909090765648911125841214326999838207963920029616019605536380660664340098625733868827871941495938216104777315017058837894425660784565714537533786312090921127010270632669153
6828391171279741821089677214356761072324665788006349012563231586588338553451288977669758752862308071050440338361915043153106693182424606255013236621781899631910383484400302746611754435267585
6808745745334972444677369800279209028558847021501114051603145214051824150408702484109325514524775466247816080304916970838860251688574241711163889386495021325966036849156577793342575800281410
7612481410265639119850779958117643516388863981637454322384822031294154826385974003294758155239049730356523518751881449714739139416424380156990894104882396422619207188589352505887204008847094
0671132462720320820671215559659012449403016309499815532999578648080699557873251166878752489506951466972168836527036536085823842984030251863745618366027098030582706321010172966690585389769074
2698546864889421570986035835440266812452705111032259810247992045312895293366274561068614685376643546105274717800340829105959533137025622823062044881463097476473966982913881311820240951670476
7195202286305419892063345941275062778171736738451530724773813953543468117631979011232971032642565485090699209175215510697261494578593905878364161928511920356047253458459848295540530488401827
2677884977362583358721321286047190068983125631149450743664372695979144314941132931180546857453646798694058672034845260734783565474399272355068140618809899673441588757113222084857893076196896
18512253889650719255993966058391507749049141045780807572664142987021746116894330100006287578310667649845117672675153521169572478198384369203048230530864801588040027129867886010699017659954613
67976100993993062179753881723129154973197321122381094919467658631330373145005669984082322565160852167128460718084178101425494943300967208763353455639560540090803204081207642118068012247595038
7366905911493000023254388098580420090169333089705531618579965829973460991347415772189498356585555092542568412085957260296952028253936002866173881537918294100957247631420078024328567448321026
0727512414931558523223925935058297783786102252061583426051690758999832176741577724716807126926608505339958214025566710047016072787419031107072425403438808527668313680214302660395292654394959
42740520588584420421412119858957844203778656692518336331707226399377221699623361426579591365058627956776567286967303020903158861923588565496854533295078282040300806909311506865695891924607871
1604631038548680534614815927057596085158758611732879369906295871621379392639730867136194494277219256211804268363262357479940228250355888731453628382039829361420302370313498013322637066178751
0064678791388508782473368297003529365674622067246724446288348469293354277938817081637648773796887172818252135097863822165316394757721339237674606884618499435809820424855730133242594854474737
155403087121274253936003411030387699247145982086049926587886806783534851456755308230337727893622640094318182798609198359416848892735604325685787245394743450032822459258875363038886044464240
0087939966034755812544527410338677594591506031235659032879489944820883423406713497977880192399588024941086441474701092265680988295806704157918174560042989863135219293865819630536426784893077
2634322658233361247158441457662733730467441347471238980260797860384992401967288345070139455891576619524148385152577456998483614152648983345399713269979292246911140237114750099216660084100419
3797944232528264212132616213287537783209016584307515563202394949560914108314839611558298465970941036394200569927104155073839337747083398748855294705234067037935138283005534043543493643629524
7307775633616519507758039456721768494805921282541319425400901118910429840189559815635389648565702162063177078741497842999621451957633355607943748355406242366458658613868646305619292102058983
1650545798303273833457405804104679942755216707183447257376857571334517690146574434805632102303347082353861546686826574190133903044371773659823072193121016873021260721018395057108173152733172
74341280371723827397170684868818801134497504519430555659125769662224267514015592292904206165498355758290834939755062955724014441613791006324221311161295488571246585599767751405381663704324694
3794954396636584916904779467709378794535099050099426508620180367243415795827051744351514902010230517500007252655794500867417089489310741928382735647878042484075497778665304478426831486491867
0934584996401682775830035668632054999354805586445925588654252009741248899967121881002120455164598281397798331391871504529148068646663516964476573467310188102047610720629642304514743780830263
9381957978608684070395568292040425629893418286070048144269444434131265968463574369115624835556988363498216702134395947943760569110569836068138735080940612340856995325326274873188707660951240
9351732470703328189310124287334350271651268796434426944718056898357078562457346211045095838916715343266804120578989580053008557861520747581984531938267395902775177748725563665500811654067541
661963857336749789451205144452913313266807807996499883318408692210424477062582054809555721060437738901009854385515893839584994326965040885979793855797044147235309765895149463344749064899056
109354703634630810790980614671961165777898870425084436155460394239362013745754677799137072871596931558744044863998455973352686305277155193992135540769172634036572886085453963042604956012438638
47342385584653734032546435928987533009844544329558906247592276336454324165210048992293210358408659260553236504503779759929867927849708327792868394135046445359832171150258322626074366899203 8
6634168911315039140618658124281333191471746839056057699114836869394980995089068893447101129893630753978011004783631692136705391457288535021243535611391786167207837075752055373874673736230188
14115941189068148880038391888417961575499053252975726353411636765707849674321177695238412554262912829834296889311560428704766079511989813580622693859626216199866716897017865499024298082364762
2542507197808401980108343062955176700663982699982349776917770714639859212350350366348839077108875372508388222519877339209607678280874055080427789133892079220232953700031761673467907027590413
777458311148138779110417412018625651345309627978775077325384471821081298460043902190361238784687294340480558323977168323362889439838434859776679441336811347369707683438157819243246291656184
063186410641216686658040373709570406983108008786157194921791290342668297998810151041113087164898871352120288359043115140817280758467477667407103372941381104446640249501307329235586764436476
96348758104458430859252250470622302808320500391220297731433563776175913359179247648495839864448442174201336450362549591570232559417709930813925861502689321278790347722442492576121306396113
772427143702115469523873109867544458957171784953293953191402842549174435574387900445680983102757688667568981199598104365459314009427241429078863993634049141079733183042268636980233379425449
6930005172233135772428755795284405592754103235478045492842743273705302448884238005063314440311182484175584760674623834766802511159736633150724337863353596910896110628029367155339043752996446
1321114174038580123064843779732585257926082412288074283590424066090608831336419544066348378945757500748142543575959702333550092397351707100681855500248669753398294623046177721493367874699672
55808818289427314039183334929083883930503776408935192945859885760657307597923956676718848189207283470916353950715571437921076355412221114748115241547990406831868056992419627944393194068716408
2956954680687849423400639382491733882215686856539227849053786843251939804997969898363736155519937592030879330268466461907948560432755401355592142001137460553421860263415391418761594008936418
912637864622513286278896933997548265612738576131094991265156748759019796718446160738741835189888184931376059784845977633805123780786323386741045158461334706911554616194881936341897968766785
9137791255410790225913258835399806284504051120683354056959052728343710625220227829768526020727912122634711737762982543472816036619095976251020318572168722794649160525293133723215412517069803
031347082378847170583914204121095670610566124841963164881102006724482138443855138744285120403605302572841298883249305550015150830441273374687262743444526970526352809921861819372973290692476 3
2838974514493043352559463862404515604623406935085887476377827588043991343768706226437075788338756597677381883812017621507859453237010411541348673946902837973910147062887412233090881902775839
77213620929347602825012956170410013752193030637148739329311648705215273230743761077425886944630920662901334031774060280003752202756665461482456786822131289963558504347694265594144991479549 70
5883563094479106840390703590645271307748375324865585454906615330702871928252831104332366224982372131156793284389974761817985830279344759478691781011885680405597930254954645502148106459394417
4148742847157779299187334013401356435204725354225151003728144488804670743404676264512618651338225373126971850867686531348664126752374960864114215875592559180902268763985922757095959995652710
4311502172241302169511626601671122760275496470011653315321773303642368571213969907857245313068328950163296670232542284202619231692451826661476604415141468587082286754597234160626834574142948
5792915635848198338544980313159561386730307777523791667418851906723308059008756922836927727426911088981538657951641380166350517828561701760396969952836259256225380778836916537658333057404100
575211427825034592204585169623484679777077816663341363592300663316464566827926016624543860146214089699999511688671281385118538171661815770466839860696261866118828890187235340083312724394922 83
0710686765252097293267873275502904805098958758684960816888148123877197692672994815039907736382822394286003064054674155726010507348515454129534636356205167592666978040289379976803645417119466
0586874974110061289018315317427413380395898324976313146336815340514980499163387482499438980051998114505835180110773592329032309462975380290277608821844959399645909811759757884035763810043521
6203675186496480555477168467136246119602608398142277611890084867327848801828548955592869072364979987072738283938396577753721019647260767410571472854330730173889765053186288651569420441242739
7542334054350896189306832530031573942304820262746302792513225141999120564774034174985918130728746290008520164536388009765894353554744240120856238918234186270720748276234925614005403799296335
160768983350685186729514855075337273808185524405989677492337616266188864629426187122927563345002717623929374317401892672392494476940774370091748499399768252716084914706895047701081387009853
9417790784910750426272019607267617728926174703162141769493330560370154022625638931925661307512309329386791755320858110589772709087548119734079562078317775608969546800153417955659299575685994
138459017337885150928499957670685663351354939131847013347482585037595330680207557902311304410543041710952376515884350718484305665506831539094058568035566345486216940118739940855042753339891
4472851703449538689950167684081599236598927508925334503815307912830983217637968085941702063337719044498279578739616592928503164417365978055686693572560680391118708687498962639099391022194613
8034092093127496842095571377648496482496002863357092719746065088761579651923494425196402996004069910110300429408316392594149445260746143174524670819930105069594107307185257387119995574471166
9705651642344128613627467046605849272857493580311667242829707103642416016243206748564708413076398387548091048246082223820105684187273017863905638418759387461961238322186440902895640321886692
5392528001906627019990927592577999882263943445494093714145680321269899818662133416907616975931950926884278067705147462561749043424275631724128263042411967299361946687697984750838966847191070
7371125129210917272329228258888292582725974202602732517366765543369945459748812229881477180936742905147841542225431539192455707428571165868010792811353906525809007963675955171725786646340089
260011136824010565830768279750881629062964106154846390964572611285119676933764372749908106396699229777928911933959507854422479933867042181881319827629891012587573744258380540101307103467142
7669186229712617667532201055797231651586571336502590945979686189756408519219752576506652833604223211356670301352656642987865142358195598365228028851235540079598626378700003251434290832013786
4601796745799189548034004647617663466900602588066468253141891607125693934778088303613027907662036025011420999710197995777011592528267395577560906621006113028489893910298258967657068120542832
9022564751116084554681514768344071799138604502973000063141464659719004634001939505530982594703057301004153496474876147445205636737571210548942520784941815569445730603730656561498600081809126
9216756307596750625762549426093555537513656296417451102704356238953661291763706947783827101560883037277796355665699298984942346708071852088402890562778338217276570816426684046672714351113305
1340525232188118021909604643823498496370886484737847872547193210477413934220953769985450461391230307758055809660533466216219781550067817419180389697758645486183323476420227729244070611711809
93068526700463755515936948526237718822519681979765547171561479769201458708643382346446854548746868051855557667709899300059015813244471471083150606533536286335386908040710542553103082887484416
052238222432809847698469612822980569918942064014804067553936981798399164532616768653171671719853159204050602537410497947787040374042094128792562478480997859852139266081125065212051861062803
7789858976781579445371428141638843212365508726385090689754787724638054595396843131840268740608428229892945801907679954296822473493208130964681583362910984848725291051691590117396394129116396
554400233927504100733129002943301771123066403289593309410388685223542327446189630648329533953544999195497717249237861322069317173581850568006437312655364889967615962506973866129195003966487
5243279686762572099229384756873109091027598570054788983569279838893827703682888674928347893519450036996024541140967894436248249816528811817552819191857429580073703061417140179609363242909897
747630719007954049132953816854742064181348794944186699593071436541770752539792155020557770669984364152674357189234747658281924815158318157407452856598085806129168082276354102955085064064269643
8576252332681488190044263232544743826597233603030403517584962102118350313457924303858406505195367370618403156551932674846066146263664830365135563528672093666147166879216507263630742731854161
8530777609926435826313373731016301341371721182157987135867658377435336398733367945283071036409158397187208704594727379319762854239373026809222791145238674716703642887651755240420414761149856
21238335366039099230407507454303578267310559781016570550676301827365460265629817234893014006378648987684205570948118694971410995848042749416306538172046074914630347956958536540089387067032
7409249296478387002601544782162070364519815753476796806468149085748329929948819588701878029375140059125748758776967885981598322135062469046227625721714777061865181626208648666781467156800722
8117994033301730504356544258553556396321003200490534312728149092336696018060069230390143731554025395864134153632358209414531861527306494289649211055448999031492506202931557707037571276292978
154601758973356702144948002438969456209617906437727065684691392556583622597081350352714350382304840357673128140616629549369381195085211150303077232722021915621292148001439928362412005852303 2
5072415667365763070329986426322832081798463194478997791614396554350939696697249465438842277024195576999409750123481388518753177633558209423294324021551752327840030484668325065108745487627945
0419338897527198085836684712984683066421920248856751056091747932524588836868692046499233722168672966450079082578758229186285667990795863572847218160325592117331264404533781054191177804498665
2321350857776626005381628085756129235198290644585140277051556590800452406338864286683909177464430617802917695896625855204838151602503969899140613730501800780241792526677129799041928939822592
11986580162820797403287619748341103104965781194000101670174597244590713787497429002547157783385913508091855082210158945606236946395255343097316756308291954364941901898509077294824011567059172
62457819639593512870780511204266229166922673035658254301683657423340949534228541134729289121042212500520158815211784926960307277065074285497151111795176154059902626132172962516873291825892499
270567440416982108107606175696330567402514107988462707356426465477830893047289936322372712131001603728295761656661037496500825794398216120901686828868255040034612237398507913733035381176097
1827330976797485147710817367345597305018201755546731373364659451073582311045844134864152564598914891709746014893972661864563443122902112528996105727791270093266259612801963198093153149142443
8104747907371118764761279450336587022742530700596838380063876491080772779329010110786707384858684055227744614473658442065791659394593971629278291271665085359655515194212010610608072871496711
7076536804573318906025515252367092019596991348660502192062427537398725147140830455262233286422355177835445669877487323409507771060272578293729912145647607279415001866769017278155431785085390
934742280458275449645076622458746386481468481018429579237139523991880434904590204702300160233697921514874162673036336908635322248176009239251798591298922320398136087504810651813992220494923
7595234480387903293236764449754367640977559293883642867387789273238280829774500503170561150983319541214217461549094369040864629978878961069289542179350827014102793304966122518571522897501744
8434853403657909810399955357189071027638588546482351018789486733071407641945348869595191566041779955601501324755671952522470286677804639432970258994241708554961539718426159208114836030615152
5246230296476833693504016825578514583547685231795029914262472287867115578748870656134952735645934591798612465107143002459091573534294415093275912768547752199717622112334598080532982008683157
329839931427805558555724219470785075641386724115417870289029386929010827637586846020783535773154378170500728713788000435994340909825524121047346775389779913420228164836214148749903522593917
38728048729522047289929421354692795471989103406104314377456859013604770158327774917301372934565137542853406410484806687368194099923701114371835693752219761673065167354088128718956425989736356
9017267974363064071366081229969567494522339708654906602371218506049265211711610279505654481065145684179407788116527273278432971166507781136956629997568391645233880404567953585210139079293732
4181400999774319390152779263713457057853745366244899633074477207283080486124471783362977474903120803883207533752898848995152130678460642545242645944437638255759408386700375370227899997870469
0631225867460749142995219356753917832404105728122865860750277332916019087229309282209194908794226542088857604548501451432850724127141166975787510762598898571766198295492655647271333612904259
3900944136507677325277947238732897051515309925740667585024939738675011672318469397969127464453526366715824533807145413262357668758221144693356165378024320905270827668731580634169679914415621
7094760786838625577185119769914104334714011905106868517572177054697839466052303334077237490818052345972498623370077656296534666975349089572818151759466926045519838679259120548807799021722747
0904434287511555431570122232907679180445416693053543243189132925332795480160856763877712930969532274800271232721553985450101242388358011882351963454855290767664253130792224138237080108672094
316925822654210926179742650487500280295558229732857669454997612023095214800460646545978005837890147415204411009267257092915683074989422127393439626952939672142016089497738727205222524714143
8204758199059610638748120316444899322382909909204632426826349954465521498948273450178576118180627127430441167267136917444787876182876649831188025455430861433831472599823792378404138836976727
3290134797920808431757282486876160987985042937581009623232090284039297382902956328303027306991940249085739417391956664216039549999750622139232848740292455177465296995370155535669998536911535
5919907758119863327281304912673882189501847922313624669307694941215824277558515032905290735308638891660936433806843932273771479479385632478081169138022807098503146125600535078614134458267828
141934939338266181345729794463803456027685602457330958693693873702871483386676629670287790522164520934126152329672826897691707658425784688574829687303118395809810977447714283786944797515051
5081310791783104690757296641846897905766007325972442614091694092424711422531860825190311585324928966267806429730035848474008490342871997302433549789484039560899067962949467283236267511793090
0337820729575638905008697056415031180311295131515959388541815362847286950541301774030205301076802880701209936200351654830548911353899224270145714508239543731676838162629461504479027491107309
157716420342365562912083422378564972753136411743286711947228307885491995533886818585060338495015670301299995746757861019596171848977190230423199939138116198766813983104946422514099766607538
1188783811866384478272447056061630136672130107099202401362608220070435468320644834818114440378563562245798038249991186152074732635487768207910730576695350791280920671842206682683313707158774
1185662593348132316786145064417891352357958106950752087427507122606612556573508889595429882512002014292671367933471923367816845547402224174235342540881515831769732169731629055264392665180942
3310030927865448304822940158728286440874879595096557061057477440634188355808886100675674733363235597069355553527743290427906861577784835074839933698644302488890042039330608312442161510419914
1331530572004914881437834166586431367590460136562661697304213404765030831559462784980967819517274715909796916097092820471699471361428586854460750887794181870311909630930251991581245041532087
6639362399666150996302716511955789991845608082132229293533023596580607107341595674415303103541743335194222313252578968649490370367399278674843229743356122683830167435278749246330893345123425
9150193611144321212378325001233854790510358626354021501675102569696724136608582080732988357496488567153078426588438375377953529273975402404185924922425214313066221921842524228215013663540584
2898917853444849735252367961897325396950643419307316771410678812272931251312434457867330989778164462800477617762895823583092222128707527207098957072462659130481903760680045610545500140495004
7725494401555139593989247932317647778041901040364565345431904640922938490310699345553187409947863574466770016606223008499584259677741975148461963491222331605750028497897106726145752586725888
3853562276180063529580768226720989583362690754078262299877759165722249713000434885959508052216074808198604293276396079070802106335450337356472486720255621192043544130571209637083154779110864
7568468258144231763658599868008299284397015246202504359066838916798661095022778271027018983168166796816208131371860246036065637351478191941442980925283833946791028011206279199801805971879931
53554882079509442814690550142055863908723566058359808174529913354190190618884246797870316826401558126248884486600654893883957566372502623174001167612754133024817404903180292929337961644637845
3153106358208558557980966206026132655115801924844941206411784346258184129651502285610789362874106652667108363221886904443272380259787304455684189683056350487816145219282930792879588549347415
7256896223800616456090395120986887541201320088531458563476804239905057363047109698254621462689105426123476769025516793711887881393928178793854408472103055791847453798006604541357032771261314
6451724214918262110281416612652161464810655783555207451373717350640723533811036449051212750362645905931576023444346461339420497945152765738115021428207743853612253481175728826081023923931147
5018610450474321459890629164361911644267682549954102166230409900154821244387465855086719423652170128462575991757285276377647997477515157315297757807487301370561338731473088974791957893859925
2187600055243978579244520422208085421800235471277797018627111289067227439982866145683196305379809096901062205882263466932989304625555494924992837239972817624783755940182313126825841726107225
8396063608110037384358190761582738582731402960184337535686104309137821601250004281215525111321581061106658748503242309363993776116476498849297023255299401202796646325308305452502530850249774
1321916898428481854666573728007741793334829758463686186624955592564223946480151920899970705229035042352715069620852266544034434300096294017059355037177352601675039765495662217158740734756500
9735348949948004396360628519365068697769964013189324468154459315181173429666726016875409717320723085071138361917732288998295287863865802464803369184287694206340153150722054597049955333952393
175400666018879544310660288442238696750148232892733039654195294103319410546637047638903234081331228928639687855477348519816300876290805147590869980686096467541225755005738832065063338595357
550458651184213336422350458466524048432533185542935452623489355872965666853935237700567481631646153702632996039049038520175579888859557487746109054477820188518814392995006862003579394714998062
6060161844142927253450471180680282081428186344909832529640620685378016268678148867239905099292214838492338085714651924432725008996075690375941724456701799850977767415785033523280432998189819
0558102035587779505091621470961198798884450386749715832977962393038834113845300998387069952402736345226894818652296719545931131046408124718897741200064355205202687984167072745717674289832014
0817131218375530019558466347935128511137124130915637551159056598916688008173959121388516959730841350043433505588955263669461673159631505462619202648661799228636739157491600389175017722606722
6665577338057590036256590215802294232378977041141781585695192610921522774388064453463160718931254251490409001770938255050843052961465937055440633108228428982914116628108648890136748561606577
3703200837340362571990455473424010027267709765233368906182335014688680929888940453799264952852485553042778149654703474323466198126654763308814830235998749013897999981402174553879658446061917
4718216455113482631161446591292598692135291549887236097559849777688514968508169067692260565081149776663971123342187101559282955677908954825146246169540827691874910764698227364214638946200841
9854344870650335561557829786902339130964782179682277374317915296653896011387235408652923442134721533408969952836947114751426798995283451614982398198525385459564820986522430794655098923877372
804861262195599077182967078564651703763842238672192692075473540977570156720290267095214107763662016914751355679782277428826744993319788330764970613605857949394296431661914721583457304987564 6
5485590879684306611825341766042475685567005359421931759414804663634410375676717928117435134892154321497816189177715104323061924015592838959749599893807149858790887619733274689769077250412
4631609973258981460653068463175341632868211688060552931406285684694850377490164882030223286176370320231892848592233698787816503431909982814133718319952404964819670948975478474468561364993199
8606043462847572292424497036040851000181466351350721689680580824717907163951793276226786312918763052775807101724962670870506875640401831322742471927442386075906582809824720455273439030453920
6133675140975634694395009289480997125077525922275790881375801081029624945246868628721631743020506674261720331649437889561393592026930907135355205946579241721574051193505983951769300398395170953 3
1659082207203872611613251597464064559545153177059647790750342633583523688764011116255913211810989697306968817927360853612713525368456408754053914008319176488425710482598853744175819733570192
129716141925186038914374501590595835602276652900889321802680616306403169653043049801399048438437759348967541944229566459711182311364627564908219486915656727390832621260607805355002932676937
6672450637452991544518162769872720644402798962832196225055252688964094469591385870590929505972306768774957173069705077025128392764757056267045806969106206314722859182246788006100920638731615
5298023888319029961023157516273118236088100112950414990463766780653098627315752196283693953774788359812455088454088503649396897452597347667880412646980448252532662913794964898887872857840062
2649450199750985074518649366098834280393531253089881626512140365136463367176304676205706943607278609049840205396297796740320979419227242568411037334867724376989613069907096203897081749139134
4315954164790630555198696365388436164205168966515667493794718813875903758280397935677540476209609627521428442482555959343725881380477583977466596713702651422462269405401818231634003530179324
7009042693874770005535668518633406845284523423419032431181669358047175915426077694669009393277291991876633764639513670595763698423431157719533440909096146891979173939712480797494933194864737
9172782036954034422474922691074077402441372340565575588656414867180000070084867956881634089639067737256594080155881666740368340675453506117582931574388474981455957378007056299703268337581245
9102450898358473444023958282336341544789494910712355519557930639713881900425530871824698386154682918180784665701873332650710839835451952336905820792152483187657698012828197860390888203403835
9102147658115673443170946209899712497637925832025534796217577775793779134479366822345428336968071458203811205079138996028244857871452620860556224459866705843245354754692674037384878478769410
8312257668243258079536473132805214936325138278138014291228489449611090460069826352389431054211109243683923291273002980630502165351757908425163635822542273242182478159265754890996565666168078
10294369385997721984743559113838948569625339898829080534969703370597607655037376040668667564996829932095255933895820629370168285021206855163147891505955976231915737687831085802178237988925682
4281520394686485854745887266384481014811423593239708345091911708974428621337551630774641450910440412491154485718917728185526370845981010863316064922138309971345968302968183986450155461152039
5428610599097884638127675871008964447538569259877446890655881742365488432360000987990069118742553489010614583272792053179672305082178132188180860301100569254580813591910804926965333122281734
5721093441780775191888906340851961394342290288903141225160053450835882358714688261044262278362757362102748744720495550274372967137373425578495766402547252445364097258618439306951053529488656
7312762474343275173074240339647281952305475151752281819648991937104496243211744365907092268253760665326130402130389136326908264062198713774095509082741236202988248424364346821196733493668883
94446536385563679269109366243012009023568833613946625877169367865539429013046992763624119046378883316442895276239010109283260852766040978312177111833428068225677106067305658585483541520779530
8863415659666835663406476429804958441188742747314913357757862909353933668255119647951784616621763504684436218823734566670119784511937772373524683301723264558596388968183206106850618879518829
940034041005188133308987600990072867604503690810144175277657069990372564822842665730992960008195077799489475078669378752874484308116252971881249087776781108018763330429155318695660576487066
5177980228791713382826890296669953982382400213630390915189943035407032863361257910883391689367195462596036247044585794214227248026392658479093686877242688392209464541353498792196165056915258
297291706621181466647157638943267244011620686264572297864817835556915460268428907110627027654731232200276265659816902292608890776319531045047655829138333556498811060778521351306267060571049 3
2454166291750778621284315710076114112324190373714325345421934645412883024543362743389303736790937918274967743484509009347008480678488138367927544851185516106977115105402079149436542511961076
3538621735053834405176516447297176346355394989103857041807646579856277258242550469977945279174829540246816195239859015404702140507868745195920069141819616567695782411262510923772326092128425
6668635560137563809746477177175142112131470407686836297215397937392324061162879944638906541213373864373973497426315600944980387653164130673545917879033529340129382880289122680131209738797860
44442550394224083819905177797475300555558597004992725454645095139122341346723131739255799704554452725616680957627700040589672724713166924699039663810996465652070501977800173319038569588791659
3063917472751554788721885226623579184105772740212690654309297369979667301954663687573401457063805693032251714718679831249509397262308130029492610357152206532878470014238079021732348455341906

[illegible]

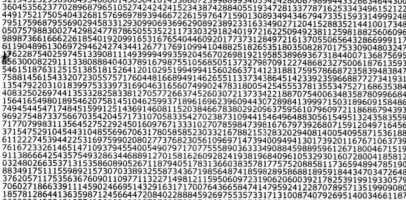

2529302565799123033582935925869596264114815449025944387209452014135753623787265288303498326457103424163119350002058527041594226977048565040076623229270869184235791705159837069527619743428117
5707030395039591512407091951613079355980670197944341445525794666567040828388546835410424410749710946714899490859183383685451345810062046413269269702361004064216538022509930377859980201136439
9410483213775144195103843882791673436466354400840755394262244645977324395005858730470668947409164876903909049404864320985049753281595489059926685596815717205861183466902219127684098068500504
8506397544130344447743089943582866008811330671233135074274383338207893368962173463930561073300293328875514405704072838042837238117765041962470731201090368587445595111941265905378082920495059
517937518438458166669865646993198463934708517788133987788201817010012944484345467774418334090914643543980281866672537354731031438473892351128966238438159669423879142905231571610220996492444944
0558548618317514605186997428383331517258115405323768878181436774990977851901543933633256573685926655006087176819920282979958278833526538174373329132465617649537013322381076544239678809651399
5234095610662821984275436212145188021952622898627245028554008844933600711966442465855659192825915979433798938681422082546221068405466458876828621780804448312510995250852847164673573822118521
0185155640018604837359980808241687214872903878800840098257697670114784179665890259083095456774794336059593822260410619018692951217825476089763863818027604673933112686801365649738145760949127
5634699668017339731973571060710308582315588280191060650998881955008884445127566325993571437141200927911548299553009306792493080544842041276987059834805725910511412373163200969506978303333567
7163684377056401424028788022360346431341857811260426730732996977369655000616949872461285388604656364365468991258611411361705001582667126614994865285665156467371751140749040489484507932795372 2
9654370744332049884103487016783339569481544602110121275166430641207901918689023683977845005538437482325688147449244440339389558522105956514503445107259406835670432881822703709355083171317190
4194787551627403458081279552315457921015655498919356679191705605101309385287035878406438709521995016916934536691139665563537873679547147465667774090067411222562593742841707106714094959613017
9480885890179732746686389232974596139020687213934836025850585069795629769716394510518876461222136615538014873414014987848291170024275212869244565321751359839240072375034393241986621170072469
7222773653528545233590245269818539069056277023019024231812567116770037453527696508875751295325239385663285845581826247632226523913794692229004309321699981262575428297038175013581418350402068 1
5542124009000245776540905043900439356147890116925777485797772981314418903911536533616905979627766406671354369682606540618006102938441608201927428958529643640313839122542845922339441396744351

[illegible]

[illegible]

[illegible]

[illegible]

[illegible]

[illegible]

[illegible]

[illegible]

[illegible]

[illegible]

[illegible]

[illegible]

[illegible]

[illegible]

[illegible]

[illegible]

[illegible]

[illegible]

[illegible]

[illegible]

[illegible]

[illegible]

4009562433577411014174142571553172350317899491265939693677158536425702283255248832453261825581686524708854646255279539473327903909459915120009564250923460146744018708702197705303514678301425
2321146559570383196646351369162990961486577155923532079152071820003317817355650669879967888727691731154744721002116673845896576271208394890411201692726185386508311026404767004916552432111395
3822757865631266018036429291718139995864347060065156684843828886440784422793077001077806091063726951239197331406403541257332797949741875169485773318941892576978389961382732227263607108298655 78
7316320686795725356741355328617645109065152439170278155988230869592676815316552286234846560858008000143309287242219641256932291866699904323029475941671201822260752298626310758229224467689741
0352041464429098426753359718704760762953657313942463688217120676068148910431917267398891103121216208847094960210417405811257499762340477196896174898759899238522190515057632142036355366029391
7709998471753406906959301518732629633550893105915995380650166377008391838617468284986194782365153349831653118491237505355898057622163964853305304066258608588598262430637564901232881544989364
2438964018893291843129166028169713069027700787896735734942711315936267058563228389996426193612140700450237211548949841310694584020860360955127312958216033219977532331365376355105041653375218
5481896155259084459023327776122607416914741561713965425996805846020047430293824686160218767873023231515359769414253302337127583005219166692271661804582634062278154291932029345150966364155588
7274919842478478406050703315820938667450215920145244942063863773327993666758245788968619387096316793987381704608378042222062839269616513072653939745586039626448441156996221880623502662511028
2844076103741078985120912499690346176635032707447689984082888286238183646309634762101881561218585375460851591850616319184527157403334867878160220508570101378997301872007602651324548823376195
6670927514030624457941443234541130783615033215645824663134732267579135710146780701217848806921270504514336675716170129811363163161583123094227813198752840862380680111081621116046741374846928
7460315660838563013099846292008509918741279277807998773934618208302435971960470309599404368868428866691752625886100201085054675808968771773605731763634571727670982411157497630017112530366747
1627978702353464400599795777859186443654462600360558312792777514131420302938325852885545151252240647401317641270339476330679903394684459742222782379318525995385643963505583206414302803399143

[illegible]

[illegible]

[illegible]

[illegible]

[illegible]

3953937142785025344559451368078726551192365750079635726563711184116833024976936802655094469549024922039102316652601644426356175133722208317376993663344171746878172843116075503303842194446245

[illegible]

[illegible]

[illegible]

[illegible]

[illegible]

[illegible]

[illegible]

[illegible]

[illegible]

[illegible]

[illegible]

[illegible]

[illegible]

[illegible]

[illegible]

[illegible]

[illegible]

[illegible]

[illegible]

[illegible]

[illegible]

[illegible]

[illegible]

[illegible]

3755613252225785709922760635987805031415218527450473077842550618635282185968985100082207413519507304233934776696017293228703673615973977315973262485617752055048117779427335262068503208554009
4227865271481855635138064680479074708579139380569380207552051869454891892723121619768427964327518891546415683442274806629546381065381190192634678488640904455217438265846467803517293136358769
61048205701151140488845670497209316424915217442782287300507294745241142426263950143639877276144127066495242660180356039631074368846112126549576624743713056241776425735473094432739771290276120
55724469234612444049758423451055603031056638701831728629887230042686742813519628306820555772161548654413214951960935858288545514331929665646130019081273645533216018361648878432995501582391971
59161684139520267315211235314968938786551598228276109614866220699841350006900713135312327933838873824426623194354574492891949251992872182877608611767496189003668123850300177776966223172427708
7235937466439323410107077174715572177282462254996748215622444588856376261767131891992965347160518053594386385019009515535784449018281700177166960479726796924854315456062884412991372235016474
1889404215804218518960873741154119070648523874625491355535517451565088918161309904419252267534362366041747434354909281591694775024984331449788710925087336933165721781563300796106734390611468
9018204365249581795207712724342655380590924498194102804438972530491757177352041156642938370055462979151954341836825321342375334824694628576534284451419047508339078903460603345262921089101999
8745750592899804677651109486157405565709200955247101844287118778032759543241052022416392212184045054798367732457894366938742583889198044375431739290648481034555268401084896090795351757018055
1435049715626584184474192193116853877067274693613603420435320652455116852203868347347728021396211644828887807320844228455528760748005072621065972074540540336077048406421219091966532303798268
753035091210557943228321555821978796039746061046866833138121213593860613440197724885052503715137861872717103059124817105504869640066893911126645674443243593235008130084207740572610961643 6194
9700765093123366970977570378698293206377867621967727510733084826748822868492313762638307304132113289573175606313437140494880646317673327993589870328110935798220108788255323330606417865350326
23998499943179423296841298919163588649322845907937058898391511157841817228958923143379020887193933044949857584150829148300278637093157048128695675655621834140357206290526441570070364624915527
38290703723783883360201306175352586049016350867186069945717424122588025911190796195791838959139174197758340077451290188873129185132646489950142889714687923245486271859470518886861473821627537
1655606644360760769906122895072332259768700537289369506395950640308016760760362008299816568212937256915548221893826300212755964325554894073273045153115020035952124968243085699382223215441405
5325525767987763971357512643450342717936739413915332761400558593274577391077001988693434678442288028431879178065676848837157811585958697296927641722663619690284290262115317683645992842193097
4778150920898137374136947701264366381290546707525041758090279613353838477782163511631258828149077678873354506136208713640621155559058767050295571477168094663359594602583619352999510188140204
7593676711019394322366219886224648639328450683867958321352243812562100974578483861846487768545898527459676699045872692634750556075143917733982047041431400968182349271084202294031961789322678
0425593418560213867313003138925738327397969243407029367627974860000486335679214298369029559695137470078953657670264697314735498866115242433828749991531209647282276832946821088661994398101964
50646657031907991855883027821665287709459640612300082025543823563391580818801994320036418454141886415074700231253979573730090149644969649321165138913607668583615478413372610284505483029489 88
3784373561704836592233825707926082536234310206131983468296292387410144301557034000465859088714881291262420534789093098930187406576810980582492419387858965109256973479595572591695729397710407
3346354389676573393584117012654903435933719862461000598248892944119997915232576102028167800301314459341930494305628236932772108432918263111038878305683892256553812077458867658589756785558298
0431204797581790869616734294297106115822155502615428893766110699782568505178004319497740195961093176066870180487843119627658181749502738263748651023291570560094126188493844308994393936610943
1815173173067446971751289853862442980138859925794271381090586095552149508081705090737555104061687753992355049470241175121484656675971716926164988338347162940139999707176290734899321675487108
0161480729474122757066146458301452911979765802502029127525764202797920750322421445227789527922510291204894763235896854239335990615903530939166679084555154162421556545166522451133218441227265
3042855265742514289015091908204141770244808312935409149436739108056502856933786594573167829449985813343068033301258643201746604551442106899197395268317444954577712621779462622576490951376559
3343392258435046070886969502999771446157224123560219098822384425211553468647477499608540224583914573074519911494660952548625112901332130810615414676462073149421186839774442154805624032685155
27124882372227757509138732279740232080680519023367683272944103648181061119416767591151440541111839031708246476069457584206789758565902401351678065698101137913758749079718538916251807785857997 4
57948947951189967624075796731626804714390741155415410391030857267214055308807073296049040158262286740607438964407867385220307556670013322427426033195851456227628264383663120304858597051025 66
3894480674951925747689524671502274064494598677369829853374045347770802969005157258905236235727414338614208720811782105589117516874603819203598816595367349230269468738808765584456737350290201
2015483091508413317261151864401415728794307327301642460801883098420038458988642641236670457036580653883532017500210767901575607767487760026341741786830006364501732176997730737981469359501138
0946266837822762248198352886735012219403788820633328282353768958697808966375480865686910776649603189357708755702131659737064079718533204814962928831790952648193104260790331957584885646440467
1558263687279757006245382283880397106017246837403239741513773202866431117497084754173171728105238672903758367831709179337892788661242049290261905742002954189582338327958930211335024684287422
7321581742472831030640321743545274563662696652185341834171014055530622165771081330463636096383247796158425767160184431350875611688284301513424699404308336849313187750721221016341359169322127
2139063486607983371358112003759106445072597618110760275739589108598728969639132029628894271330753225034183466089855485933314411340775341259416948894750262577514315451760162861456499697519049
5288795802037612475324491989008760574500377633897456800837181489725905046601892958397142633608744607814418723060905828182744163027984177299926070422429458574924420580269911379174844978542532
0891741628372260396491193991257078072403525847075391356871780368325934458591151547825601955994985962386530697017390678451431261512825227002403406740633544832150018548653934075904535931587509
7738129762301174761539345725012016546444667696868149465860324425954964285814739921333627032533879896629829838823603133253896255061236036727276026757209209545623479056028716843357396392205238
941041919755197311256359193575088721139568817469021685657620323416955333456840002102896875123585031571460970498749275512544639529079817462321885560754091773766638863984304097167837620949377
666930291665026410476698455631922670157778283496154672754891819506583774107725811392070004232620108350516714891510063936131114834869279930238840968124085467426749841517393395006479375463906
065335974910589836663176152451742316410287462454736652065922354616965927205096131989205999134855811039553115090653906494330556771461538775730675047848551886409202858788161473385861053730395 7
7704044343984972699565342430370455357190557990727435057961532968745564922899458218167706246200098870768386612700962082898529321502600188454795120823379986050667698685518202496239706331668546
3307587216974713411498418286663969189780132935796843910981390790027835969757749532524916102054673130616938011956597454588575761687429684099804959001531301728421022140138727594266333065065547
47110966111951520469927726419246070419328165179643389781757674514355859484314248642336184387265554532565276590566580846044963073686296409408898661236982131640435307212990540054779991362017201
7793040077158814016196247148824324006768890049734682104749235097304372956670744006493953574504177161899744737697468874545752860626756144857508862231930730232376826803517516332008346907499746
32636037517415931081503005967700974394707885506602653914645339475625822220519166873958706848464866224156609355503638233880509724062715870402161915623119735865629166552384858714120449598189326
0320703058246116534674619383691056233355665688882694231638143571776916891704857744960675779567102574102999907659391127587206565254332257034457678324346658732893297345872748415249879951430704
8318177908546101946320061780170249257969209863822771370158807515346699578305433298990168734744951953532209838206660152804033924520930109114830110535874737660197669854320533213194024867221248
9699686000710536039710586611128412460889472588796259213280239577880276748808049268918007447042009826073776995325046380758936150087780765996960516932559004816994380189863976239513762337359278
1713035961515317596899181454748341160941870248298144132491431817074926541591162633187068572593704548383089074940494510179369899712269785054747554238877834550529155507154341135937400184248139
1224372224194170746715023028112286226433662392157658546843839031043079117876748334750627292773400543770115397487617813526410210564290499656908808037943222928274058905852519787736555577082024
0588985669509380104652508962221776839212173089266233641229588517309928545435092510835973904981887333937270245313808472442148646884647833803398254786495336209389574674953791449633650110739293
2411257376457931461280927705311547596401171253236759622919673891866501155757198479310884798916554226744380072994409675153608138732127288232679365967884466302014090040987160780490711816115599
5446121329791809339962239658303479605883256266724962269858075404251484711264307453181580861389668738639354820342127337259374181654247478295975522469075527709831575946926690560093937285592658
9122603924305473758945092499973427227001117226355608064081816618954370843783180029918379856868785156773512786363687751148810964092912478470279837065002735578742497945799823327671327177261838
6556993807032714430237310842403682961421686364044973178802496065015017585194251005664025767076710821619156050207331336646686685721641909772879658929488548200644335051508345243442473856644660
0918715607587482813825941782655016782433542755919882852544630668302699626417300599092063277725917386299899508488934956729803499751403182246483096419730323603804464816638743164074559213497342
460463370533554867094499543339704587117763620489217574307201226078045362854330631403059231396351238965880231136752468613056086415107673150216881589064977359203069741943122541907271089092033 9
6214604594913729509043078195484742464850538363396771708579027793691689907091591879852801915790385695078201441522278719448479406548635599425972686975991686739970078749835868335465047941903569
3588409368135930590623121434472100348869066278383581048008011645829706604659378571307750260100322554841083006009736489158540782173284377554363298047110536068188830079047225608834310673089155
8637822473668571544422569907591042301918561725639070269655320778896071432949077492366603152940481740873397417171159609987506113820383136354641959924467071064114378463661931536262787205331178
3407696668247365703992191149968752763815595475313903413051980938734727547337171174725431210627802988543733608386642795426771410958720559418501727569161064510136455355083144505758919020446107
4978905113232455789583824863869939696477747311552993859145027719700673354595799943923722869267498158850203330369009513237213742342966112654926935641080033234556837512417258750415509195413220
4560489337759402736984928529167989901841059734440977451152549689415626984326499449200261932089675280178166241928546784370199705137367730565184159461862510665623070535893949766958361445831659
5207668907588368630448229569518954094657579158315835874141154107521813162317673554473544125559079311966287871315984534415856380629850338091061536148313269210437535467135146791353553799092594
2261537116382265461266711122567342028654953019934485724431653922240163196564451817021329817742899749134763683690246892182598523399970584203924118010693541311208107753834229657730570624187016
3629658101046232820307430240742228880666644804788056755893677056837961174923860134450295376200824952545080767981469232150368445019827753149610798173144606525654465005599494561814078766309070
9223404448209783654012853376716444233301252613674450594499046710210542521267567840560020159820965711063382779357213729508028812253741869818970424414947444604950800900535676730937982023003956 8
7537924592026604343813079794618764566797053205264245059699657343479870888676283171197718829084072026870086026962898282852316065957723621959349910625475617951155584336984913228419895558365919
5629272143602473394619925790628784422163413586087459940136319493815775413117129863604425777829302468834865834103744839385398653962663889458598290856538726838881986293175994400797279932950093
5215368755977364935895379990983940712779884135609372071010331170462045941759543915933252517754617703398607235472756833317933548290658800957472801585957959210903256760704100436321658385788254
1150178972931918305292831245220866813878703494106920477422744027832914761558964557977505294245389073208826023242945583203312352971635409383906523340701107948604484051080330377016123916335610
0157339960650210068114267337287943860004668469065477380564223092752631015279163099640178459502530283766896969882155934700202619966459861585600826109845531375754717800318052603928384016431906
45856293159048876351889587123435171997640126771429538589148355068327806135743277279006923855704269925131024052461260721430037546449699292280757790317866391655098915636441104819011217616346 76
2620191628886658982375990505682284306720435609002876714743064995067926581710890635928940109217761141410863641752094183084271459995954576906131848167667468457107139527515017837323453573119085
11800418474137412622775779053159757046277888945929171543746009928326475734655009145460722900938986088939049297068087987847176630882032082193486793344735114542264424846150775824152409553427 42
5625324775071027871179506993416406304203324322861705014270825825101284087812209769107346889128453074736627672735979055792645390724760677010794165670303373354800691440852880378059396834923956
258014776605909444115464108533348154131029719774033429433546346388554529912798539999745031540902789013938309675661623233307587512578710381053129831146148083039372968045556407856958718231506
40636811086939364781932649445508579772408806618882953851756856822414381419074974972206690919269603826534210285692911676293894346102049338954192883929172057561139221589846087988208889676524204
38671100855962462668276154447310817971176283134053915559808708093941597775633082334929695086534870261515806857886253491660606753529187208382718586143560350907902521471145559994213236894493548
7024309053092593655859871202673388267045152866582490719011313102408802372602801153573011140244645541135433956513006593430223157977679716736032981521336548772705198972898818859710563662801012
21405353778865187949445426261713821577023248451755508377471496116117606551540694934223868409632789006157833407329279315992246584910432714805564414486599093409296951928070213289550414923205 99
36442757711534108571344765317242882727630890951623728625140525808288599689815008103247444313069864441780318969919582909744096995504161196273067884461336574878234640493467736052953268304060128
4489571874555445467555421028155774922640454559850660969843927231565419607359668527716465358556270698292603168311265583283449424048182690464800580264331889458019440687716940938347621722291848
5819857450868416826084803329282786728439456299998625271858070554436021559439314587218748225397392482006928267319764631525179682486415268551047147734502512775571209681825360545213566681922458
93140837582045649916094303955671365590562123274916924263185318807790413180472215996819415062402077933868917879383654118419047940989465187990046572865734874590858357267907451128792073767394 22
83470229775707119722724728071377881879982555353423132112033487005243404250347528829629934926920726583144652142403759933490764021452789958316414254017657382156652701562863281317046600271984 94
3397307300707527859014540189198968891354551494055062826751240166092634033540350527143856023760028380133000878011811358809130426075665969806957028909073732409799092578230021791299093605719682 3
7741974438491508783218159840684588365127964330489530704401776735231578314861437221828580325904405568382478931323194621837405055323986281432556052880877404223368680612511782652968332271896053
0987002977143738411961809995273957779121587898543654477225652072522633875035028104234074531814983036743083977140726279848691986271440669224433699348709031150500586816557277305387213839093061
23769966176274272083177396184477606174433756933793535064259018741864416482112141850716358412608667298037649833391681366686176507224442838599344360162630288711558270631013106243714073519276557
49832927457456479680600358771933522009609004269039302082785672463087597837441870581385948389490920520625876890265531876942178908989100311011781968672395373310783957758756026866745401498416 16
0818707372583730195692728073795394111372373102959506121052384716460452898087842607026275873690646435935806128239653796439209248189165286470420371780660374236643087363084865786110486407655348
53454081035038678888353496069424246184921587983336637282332861577873530572805099509719792542837188509655676809625117836655496067613099832170462846845494388275517088293212514543894187875757 42
8649631347637547284121403990381880949472692426677310890861327556817551485946733614981922537573637915359389422420860190242153515940559133951756357454428401231747760358875561801474252780517069
1044733735054617415400315121884603268892230400200394397014439649233422444788511666317393086095163420358383917766786041405121336986325847747989886986542437254751453832118654532066308173978912
7791257358932381887303156016797274752293990623179101101968713933754019063407251758374658721307421232661921910820141208696215479863332845055243036474844739263202254068961312211039423209022068
0930017264014062104593917752632350522693384256907635600872009359045995399746662237583269017541465892680794077729170297891750445994678153880976205460582333240773953843313410276165166767996642
48989790731333559175156310494837176654242873820571760179324623958208095495849057703187265081472930683129749303139220280567599663331623224545810546028251019822856118837903237104035318656155 55
79914165983963376686059625061525627006954224089434208126134702596051547932851471199202146368795932447128780403655421175340645831157959680765999150162298477162809683370165163790289992399625 08
2752853009539628856844956879529793926547121685510486345792714479627627298497782358185897433663053508827700604877189892588590353629669100147085227236260833141651266957017262545828774646064535
3617155564424054177475950239694151107032135819973216225355758043990209567830483384056329940560675403681096431971670006750435221052176820559094251151166336779602844841273276047677550166332267
2667403897246605661565945514422751131068930877531206613289791303332629378807716745194769606735877671003204087388965296623953693001484438776622350706910014101103007804712578497587069156640151
0115279811486366396649905877842157078852183093857350069826093975861198366439683230111770639547756719965486349932003863764217315718687043648257823825932842078781140771768766681632934588398784
0413334021761181384786165352566212946543394116559674349301541729505110559716418653317166993678638567425249312797980801143339103061208540682945689490017882391512645274936880606746034010947727
7504591526483225803103941921160223651596176972519714863933122913193740212040139833784852436708086145211187050364483602670771930108963981884423368677328180784024042734744512736607125096438010
1994573372507583499936524383462822313120354307597445078200316114178105323687294314031196022862038088485326269641150645903360920051331734277891388185112684931957350431679884955929649176215487
08348357390226726896387827481145794316489697656787616236376233313928083098097887204560626526019091703729806076675069855473347964301798681867951785586531789944820682349531078322853241842156 52
42033953805124419465601900628786912179460498937245033036572195538825931872606974275656926619571651380859445444022510956721399456595024164720206199691538656886592559272507146757849477583513734
69970020891772920106356434852586266470505626223954649764472415175424791624620795415086698927424615167520134119685067023571253609131952160490145550946312317198759434405431562926280780507937 00
40160989080744718676261288202911593501304281563106289290547544066886792685680471265562215227712367862358885819766861360440058557755455391197110297908537672024213052260991127562317422879954769
08513103057248965280107307727931166314601864625711288473972737715908421212386848191066365550273456565686182221408943494730705997950009733036374543950211999617115432052420907562724120171928 46
17017118630504375604894152150392413097014929853908924257927613950033930287639122295212609091267749857674513489246603375177773378346810413553489092595536653829750010647927277663584419269319 31
9795908085230569409704436044728288097469645656334810538237785319940381152471519431906799206570285629932915437328839857108524077009804150191683966335637324955645247684981036618030719822900163
2140082403009200568447200413863937998983433504975167605947890334334529839925305773036450529852232005369094641561581055370309566459645236172613291940503284936917089676675445488376677163913619
91665722625546789100203073540765283668626838312380817863158916555243355887767935797661340805968939112627930020484141607022165311371295073794180400807129457774348248539600903794404952008885 51
40771271391750758703340772171023208995495592360252427581393847727558220827551257805297689764532981295300760204620051867672573899825211098689024113638194722579846609908591302626937905665440 44
30267094767619623132414091918731916675283511219550561052232547791277985917144488626785200643752910462604072911420096421770189434838783692004825097203126159614101341247020401764513105220629 40
89744760705829202098282456111753423889531471135852626727723474369215903697910503090102867995442169035105798301729868857915148792747652569046661879084195951100510753568300067831670779220679 12
57733860950985038324580877178727810051103627932229110844475548542714875207913982139101987239390589421052617338780984294649630009832462630038090663144263815321082375193165076649640179993051 03
86820603492545882974066367417197287564544271077539635151148409709240594086473341999165210298196816742469113766118289816372647758830993076151618573536698681163478997017218080614597760951289 98
22933229221566812122307045063408408217640993974563503478594726180478455301322718640624215124030019055239842476693283524949312329516740544712420979488631166502154667101279507503302025580130 17
38111180550918872100591313268212265974642885716115470597799720462133292364279383798375529927912937629305853058119064481072832154144726996444582772963887827844087042212542165029578273689815456
39223924317690973673534309657529369125166985189911312286892161774945395884726361479861377453379869511331688611114823145893182715663418783853205612889527397903016267441601018451184879361585988
0659986733879956091789110029252186565251625035555275214766398086562833753426731912078015930498866486272694083839509944053451203670884846196810054141277492488643652657070014078082785761604850
1218024568943657465181483660980103628386494914434452673921104916357178311286854855284312179170989317480749517371251620971582696160348854579775846223228181225218485967857528906556488871238422
95108464393337051937024813416640106214623265443382810070507651629967019242495170973988386666995317692262911688242115960166226183139849635868324320799533914122323927239113539942099627446966 22
4969398689088610665359829837412938829370195985769349635595452407952897842364522203156823119421160712359358728470490072464795428158265544481218762408337504622554554919847659639386865171552855
294742610275815814241902475299356062089729811843820390366253272660586134959309711319479759637847359569472794519533638681432675237566073006933380219537320373696598091597240168340655705866164 0
0505446088779327248703160656542433953700589249545197215405798325526846106106589503389138139774738740606759361723509503741495996616685386621486360387381744485102246002952061014844594866494720
310207789527751104192028353453331802921878466216720340291272832628709538887567120150951621832545832604952825233536909369561386286806725905548266025181304918966520033125897639290883488752708 9
542912488820176805768016237704034441714087245449364193730844327804863077616459450859212877916652548595125668521968123780996455857333905892265477195134563897429152250830115282517762403250259 9
5827551845766103283940529294663782355717146772106332443448068324900217745508856506508336385288251540660879894696529947362117121873711748327208399481543547588931041579562527227111900070149197
9192669526659370767039057890355748925185086631759236203740897389556534605142488257444923941732062769631827566633471200634108741145393049899034654489737141826575848041393719427795565395120191
559779401026010313019024441909427908568002280941124758759046864287786914329408816840662356462052927362605135167509486252614016749183909472296199578529971254503219188836989606505046967589952 8
666191861435685630545394160553489581313510744700372851291216995452003717676306277560887042363165718401330397216873420382114847172141386325974008433415202318810960224280389932120653610516232 6
891049813745973768753285866502535497544957125993454550484370421802684269085640619238758141922429885751091625563549715119022334219835372600915907312342298864482184120123968438050980230008006 8
083990652334029151532426725766388074073795701778389727676082556987994373500885669569901999076876226121650548322186119578783756542327349378964994708342902226031880694043498583937119246396616
954186209133025614850183681945010861345090284419811301829874518493444229607227290409611391289765152247015201122386788952705944954480839342277028049563616273831451409978605634389543625715568
896824557457745984759529642565251261486849110975063582321434704215331295010899450222738053139099867778914131282261900554794555585206504957517890145507805994147206531379763121434325506284439
883841853415331324782707124188646404573034823096307307588825184675987427920647736197942425716702781800170263324125051260880974180435395180190179567593070014780825909059491294788780282888659 6
7140007430727894759035794502334233150589390469871277303107860399242847695662825573785657396285660105561522670919047829601700385121358272353926483246805897161624434868725176227690189840872045
4887426653442965278934001928877577110035199822844238267399311431335990892362002975881138704836518440488160701933634418353500886799764029602261962934879322300665050702629766351218974450871140
2759657796914382586986697965553096649740691230397813600518383065457506095817280752820132446927827904634068587468521436143169734968615258869713155535617150347651470005364306960833031687385230
1327095003969250371106284900946876845687599079286536814378698210935147272127254094946431533050468646886852101086394888874229470874162487108381593817108223478932794213590757218218431760241507
604591286143347689632331531672153824192937882214454451355344011911287842145143441836019303944232577505287723153193675479088287509838617258581706218325215892125116553300078424036938002760084 4
815736070410109467024958134137750990935976004312692162059933989949347217625583902763185295596454061252317763522806559369000493055093370744812899329832866891753174297205507893126757885291520 5
610681979865374759475090661473622073556143585465653781043827507958060375554996795713825974763309916110549901330897826952268842098982459190835534210509810548276272176551275222238064277626270 9
0663882928914519841888124743399625511269829784366545966174844397200032415685981252914890455934637179654229157493287018102646637761428676227978538375202869304917838085062565600735337672595033
4033038071746165149109682712824871136843551208079884844968686580391772182893473722712933096838634007518589137885177969418665357271942082074044604955367160267749334527147845903474662313673283
6640848291837982538523694822519256060033818434931228422623784341803299429876377005801379991183767747426938388026672968812441563815796810720556155640781529311913211499731243629793342160338473
636685622981631245172095464874968625684340784556298846977229330829244667653422666055775049172008398383137956560198172149036937110855907180504563140474347685876014644974378607016259252949653 7
203861655020029025280143428795299732269257253308023207361579081495937596133027764679767665503730588678097836341878663336941526998650239124792230981115893852572494692112277421566013616068786 0
2697904576781666743707308257061553230252787816310710327378941368836196524744851496039432312912338567902469532482119306529374433761207817755373921929912838593490908154457626222168495185813075
2434896949401072926873897524771759724507491723988811015663695176725939282224252335858961127577645825015428418218412280337406204688006788872885900633337582291075150583794233865324487359727998
546050565735825490500292138185969672205538270467155589075948938707103149299059396811854632299218172518534087188252608720822345181388884188292490933217174993873578230010049060644241460912790 8
2553564139382350416489168601092174860904399141987506832365654921542793475312950231460132162871984108988262313060953135237658021291313649363013837882010056857198797273832043581189351327497985
2975956346329787366484549405495656300250540980145694110112881435018175847609929493525491048693181570634599584848948559321030915160896649124002219862288363760646523710313499475623576139307859
2804901153940823140116059771201620670716151569976028443421171573326807221050932203073739254773883841868160094734341595555778553017426888204944571785449255700445320217168830432586254444988876
4920132076567657488031976585987648612289432896443061672936072409145088880522461927387228910534229427891212794934104355844786477649587265133680013087476728080157927805839780003257589848460193
911403543256221364773743562535784805095056428969563434815135564710795895847275074588254386025957647600684600767481410444453280093145685610620555782307515666002809593107761741349710283830156 2
655074942401006943266663556902403590786851179674062198415913420257355025999060050522320242773065593263376918946493490292632227268249158261273935870605542354333479134481055005126375978890064 6
463372290882862412705063216897195965986816643188171611592680557293215644332519510071824715921493012821538957515741394266110233077204287173351068190997152278369435262708854498612677874967987 9
122410358441305830746986130559190663777757152506651330142900194488353291671522660232421843370792517321343012813013305657263114262098388934394263679775315433371085885879090258570919662024989 3
619690187440765209926728129425216203933078811738777832370905348246683592787090713750723811824271319127863782682532520775131700547256652207158947469350366593491744167274943026817897245539540 0
735939365423039583144109090351438182580810215175174195641012013745867566748668820579258078097875425137962973032040493292566587272567135908953423448988034828339660850638268154867663540042999 9
082978963482098271184855892657040793253324730507028433203661606832940257641315907416121734441729398593204199380986509341608230302410296151918042988897807953449502595648920576411615053563954 9
3065457140380237720830645838060428117875203570948082523355572626154247783128094325614091263225394474035903475926223465399831319144034987240312746388025531034306093860392582550869409333517431
2577872668082688214119119556580755688365975950686145215440333589769164854134603091542600564748101439210897413037003040128268762980183272847910311266629350571738121677803226260321980399573334
6900865439484577188251252232786409968320429021692792205705123959338713070825955600921088321655909000215485287521717289640145419696320889468444885513486528280386535214000335934928685274669407
2571746591846294470625705495750667647762583762848994477897549606958017626661763057351017342017697584470758430405011834605121854498781331026120877197622721495755447166147381501024823184502524
039501715923615920674962327486929727506987914947948780596042016047872810531592507898402087795221864094783325091646020671468438065401692346113737455736189340370693604926627748267783687160294 4
2940241086324500405971546832523167838013961670390630172246694200898992896974609516792807787746881360265786676949230934982551991418672205856159802881604792498767581049071475787389225504673251
8619427208498558976246902501202387297576681984063872555675159109668407739702617658677379705048962969788382116796503562085905940770127944598944642407831819284097281948190666216299505825848023
3359648746848446873740779527934083530003119750825150591147159477551838831426422646551168674220979316181770169756155337642785243956125141226419708500476231132660450934859807034511275560617466
9878752200518749933386377339658524564378143981544222192671809404683424082827281978766200989346336470391583042832032071444560857979512640471174641355652641338725733404791798503258225661776023
7507739021916783845967418588254883806476233753472009620115891670126881999504136699306110575159335425191389156761623185710938242779066176665798659570960040153120590753271377705241944772272917
601113064585501007120145306650761672294269263278392747863103389595318094064630563066944614707864045253970704364315173379114673317123714596310436870136305732430570125241927653159120652602697 8
184944248902175080949553314939134966042476331399352802879420486896800145966076627777889730835927011665214118525168517400049612315524772660902625933826822118293685328416685996483388900653201 0
2118689849747619241473030636070750817282867301383927217789955631080695876744921661343074620897474773424800223200754630249940096410410186119527469131292676847623422230600940752971298259650658
5594528712780928085474962624374933222892847340416488328927359454252378321986821909298512636194908485432790595350878495704065652767800390593169809609922350084266438499417574398942595157103482
02090591968736057647558746746993964537068620325932000226513848739253925188596562448666240597447868423044551141125078220830146628145938375196134674516014007505723884568834038668030211817940155
8840618432795839558931589599830068202288796917375167407122156362236251220255372875621862253310468276057804420784630998359638500239948500294159997557266225942329452026123742676086482004876828

[illegible]

[illegible]

[illegible]

[illegible]

[illegible]

[illegible]

[illegible]

[illegible]

[illegible]

[illegible]

[illegible]

[illegible]

[illegible]

[illegible]

[illegible]

- 512 -

[illegible]

[illegible]

[illegible]

[illegible]

78675076564097565988786064741261434902961032404115001186603592152277169780772671153184730570744433237001650593793600689445764065094735635624710537162449382828416550830521115173065088852282909
86656330852056972548163659731211840793517736867141277236524401474721988623057410498239758358342272045725166004540176802058503189720487478760825039217161694065163236374363426456220749743766 01
19610322653930998882319214609532557719855418317377506969682004945875919203341084010284871129673493228112384290698325427306036086607097075715813991782607384449923070737034777858717705 2
1743880880114270947143812072481887197900737289869354223602881631489039335302903590932475702439094664812825531690051163391868320102692835591952865150540007214448870669313509145372773 36
968325605061978556780384645109390450111502573286214196226045888169289464918473035563979279871585105052858760880619433061731682519154990650577680361910078835221675138036304396364437741
66900843800548077064072832177361168370154571069444548657001745510332154220771102203182455810882903931132969754252348709651481568351826682542257529181058524222476505763120043420810726 41
9177940926582345080332302777004795595257259145943062091358017658020895523844732019143042305995617752184617907315980105201968873711953003229645027581890911124921433650241448243660422 40
84618121040912014758557271099683744395589957799352151406149601494464299638623724773325653258247650224314649952038228193194807903414801780667013346055060798577535725137127803847228742 2
22392666322926015332273356311111919711893036518842211241067644598013031309162787898246512637967241521491021503449879714483264479585223004702463366004960003533755436877609385951406951 64
12299476836205552969960696949733632674405448053145548223968355087382807078485653000265565511754229852202604335397912407245118354996481299778131723592067710191404095825925083224620443 3
36075556367690847536355108940330998975099926146233302335876478087790695183666768322691112333928469141520346872376826917449775620448319711084023494627105560903083344402541486957472008 2
88600620056419714961115540040510308972094016346520738793748857453890122644841981555744342919286688090744956826558210297766154108420601225190679383906857048907126528752016625417901883 0

[illegible]

[illegible]

[illegible]

[illegible]

[illegible]

5065845459670793183430781726548660771915128832046729647466736202814931120066545080830839495062236395118752984207989172058099837721964917363614583701128550897108043654183666145122238933246102
5733355528389270226605745098401808999282940662577321572999178786116389424277321975722806647050493430774107310632068112671695513603501782971171301549648095736003901873756170663412502876287001
8337614493648716550043420979863920246835709023369375884973441073814709691980080153018746488669844948629641688172111672179397401637728471098972028360354534084051269426988003208511162620664642
6242779896139878911204659917407839983064148769184609585495340564772850843805651315171964301847187947040303077919503740768130654930484370758368163687184270787483764924996879350473617078774804
5393852482087059442775510477460622506261040723682617369872879889690698925629758435466171725116940387357808609961700991594515006353466764885713374270625299630864525714815917209393631604797150
2740864949005460340848659335565672595152398638775453295556013589373248334487223117751817191181428803603139150730465549929644512292843132823636464478066609878501422867392952747990398235356430
1038520595268459033545725426194782752875993314270081508112050824717860996005818336099673578615044315813887573709720941719691716875829558625702099132758106108440795836823321872221458097803323
2752149338868113590614880710728465309778401548053758861854529687841548533002162958648308172247852508412654675265872141172140228605289108852163864664540608710495506756227100993180631094282045
9470077719581878604356618506230565489732857729602742769039128815087758975386816050708391528812780510117053506463624653498669177829319673915108427215005900363427366055314165106650855318932256
5650754697583193350698881804663613870326517243699684605960271922509976557029940036013414309397442170083528680908248932169810044963497857296926471585892346282513388097527200509115560637380737
1460082605657664900151131379229019178704709474587980185993890297324132676261459446024099051731050423437918011797315260549623198344958863178235453589192228148811813331994331194608161218685755
8561157735010622120710767662746753551735864626908625458663452125220633688138022907865610117718422470541923481900377334954365948952606812274826756417759626414610273011204636529246760482557779
18349891421028033040937719995663882878087263839216846717645050471130907711575060783748284887142529671821445765510820978621161439045642529121333794158242368336946538795932700704614920135460063
8665187081623557092170322710538925357211639129662306857664485113253452372544334507991555929142522359699542897199819396166808884725900147943145307861721853727880364389244436881613589192247371
45937689609924974292364943867654050230539184765425658967537071049856225078950642476424755004798046672074947422272335054353414921268866456968105026055287497239126225362516197952189889752189656
03226909998678028213868143154975613901449416031905455138513452483008631284514494519974262896536753067303615212409146187286345104738979378126774066228436798222433960548821061582206496057986106
5932466268126506701853950616410615061171926270985562493366974783428723117969981223529723150055623214273401998073578233273622462486470355949983833203120558348859536870191220265016887430714349
8249198036547995252176844118037871225035446663782408330515558718672710964272260331138169179683729174292707764944217056337346344713793210638151295733465441957322311404746500749063424356236050
6303555214921679417930356479825420225773197686240891782525176363076398681927611677390248980186854498810835740568251066961719691035482067700760933290634156231271016164007629470771983763455694
0351596232920161225918174572980304082786782052903624683122266925872259110135894175938706761012742978505377563855349745483654472164410780310772350513329837708433030564676974422201319906490179
1357379133274669058842301480061718244732555459590990526471239865522189798020693948461871790207314034863642176090765536264986755936317080973749157764287517795461833784562762185623895365518720
57772458748257923226570733568606776148191730283029749594939250008010670137874047895068457525600823722251494721214178851605657532331199888747667422954574671367992849596604792831171249310581643
38440180862724164701328070394634344559043346548178151352301362587218527604255781706281743009922462763342457092322758560042063887493077220035354633711311237882888091339149894142160742074075 42
3634963304572851247513449538615755428016249203416952117565112508521064511481495433451570838070274329716375883152525460929771995727570580916294404505853085894515360474959509616076037334005871
5433315853449261243071524685424981451608257762541309332157743158618988587984248264775901305432413045029574381789522070338700484240623063172966011355334988354353962877788827174149013188433404 1
8609109117392490326465351918210134114914319420308691045010470060052747274578452869947624751953837875386487289194372850686952795676372553997009427241667946657046308414745802623459674462200094
6364520690796087491733773648100917973534490569375692681596877020393125688625872601331679070947759811130725193779751912516791644104136656119842133287725753307252752887442636013874768465484904
1317000860426868799701598844296465733601377244026581321933019648627759402405523251168197518412798525899918560271779286771471003952330027835993399398289910980883633147042238862662766227663791
3565712730796680566245475012821453207610401978811821234060798622605765068924230822906003371757123120615885368143464987353872484410532548375503698589274934514411474609192062221306086810027968
1419640861202890146231186572500923220497228394113017875283882256868359892812140307698962470674698848946371262696978212718234831226401949986379399564263335924857137987376279514049470149184693
2149422894579057967163413226032476339486241141176779627597452909353690148966034800458617550666945099966669345540580409216616358014227043000946584749538950871772545643412561830302226153291643
3131190130994915588956659320443884633045581650755379082514353724275677676363226772347519461825887094357766559648785336308667899155242818190335329187044481189423018405587065565824223486033169
6403551902289334061602121755734282041146463262128931416374742584820402174141107213268771015522193413515783197069939439179468563967481728366956266380037266351412289053415438415864798195204522
5632250314117898598321088493321226137823556754621582172927780302044481679191685224688075335814194854970967420982593023352884885386715588550974756329207215438981137751731619135133791191558025
7922016656055085438526902406784121605547325204758767068428270175433795181483926625480001236771038878801788081431263684429575482251060836447423139803245785651181189440031534353111519916256032
0661499360499558101760441446331895766933606978960232125494864462261053690349461819149800187373299722792321765081054713499757908241889054217264538998708992057144363290502751664043652203994547
41767825428684852363422113365359701097804737779222719963082864727940139825443252797998534076490996032270334319263551612605647587527765644978240721795698010308085783876424914604309682990965
6572960226983635794073505978513595204171016927876802267343641021104311279554748486016907283950805348741591939070744073649608377816757874589739865483193064554776942197443907917761778297699459
7356511472245528079968470344169715078222147668837942704765489396839196193547916596852374478134095557787640315218356301604688829964866923715002249409717187416795109691288805977795646764258280
82834383578622968149994713191876336112526548620529082302313961190588517944644436805586126624560797007998613721368861179729078508315629289435199229171163662451917854231364810166664153165818415
1966842109548156617414989795645088767817663785087224322872187054946982906022445101827917920691622503085318948137163570265543136799768359276502067666091712300161255234327886125435823134041098
43126460714405280104722266017102790219703264500951689834660981384076442192041117967553581023579710813294590333718406298882367911711151886536479376108951159194462053870635312459737274865761043
1488082271273248191713161621353396120498384937814989152397676668160141706293757396893699606041171035526900150880069679828334981212898927605389511880947499195688468478338944264073309041791351
69426817843802675425220251307684980505714239372499035046897003412988672898128945835583498635385910764860750828333444142586303929942089786747934403706058462858746827619866799343329429276495080
50661977754130359541377864373001832170561725823303568577249950488585882973233328693145891894378928987868390716372488175567556846746981763054256268752853617159331008864067995931367727023863782
6655519902435383152174587974202480171447652538201202610424392833241090544066447568402897091847592165011100748944553899961583931599691009733422891474330169717014653203137733918871490479486058
2443452107026203719696858628279407341167287359725634596711490607606481437170291485412603553478761303574470611755272002799292406210749450641072617661266939503195499196384313365087621709137242
8166494410056688775468265144007644085354767622757589016765016010882985503823687342964725080369546554409001205172606512474451393709895712405226125830690882658193145703022243010380879240568026
3750501214984850701256297789765253149097778076900258856863738662830972618174520437336056514710268675464288752075134308126664292503725286396044834119069144613472608156980474812051874168789097
7890672039241671922063637075583157589188888644775286794290935956343055438514045987350025162064473902580164408167779744066834223258951473764120920693710203256586660350997677237654839791974860
2583190990313901052724182794015188438181363490487688023433984785733232107348590497022037340042557071418037956467068694269288552893697399020679883376817070205269550299300963960074176940832164
4863583480242505162441253085134590471307782097383754651984877255884108363002865010863402214247861970360915901341063766468803818547202322346412061682791011339773107759711274573659179458678881
5754528073316019808069218479506538843111582272892615417742973187850506264434161807702029357826348727052732364000871424452999731425531022571813422445177764595449290371527909858133069033871692
2180027513448272786913211814439235099084853424677837022945355947709557812086391227706376011896057032060678069688661307795810614476599465719768560260565710902674169283341918633371055375345111
6691978507264597527349293315587546864573019119732195459708197613629063756311790032121647511129907075323686184540558047537322159635418347526574944501102552666572092969091285708942244451260028
58091275691185531111335982287629321660578304207389784625157370843790797699174269786598833647615912801515810017197301992881265677348331605978776835855230848478387354004608108872831834838887322
53021269128826855529134004513432132773002848939541719039932373394281419924102367406452259283746128490931409380800060075866095274963152036047482131898826811714801914849438178625253048028941589
8577688461066710431615334663565913310793150156570800113705607557956304227505727518078703845041297133337127938837205493757650114842267209627698980691774347876622062973170086988769345826281071
7588334788820516635872284250848165741299071179650421029823699247406923882067951295179273555462928164593801171087858113354725834315088655415891748689185739389828187491362069684645172977609818
8900267237436356307530413630448710635612643386027325104591986090788880666807569057392847968401740965740214038540622499205750287374496677663665087099413522752503173334676815603350836231957613
3646833182209360803356242342550949328066734181791823281745365503057526912399319676560637601935838136263915314382010662061570714643322737562785803388145478274848904776291836322094422176186089
2939474311561179898881116779466333535334030805388670817443640774597730493887893846798393234234834537826130715713460417767685944229553173069474400512357698253405406011723990673721325136063977
4404419735017067083225525056860400752323568815694174003919360555207833709347291642921716368759738833195353792996273138858136217673014573933895509970795490128472439916286490939795731743918902
1030320333823413887004920945401541966350004359879583178863928464338622683450500864573946239325928410257046688228152740807631390501909052283318634901862433292246019771608765821507859114277789
6558712321217451902588309061779211691703410107492797428190319966132753107807216443781196146429188199453089352407164126067968505229071201012299483947889852426012621375183275849675712108651629
1371713799907531395019957935795262039684962715476633966010018636156629312233762178809547819988092056066322421302036031936133474162842547047553372584388262375385787189851879555913704032517703
5827185180396740258554025724585969160725603757863246274009344829325711209305513266763429048479642755669559845054152817604742485072834503448354807185342673247089759089315236318745482334986384
9490061560468895663481334811220388818509811638508435638894990744498196988165833875914432704062423670347896670301347715298711812710994464219610229309274235319429738415655907471047421701205252
4734293631217499212963067161325677808048191425017442000942129879334782525384020184561287590279614877275772931335342894119731042180798216612844813913237949936238642574513085093088838816086519
1281370386523229688447964924699973666251732465028129386501703342117125643352840329900901373637782473014152803999951011204025035160270079903060020664187443139130073072918668303700044219377132
9660830596507774025011736099007961234823363806594687943030727622016920434512772788991152581938294801129221972870965653815220532128765665477375337600893189833844313141257266551727213532775757
3963652598093271559759080976255432664109138723302081737186726309221033441476859067881751078487654984231916378606986859191263347460085692429112667259478298237443857081467670438752783083192033
9591162147698634994954163345341894389033204669126954547832587546187719031954090473838748377605203886599300269827053137257577056546453940736231892982401415728213762508645369551456049283621312
4411892803493245364729904528756680673951030581470032202352766471275948957284840667961041258390756757941739635024175537985649880052610370141532525260874838864475411099739812609289486836576045
1551352237980078464430385240953685725889728877780475755786707472061203504266721804152903849735566811223767809185595920855556713798662372262601309251427825963503410693527462357078018825119755
4610213516392389501354696032737293632738965935671130175365879352386171995619105915047320408610383961837922061394469096135164635211741824944229023872663002160327740172591758953511713815706951
1939830457456019119133760229821863178144143521087721730742790671557030546087116838572565872325247016414298294063965159578458670576565130879396748338670165128475191634430697045656394929061958
5713888914854148127226499052932981002088618703941865966426608946642785909558107995520332175574670416710155812545328889213437291059202259537493171782870932736782900266206223770440327591825354
9173704269718817074442350501713561152825101711699546352543429411287328318155418539814287501162016378025749352179148345774709610220148321541460149659177013010294495798320187153184667883891400
9147994161835460834224361152946604664365630738701987766154847818788652679453628873302029426821798746607008876893295295127194316620436282640475379865858613347117859893740689001209180578654261
3940448028569422779243687954452849142124918603351665125730803308679004792051387333137375605412186570069650602073843100119006855380843864334554344064085203463901198067691859836666801871554689
9673809280136133268232674770425137108912123203155132858138282946113489601454143819675960128870491376216307518965390485602948142698813845127523549025371514613505885109950878325978665902668577
3575432567082894862846497407633016473142678083927214004185687529483218878379714748826125607289319409355833291691008462579225326168780238232678750632434973873997212777325052145158776163660720
3445508720702778285014038712663825359572872452871394453651565605652639606904671974769060854420770966069625068682238098543551482246772636862462877061544612275368490664953104073888899084311002 8
7668684552867498431472877743663898068635825206493825851109148095839362404416027745535897997424519546406662166343240948836312945389134068905251283801957478081553869902439179817008634593160861
1375880711930390270863526439206330854696556606878521206734335953503668726207452382298785784725770389119424102164192365353539410130518587569395363513445507239820285561027394847692637702245112
1039154483408551848786284643826702127326432439917086633117778313421925168026901775692937280081066298376358620036479706853298185384073444000407988273259495567009937465271295380127736168684246
2497161033781860616988512810233194409493899870543641347074502918652675765464056287218545264721687038053341048193697728596313800576274038630169175545877789885428820697510071222827870944499673
7945877317943723841476287422027045349492999321737775238592993369158819954356736929569380422533525925087642389219703374811829559970477233126481284058011900911586448867215749885379235935545836
7803669079529097436164271790655184680876477590002995307100343140730925613326270331786826734658516154693070434595476974873680900666808043144527837804380427831822495203285689802196899900186449
0448665418338818785954196264010018743525993052703149658565462748418359660734411984986790406748161914377223822184679143434641482574461187260716674288493848996422689967349572364084947567239520
3666063018551887923307687391295231841140305791684807567332554677236004618756323177821939365138476999316266696182757204654198234102815441557913741706864789868389008244705327735726956931020900
8483424569944291486430889628312794145235275233359192942801289049799403374324750942452485964242402033044680274086765135370677598685847066149987701981881883486283239392310870122733109484172309
3180173537472127097584091644626085242036241974289696639657306352123791976999839426455705595214547431943144408707985489215309670822508052687271877058071233044334897077902946913474735827880594
7918836256385370863834667106893757431008202882553064437233210534269892917628109301700756202374887117382912776482481787385850265958417531768517493865548222254319048444492339831911960883305107
7357056489719352721534505564502152894779968786135234233841649103378167432994624778192599078639735973994725995233503505125998176712745694762343900540121540828694294627210229664350764185374063
5207868384062793971751987180887726091715150203691554130481905722612253041868766232905544741276226340443159686822321787639574364085174719339729781852902473225084974927072607093047181368755294
4697298921153924583062412250670219864155398336533626179287832501008533230166424897934629131440221697843911371441245798833457390867193355824989892626468135990649462570067825682689971052565618
6931091603931318255627230861591917930233957975748578792800323211243604651548322772114673177239441588363964756214860783432295548215526160432141852965893569448926408071528600146022738302373352
1668345148139822964002581185830739805504626945546936999007574894414999626222527610742664851777248459719326227421386974544538479173727295887577712953314764361805511022692073404537912052084361
8635560530716629939136300567438203072211434611568431188279837686740255132291653328799755632158992475217588415334876844406395706214320658998499350121331676942457655927000509651763780269620284
4178703936369727844464685106689199002379811751470088431367490819988579109874564830718775980191497516916363579103551318451347410494366338215736954907651993119735152921863406483998524487825367
5794687290139665026143277074376196140971163167396040108501955142467685587557899477510090987574695199936355343975411672345031266442088336802517557567554962929553408100039257006761502366429640
7656526598791489445112872485364926693563035604343899187488573438188116858685281245780524837385868088621550772871982902642053277900077016627727247469572979737104118636452135411896585426126759
2017929347685302015860881579582783944369885016032132797622413556449087264562343064894363066852224286183992094958756932609815495698157653472603673577774347848900250463819484751403965279349285
7942036807120724432362924600432195078743534389286978226160011757047285348064867980952493437160821720626477098953415439486570010015500948967873786216712665239559130117334999987365776257439193
51196548505181250674990765891479399065943322419257839416582115030625391908318620217111844517122678542613190963715850688312686849464294175175237973953432234520234400599027642471510061455056139
0718647660861529356659471917132711058726318335199237046288056038369916953699171551027477761188064208414268283877236446698327373485386137527978392754342341304334326679045784572991451098545062
6751845063148416733394650349186366741588216807953914862811230757691547091002950500586761964882743078877567524197182640490260731532111405933109142415532038711738426661982786152579386242144447
9361762100036729419387696153608302023953350112965350173673013616999286480288795324079735971013215021310818328202709864285719613012295668468715094646697675186518033226598114816174921366286532
2439658460818721726268079629001164284909485819351915029252155156569200106875788018121621594396847192754405762767371317434465034108303674899555104513722939264452995169309299869751497319579152
6468197071896645658159860697052701246719413939152085395613007280999444612644540597213069564577319066600472489789581019720092887138497197979986279268561106518871572389394310583409024043456323
9340599392845885344617719992856004116607590478212242051747148755238034338586087860563979797425360213391477951339848796466727171653161096123317631237828367306368732796419985754853285914279843
4670366972820493620357645101223282236482124693457225511649745372262612469138529653726489051116358195829025235295934095283672985568307101577828645717262397708699711726296892762828154724217700
3890274580703006879690029317899077267382060076193504449626673574250643925459957209749458376585881540037812191727432154162469432002641598980744848388354135415350548570665144560486313337614614
0630279999077530213001268902892258191111597842753472036975496009067029644424982438103514836751144434968507896625282642247801709266681360438728435480617182499511994050796837723905842988254133 4
3931588176403403444230306366163996227557214136072460573106216453036847107013662543464338119768188769904169334483449274261280630730448743177663635261991739239429391808626029042440020299313527
1722020130430799096065908404993721108566071486706215302842108689349564125876567684505416929607399693684779409662918196212273571578882942694860085916478767533117949121037835504896750366726816
9924106965760685166234698622281550369432887217308792447384824140977619072615957344931504931283145459945246621746783980219778451441419283053951775065813260077191211345005596656729060715475619
2779615115085566117375927174110030532188893954489702450080433363253769646068917276403820650507210617848814504020380186605520854079369617934634821338665708922885889256303612041936038377150366
8351914401179863147438973487686194679561119150835278700301249953207041625130002404352472335728243764946376081790830011590153447088690684171349135299333048238222252353628184451160996243931898
1743191478677970218905281263412863746053670701331674321039525969845214107196206175083249723632480871292940293428984006276785836001164697271951762667288085009130557273352649050783987305554596
8548629680848323539527942674677959196426683433330686405187315408371249513247860454104067200225440629368139257710918468030897830483245203513410982227410197019375916346022547194028929951652282
3055783467889560051759477982009258758128118028800468190169413212841668733987508907087300818311580750783777597967002319606527633055915752536983670908493863727407132386822454490467413602717047
8654443030285631514521122719029346440624127567864796459773750807873493523920910528886038099421212261295662988920178301235576925574889584818322798713543841164331500322994959905574845431301360
5799684139436539207052238334839618513453472712398695614800252158647706084442462238492030691987270053386156854828145003000411373697470886223644006132426065728238237976135243906025342369632086
2850413811145703717712076393559169476280896578147070793641717658768663470858460921319482534348876510680091785138540373339708106239383502951249296456367267051755153019297486398271245575552417
2796875073505182454175227126582779642908144522833792469557941835003369809313934294201575973286806791470408865952142827392626089612570429408670731871742632851900072819763977471578675975542604
5059668248242502492777458946922770482772351358473724918056646673497163533433524860098482851859468897828169383529791012802524971213238082926227113007779737207183764455391746607000220868505218
4659416011884505709312663309447200908740494560842089698770966326133491370865953856547991949694713396732206570941171401730882473047677059953721356876220407752617000574569661673855791273184857
8137248209334688149941751995121239238156872537393133644774905600311746628106677174192856185273704080550217675130058305759447917675809653524268521389200916516617393082255604068017829719717536
2719593792964049742908522654222563824111252328630547685126114761022766217683687662775820135688042671192053923506300303856065864787575221407927245948566882411199106322725058485173433618323853
3033329817888878366917300136881505142565117585355522966874403248475723839303343452457583483252155295393637966979916786510311134997440768623242675614288514566425658924658944717450729505048045
5570286469947777482314749612646471566685072331288853716554496138428832671172236797503187377528684739180391564285181905585584782312349157689719098374119045473695145274752021099455764373241335
3769874169253278465102656117323401430979035540455339141217988524640738480522935298951102964241282090124996895171786156674324030400063588134058499398334630579947170605509703931748949701296279
9889243752336766303205347309630476357698727303691452550693907257628336489956276471364612968114185623339857716698212540426758192751270013621779772091035613008838868682695231253256351670409509
2225572942266347570716210031586162151348769679724869937243247066868416856006447542007457527432803092616763438425396317422407722057341002238719007872824384631383265176896776766354357939705477
5372169454896710488687501605194246647279881764174226566884033107484217421023424874885760020213799666457252203826926812391016133377425129004270435187989042308761193353208021121162607072614216
9504525059160988235018088253648391872051129314340434701708404490901794802356766713124235048042311064654933802909451347373043912792671914751228568402060199309719680013036762058515986996147637
6008972755755171030074142736769072186405995415691995030658978713805927619260582152166803715429406012955559125287776957671266345719252737636083393341202781457113870426755538333152004691376698 0
7470208517157106353292283741516477832252626257840419374532185823105327527445022243079297061768110729468613718489668236680316601351334544938491009568349970472654861134542056634756104848310137
4225826624079550896255989724698441986943588986529125505775330443460328697040831896485412332002798655748181248250026279999680568105847990479069138783153612723028149692014678434581584541512236
2685718501051972830121502641228954292073760652502580020812408511626395151964106933091363497027243785789924818028893296246025851995989940423402574537870733013102772400162763595813726607052361
9336765581017772816716014362731622503014349649794998595259933761424278191733675855774212641217148793671992794807728766122189825637305504590382181704255402104254758408758460512180253898096552
7686058395698996025502146756897064255610381158300407951087148779496327610372841900359146482610621906084942320295642016712363766391240333886586544649999455437286478121506567559592167676273946
2611883083451989293073746942869579619392700224301365922162994108178239277765295398032484876596083821434340361042465763748993733687902148906072581625831020235534294280433908214618087953214233
7740019753748586744347201552714715426767499868790882549107419382574429925526086875802489311734542186257831805369250957426302650615274704231918204058074534306506954964034033436851116317359153
1800169874529691030085936263850953554485512689390433419243579147241388405871012316499201217650218913602773819456681877914649369525180052686347006575116757934448855641134605091459009625702436
6823906141099097415057113296462504495440335505768915785949459980677468283724465888367762271388082683780456324232083004053123199346575972991843032879658420735582272357754778415671460053688382
7399706085344689408900089197563561112206848008679293560521051721165584973981902239839136758115973452918583806924648668642773693927667200263024847456319346664304932597657470954484523891909709
1663305148354207843836876284700415864598309769198301782192314198063529641954004630788796340065282909995211835557585734097967098643392898185152348905775549436420389752075472255874789539173329
3114480037898918589849515334936400749002354669388983417633761084103927725904091404825470376504944396345525339239784785384913730073968037535395010474526908341567146584674909910909309438060 31
2777164940952997216376656035584825612059145869835710893242090369068410842701921563436253117856993229967376613115818005685099858085331824487008118052966721885583699584879086225995052136334004
8275328899934119130684293526883341979776464350400684369170072560415994691179192491234508043454307470753569423118394111002906085963883105145982478251770383729358420646416290678234890123242714
7934052492818575728220636831979366084544296999817966417747190004856917284047714080674926467226571398178270096425438058318743528122432951472308923039830232240581445760162341525825682693127449
2766903202111601806034740732207628003938882613358827856837909849617534692620678032573313282596106372011267997409241559065028541570974729800397134093687842932852786313563312616295195545561301
3263600812227766353628248884403047341460637264057322736914344654319171039245181258014228196233995147117028043200275778199746838801534382365637582125845446702094589517099385139061229612759402
3065273150522816860263165268588442327964389559005542304162917388553748782824944835761758081341399587424431822529411208460660881824716133033584871596959625173132548147342184419654782222251565
9396971117408244176840935758743331393008386788150914109034013785625389111683235020494299449176101264348290074325993877834777205136183974917374373068192986890822151975271417125424269598103947
2332061287261929027951218569283435591776165453361783675780905036755034168695383321805926222090915586717347749995184692458212424423503565717168323100145555455324476786841353790687456080429922
0379571057099064857735716447304557360865963525992183113872654102668034348528618197095475683860038728279217000364951685212205221811521176723341510234167725926882378069500157272222668102686137
0307937162292325160129173757413193331018209928160538904566475300262009941683820456120230597625336902772607771541568102679999004701304597152396812065747893418970995966353381037803664258108894
9220249035292842322141761566401943615095306246501010440684562813360882506566591403507849772480085105183288578431710247847092188029757439921553744096773615940594275951060095360552890215155169
1555983772972800896834980577858395872181645132949549504843065659284116411959507790915991910642489632863822809949457505324478338451278687858571812133869795602179503732319731381531508841103638
2308710637066951940133740955578620050082662999038183316028357226680569401687625000002679913850021477204355991045489484855285687111441972817234320635546442291318193835822922216094228051694606
0537823864341943030390103365696162446957063438220831760859229532210606915021042197388662725553496688697291407664543303696170637772415214082759456891094734543320719821249269288205355207558370
1840654587581914356447032304727240858781770492760409000054578633430459220859429028609925282464375717604373982924059877505485430566091719544711604959213765134255341502762124170937738228146780
4588249357643660891985451245930742729449913322036447159244600217257399977388585851115859783068917868420298949071514552618578851379451989835244060692574915884396042734296466226966904789123819
9140051117457798000186080538324547274821642316625029642610210592336023766167954984825545413985934260702494025158832102460750135684640560262306309675803861520794661872092549958865761688027080
6420364706993821639797047511851700535551836295274896569711398869150933783800252199485958440557756202658976733691234515946141737510390222410582388548450788605884235376375942031497923023840638
0215066348200852212196688937224987219117330504224253454592387501877486743805400018592639141249417122271140754616322727067317945256107204250378059641391607249337743654977228742484705035066561
6625783843727004115620787713820546204213750413798273060189032826306064270656162392919485621912194655741386700258851577674829941057422511574098849520412901046194798642696222196718591994691215
3976835912185741590785309939448111622693192269434261234649165787214321735836200981946767671262065246662710517245422674511301035878252920633847358533500804489453761972223965007827517097673458
4071604269289470879905727952061068183350376513457072058406897554050717498652203091896022450484599540010087673578682797726615592027163277668989379894999312109867985157165120104511247560529109
3492497184827376380142300986801327368436980232509922185168538250740994060731305775187333641043905977693718155196159533376276507058784041801034466354531924515336713440057938273558811663620301
9415717212918662225668153143598262999092970398636861093316395531952415149438002983845669251047060536969398320684246648078491133915247196293452668438628229293177275574756703777790838899854105
0560250974008834040229685430161586831031793587265813443122339024391440008741619007398804932864212616876585512433855570855103965665192196892147297962019266226933832920712082203248268314645219
0780742865709766911057135232837717038029502392215513642994681443776574960873982050890512516619648843603635914555925123213146254807654498467019567850474734334965519065923672362292731108740436
6889764227411931707713448135739010945713544172306544203920327095343983618672375984737734784274488429579237949047703505225730408832911277567886752773327976796661858490243547173541479348633601
9549543522835859795714240051491386255400189378616450971743116217589367896897693396426516356534426368721998231239828502392589282425242821280549998818095274567603903245979560873876445126989853
9183502210140802281372213330469951773687883353627231895334744738298578652053237272860290387391399142418895472472140918736413085759174366243697292173726287151110384723297667753052797520736560
0773810148739984865531082096919728481132048498088489679080061874350019431109797162838220123423637897788528426541560219070184386074741611463443008874106631688900500880834125459736887005413074
6974654770533777089128645863786134228280881775172214622824058297204335722881477944859510761441665622595450316927260383622389848681745278547848292870865249077906496640136832391032242163898156

[illegible]

[illegible]

[illegible]

[illegible]

[illegible]

[illegible]

[illegible]

[illegible]

[illegible]

[illegible]

[illegible]

[illegible]

[illegible]

[illegible]

[illegible]

[illegible]

[illegible]

[illegible]

[illegible]

[illegible]

[illegible]

[illegible]

[illegible]

[illegible]

[illegible]

- 574 -

[illegible]

[illegible]

9326731917156781117870017471780999081559673662522688773365206017101010355790440285845960511389854502982535725923074562963090885098687946558763485958116592164582496456878077164515227094000772
4877019040784201604206837842912778305304375797189872781246642631663303576655093679230278733505813605115189255708655680307439796818130349221691114087642129888504049626040101062443465010494387
8915681244265013697695603439347718855506012445794887332960424254584769668591705615758196404206419113554339619050699260669899910041039983540989497857185840889891720109351043
350625950516662162367402562517927424183610601951573043901941848600962368747616811662457080372534673176848830764769804206203662482020576981866251899221065813929525802180717452422618005051555
80132312144347234578473013225595784961692479072734022051064123201485287980444154945157170201594216108706801894200420545090698598387875781542530029976911172872619375038879095742415941074156075
128878319354795817148649746504706398423459636038644802866297731595929407926975142689592117161172504222863055819001093756640422231076092222653423808028681011930634623228481905538419308320
31724142678855727910942613608860422585687507696293537119986840170812473201796964018492232595454670840584355950441905958180110943994640490581853494969594331465912673254421224196288 67534721857
647123840288538013837468027160247176529477689381149767741102826597097787132468917984266275253049496953264176264494956 ...

[illegible]

[illegible]

[illegible]

[illegible]

[illegible]

[illegible]

[illegible]

[illegible]

[illegible]

[illegible]

[illegible]

[illegible]

[illegible]

9131144518379755949066963951981630458085760787429956411604348124937753401876536605938043865205539497137980855061044202864787738703509926476296012937838415505570068029169516408419282458706592
6417674826620667589705868414403225203817550395063474759706479698044868251133561889798648933112227184334552845247578735978386950515203706170683915672472608291722784268295690117077459222843730
1089811574068699478233003489670284630115375120062313779452984756140009694839105551043545277161855490952092268979854105689474624969531729064245947000509920327297186975032652607305012817622073
4307037607743506861188734183953549254712426351697187984526058945553666429572168774847343795402251214949535195047396949466017774387533306108692179269082985622755216260294365167429727300817527
2750303493416875205188254983342459781688197167775922777937536646838295649548144783912669862297495362926414693095509664130510598524643571237668907874715715217189890766937704044151988905913450
6598170729585572416578005042316900701280000447262367853144322322330514057009094509360552795506203183640014755950610441784337250691325712174448230286231164248347900142496595236839595054279222
8188391210372979934816458813364223524732041226224666994619255622830100525505454274277605384861058566807904427518672818158504882281867059561627043850164711379058997641201304997180521855411060
7293442404395470180525679633439384763608676933709542259743635562665098767100785524805980880123280215258522530501809832867334119244401222080907603406694238382102888259991026973225016135961 5
0294245826776701836949628490059961709416951874937507259365129499471321155602610036492547733573722074298106515098550608834915846593163443968726208261243140830564725891346846536481376046526 43
4857927600352473220326115772724041348236844552865861016946631331596562457375761613917448658475899144968130477578957321575014803119846930430251837101331882982904627079987887149017134994694713
2330466543709864385610924780678336197920776534784644320807887081074283604296097485201138996919238263949112325289192562989381451575097402155595493897796180147602148884705060762024179651286 35
6154708124985209295698677479967651785717469804737037104905527068325183693392611207575303963874066110975374690140165702904439267011208166929467229441198315185764917367567766365127 044
4534264313224855781268380083913074004399759128838875913998532479831965989580712579672484976862552005074386315641087889840554696380617103006034742427239851866723406957610632086 4316952470
0599955813216388545156480901646226602726169758278113020535696163607383637907429228470075447882128135035540678759467895463528624327901297859881354034696326300210825310830603153344 51
3118129209449134290325946887400389818980347957941011038355551665190422133843803246298777445355997278953409987338622159026553864202107626830684486547948494896505195937445498 98624131725258
5868834089244536233866249185565941281251412086007223855660067345382573020904307782977660700948508567766081703375320148657027449336289371847959827857502145469924410612785932948930271958024 9933
3315589507604050473208305518195858675268342801039894273440812455892599223088253260719617323082013063830641467804580979728882757788811196662566840439783786462384339949160657779709808798 976
3840043014859399762979991225104021102657761873657089093923168419644934935106512651630260932450109049982074833695589992346844396854791913315904167665620948404454138725769020655312956 356419
8450393944980474682922855978211900155657407695726270575272941819262902447169051573033264256472582398138931986225856077045328745955774779150676070420805331098313904324298933924767505868 184
0237063389287492942777121719379838596290230534063667717832889340388038726872002451646414459973866012770435254622979650566801451420582856138642147186985118289078274739201819141577449667381 3253
2146300358625131473373720628085409370060041873542305942096960760920146568207452271321642823743203327883557811346640373266476626624776861638313604278120561254647779260724344015759204655029 238
0145966222041557466292353112556811384914159460819121195229328863303175826767617239919964223290726311636874633886899173670125495526660408598033388655356517656246494660379981172240 7928
9483140439178208360560950714552768578490725878109190535997651461022946014905368881562352632623294634523648898509908657088220649596621347376197934659305921166242492779798061182050 08134063
2291194769199380669381912573308728227924225297257135600740307900514523552666812348493327977658444875693313938441680033601222912078122984541543160584311761318294670029705698505905584371 4777542 3
7008926507410891028784778486186073207204591371607006983449094356090511477021016780752182807802370136378269891086895949363140309672758609355804789067793904207416162905076502978341003410566597 1
8460709535682071142523191009025304822401889823434113039380509872029360429459001015784154122163928234118088784473433294260288302529130795763386996055585646259582842058061086276489934640623
6219527853062908967663146312268010180188926331885459539048429955964731848231271777146408318223532032831370537008517596146028391850565757860537807920962741 7751342 9317178
0491967489894326243714465791139018791816960801836754163236853491693388446004349133481451422555286316465558860837902563858386648136780025989572476629305950397528978218001038975 89 5831235
9090782400370120667634228940933602217652489722741500002898496690412955326128556134879509767909213489107323950003755595259506205649124736873896424823549786046265449357800427 2386 3424721
8861457466785679396598939690022126347799033546760763402278841911495327835949602355650309896980954305713982 4 10297946384763497521110288052 4 2 8 3963 94 4883662240872 37 4 9 48 2 45 5
7314115174626564971940718789133444907505598703618174066759256958104815791704475000384545 67 3 5 1 12 9 4 8 1 74 4 3 9 4 4 3 6 9 4 1 2 5 0 8 8 0 9 6 9 3 6 6 5 5 9 6 4 5 7 6 0 6 1 0 4 5 2 5 0 1 2 5 7 7 2
9056364555284745676415022820331559236776586947796995880127788221127374783294620116530045268065024594609480382289461512197125098379 2 3 1 4 3 5 3 2 2 4 6 5 1 9 7 5 5 6 8 4 5 5 9 7 4 1 5 7 1 7 0 3 9 0 3 8 3 6 5 3 8 7 7 9 9 3 2 7 8 2 3 4 4 6 3 8 4 3 3 9 3 2 3 3 5 0 7 3 8 4 5 6 3 5 3 1

[illegible]

2524087115494744238749405159004136932355239245521963293652068785759497619457222572948334759726016902416846634280182125152148425244606130302048381504948124280729850345727082983546016305728690
71529381348979338509421708388849592987670972738938324557210680750329895236543503785004454256317501278889973664036105719834935614201421106305452606240811990157336172974933932597899389418068224
8170059791828379704587338739112600253527303819364932967277773627254827498318467206056740097640368444643788551715687515090555447661530834165484416817249186729677004178318145982125647673649143
97029960194974189386012898062148694564215449678357488070069805628968615749879257268374118630049361064087290437147319229422458281925382013886784101427394655578351593841502530431187628656717 53
7557593138402590822558318980370883636965071362448727599018398329640788947850291482676115488286485609364764213162987991234963357423019745518616010714259313138492673025606905221093128267637648
0814755450615248040794531865138427020940517893873869170282002770280755864592012708027105717340623249086295958762621106836106206351580684864721269949992338329016416427629937593723684956712861
4387429862333353506837250167770936637463074937847937779718531806559027035112286504166211098530426503496150460263383093524882683932623655538324691715340270299795703040686693490525261661590139
1124634337379084829284376081133959832201631096346338322871718308216714211709282554277072669631591770308049569009175660786856319836805236191398810606418081554640155391194137158744277518131851
4199163088211007784826421645640326463839340480969704753090113440876416261750443995143783405238556520619257560141758500731856338757565096251861970046179710853489766909135709706426621168393903
4354739895307415152838363231155308718945213783184061630842574614342768528159239803860151649817361615454997078263512195516116330230297895095705955226986577673060343613776728789581811602239654
2643476804011669385501739387325847290077662485703758695535658847010295913228617428654120267931336519894488725139938036772156847465403528022853497829606608922617125243024758983627668161999636
6697554238972428308240697163080391750079904838359289419969431271490772273807014723839797982211548877511997246493917546165869885930391336420430618877162732434161078557984731259625909737110809
8879537951915856408565189893850550120391728085563936627020465937733576842873999347200179256790354763658165070523567010500163890664678249905152287727012453506346375223290457080994875483821411
4428546728119634122470607853588793141584651605304377701328005623017209327321869829640983938067093444758798879683684485248196145735923481667113191630568980897849205376101651941260567228006977
6487398817181717074578718542356971235391974899318096908629106782138983656454027085306985314032416015686992439851752572464441178574796216950631504148787416860031545382796475739453669189564395
1546169705691984679855700016369949951524471315342307103225284112698530921911205312562806455508780300158639075616068824698329445031344281335196908222381535359455117580391057214849458951918990
9641739857884806851896948196534873395982235169931189328357286797940897510520224415892012155414515281629458546181780245354164110324841802013956367479781606587846780348693839629580546933977936
7080861838470395384449621749489268677813412486508726531013775288234622209790390099430276497367472314207031720472007831141939936637794566941972492632591820249358952686023567931296510229584867
1175161366305937724449329690948390801408132832136405626370574697570494280227462538241846423112710414845823082782470072360885851813705817401079131656222630680993360483566478856822849745097794
5079377265655630792139631897487809011633343216546276985750335431906087192943334573402112803928297368654507336762983390026665953936409252500059023015058541986631752900887532121635009800672778
7358315327433623107814052913156773133784916761127491957700541911509599716350561755729055014694654999127173161114219202474037331353439142624013124300379665717657960181250364770576308178145904
8482524728564162067025107002326280575764502063539942999076111220521192986754900741576031501509318729793844184723218231859800234571915107616000068058311435047927474471711530242217142794928448
5977375798857188106396356123525557954090563250397909517118184752593565626118452792762496316784014377809611958669207017997863874939357012474428840852572475562365928704330305373693236669661517
18248964691216178930909776218884374883001119297286148937247886616614411407379136000336562327221673840765458185085754872332492579303213838325041382790156401661292118505377695247023907826529655
06556464408421038866599813194824730219005106510423415930120959470420000186188347099940504737581228296860479283187331407007008291323087186863402929042263262436588848419153850504562172190801385
8916677370145648577168517004989021095800583004057820852878948269336035496191413626049749457733248002577336342405936331861735754684273698221670684966764702893612277259849434470143716104582176
9920529927129413401447384710791387147689684775327456437870312948825075307765560808600455025705257284217737755027870359304585090394115084358364893198380528730920373106528689426657307371397068
8053562124862627568199891720161657200766025614267241130143895859399011054891921347052346895454124712933231340085320906459950732426891962795883826106300634872223102912728270833270442648514328
7762897175424273306970029768819288026718616644831576873409788044150259029346626822405333245210480264701323458400123714385340908512972819903843951512919103684227584160011525376846831994327386
8111104054593230617506455050873733399839443639114309008723926141027505876289151099792793141550205238687217091513452859935475717993928234842849599278156872403035318065273529910623974088247756
5727607021228525373682378338741223334023263690454331600058895787621669506715851616321120993413605634515696397334704958923729577794961331372271615428205465536416438270684074733980627349051921
0569830433134813341397296173592744537651907324625020977918515472522176716736753533468531161781910057788107210724771189985766848366093527632654464057690310333450958858902080115034744241921993
6308610885887447666413197200657643529709569355606645927426610624385811011716719588960702697457975917379448386545702116501719801738820233874993059462090532793018743524338417934725059689326693

[illegible]

[illegible]

[illegible]

[illegible]

[illegible]

[illegible]

[illegible]

[illegible]

[illegible]

[illegible]

3684202061800474873825304251013506846327922812544663743355445 [illegible]
8577947935013713812466649245393067592379424486085924392168412 [illegible]
3174838856984858085717678040221681579079368014506728233653337 [illegible]
8811158565164511904491648294893289077429857890379339490022511 [illegible]
6839766649427226198697037554465319744699391846310771770267143 [illegible]
8365625946741926408945639732028507273124378698901195129043914 [illegible]
6497302844095941205656268159055681372415970607823238096401596 [illegible]
3637959345762926875038112987461094327186859662677625228907098 [illegible]
4893160370511772860199378521526663244208493028741872952151174 [illegible]
9291922153190838858196653626903785941709729784743442490738183 [illegible]
0317108675042155178707178055297282673442631775355908483461853 [illegible]
4219733371279562382194057406989571520340793301424091622212154 [illegible]
8332224094870593092473506602019694700454470080054478697061962 [illegible]
8091998312499296972069962529458366255268720792515416745746242 [illegible]
3835898842048641092203549824291640147662233340770447385511145 [illegible]
0407820815216664910004705051306162450154125611526202466311525 [illegible]
6942541602109560689600213877880071255738089162873260610633629 [illegible]
[illegible]

[illegible]

[illegible]

[illegible]

[illegible]

[illegible]

8346216845992316149220582155037767509094978013132537680085790199471025383941992317944233534019359595232499881801515232575413053080237179820119338289876294420853948944505343870209442313979862
2563575228359149253110039684908415960924898664090018405656891384260676954627663043983831858862448538668392576279125330083590295835002362226015866888835178846920789885185077949891676385813036
5495767363328401213480790656489117184718785342383067673410014189774581876563310171452721802766956841927724512158256503085467590220149142886039097157850043899650212093711270236693495074527146
0853263065870985229286445050873856665130021158752557253341494462734489544536604239014260385169825646086863351816211144913550200481956309972482301829564463980179518963363873102722922990408 8
5656654785345050359697401939144809609912794661072413389397667868329686471373439880820222287447413214814980607050776755840892946956116620828660436865107877530624270449218247629333762615444433
2574061847692902942212063280180649341902410251203031516657204735527043448497559870366948622592501947729925238555839243366819700177281634355718391024054287806204103751984622691677327931745565
5831774482235918220855073820430137691957387063945078480877488243109868058742696137533534014741816570800130617873011119788676619158077786507715837885324868660685902010688549524019926168702822
1490551289493855042201840220728620660095608057869319682119587164977544800960350386807854803207133450417142419298256799280178827567567735982807551125201092718356172460097191691734494019183728
2493654457760881265494527767344928208057801371586376893293543360777558515141124881736988828935655093952721233645870600494184883185959161131598018721967241606656457896927551093665763842379099
3012337449547420052467167571521530967222039388142031838053883325694276001241086172388649461932833377041787529659457691755956947508858970298415122154370478123929581569418224746336982396677429
9825588379536365241994495955447781475385407366021604685188610164164085820480144152764923690751156324276658365973549568313871889028972026100548888675820361753093469301692891875660813277223693
6261781228416493518411798705027155016223244229687223836790113231287677931775332520989238345628973140615214016721696616406828064525295956611918010993795345954935120197384923528355434173531372
0323059372808460940633698379947143338031132152289465382771385105055377036170574524260922932142262118734624933262230859531763517884325185717621603480048794696967870161334533287685418691804543
9917676564011322699711335961989153266709865003474124674349269922022584420358249788592046840133456007629915694724349274796339453656701903789665862690977255280419314251363932901823178776501184 7
3896194268432740815421234800062834759805783926553607920556682421783348398478266869102738646316901217772832554749762876854862835755928182862409883326525361815194543916380751655137246892247839 0
8647929080096672885282894685196110938011300513281416114418957326914141012736235934251152047886981639192370738129507431237236857476645764489546957592749017701381773287415037821468076504030633
8161203408790200071672653904080431561381706201936583819791039237751916709163376014992502511174816023176472185903682634101265093826686864844947704498843977757838205251080096913916066536163 50
2337145041904921808947538976577270655027668123215535856025531081533872096387723135124128894934869115525755045791728336901613192113284082952052473165080384265848171455703387105780143140088377
3392354317143935173297109744032643685528303713515792909290195783942210785691898237478239450251262090048488042970603568690764477993695044036193474697472589445971150824625178293269931839778073
7014048655959826501329900195481268848382650283610995670591940197064397992444208570278715355857317151651423250305104786386689505848597864368943685465475401383796823352209502973258849571124 08
3131018371334427061783788701552588767373480980796832812007696828909111820053255824704905686839036540420141584449419682687579402868583961224584792928775305765924390364685906961247048228 61934
3589329559722725276739436097985813651971759495104498475495027680664161592240529976891986271607926793755796851276933192437812537558418923786684440456472543758788056582729536837084430007453 67
2995594860781396485133891426882203247174067563537141161144754919992449017607694547776174288512115679740097081241860447704749086094357801281448942067785006062284932655947167434352618175071645
3497076702365231771001581380663985757389768441858342330530641247254290831614697371330074847949428461288857466695662402890166577451456944775609453935173144727960346308092353664134132181275721
2859971961358410862699970735697818438992849274537148478491063043499224081653536846756679744998761640566322320243704238627081341071350338436394474170816815242172710798490685938572828315143145
6304816258578502247468605624965483793467690180230127812016776954219092004139841295342304882347592611051289779413484280947769313537170090480569972768272819701363975378337412920184501224832093
9548513611734512764194752448145711551281385497829103241614252506332141381131137570911915857470394599328956346610478789255014625802569171854392779592009207887263261167370943651523500075682062
5834076436993718259434479637636010216913680257826441506768735500948639156055032744837080440366462770455070720668229240240424148817631321541226972597086840024272143274170413033485204606 50631
0356899649301676883060946539481031880575073937707223734658706886334831781304128602320769933657901486920984766326067560563984415931512407090976053587772154857593698557206182981097287115542239
5505526637523792647459657832776642656697011034564418929158849105549116004900616335988658323364361863233755737988203979373887890509651967704847780865747598384660796040800361278555378765812959 4
2943460103767708772725238963742850667381532634002704587678866765473900770358081261981790338727340638950859866006677003232666340462041106487332236584595396152495084206773927823385626309478138
0274694827483701015897245519461808859743657893569282144431959214843007464921580691371081658355849307181606791722222915116583495756508328389873396137759920948714207412105845201253437641958121
2509375988920393033997266148685943503945917955584246700877294890287492211157216928963315867183018599308561025637362972505118880926784565871151138378317073771667500898007063330673494457436092
9682512781368134504712102666096778075322604045895631477290561072625936502644334161331220487630946159765431664507451210830522496030426685593144648471500105104690756974194778808756118216929849
0836109261587196457692943697595678872517862915756058791812118652361846492065341464350597221941102076985779886019644102211042205475572691349485195084581244245963681400149770739430189585517671
3471137231344451936498594007698383455188649929414286757682936547103271005425983658998020648539838603965057957633342871518395752428906797062869594977803250572415046642262647869152043591266038
2314409511717879063997149668145914791117435269146286436540601872690559251341150714256978988730427584762476289510669795553090896675833869025922674285521847937900382648216311520858922548219393 6
6880383449621621346284524005261439059341981292166184459830101731360133197930119616175394590626529421518941888817241107025229459562591018232840582702395449542525142544134063323276102513688673
9890965479427483658598697458246125351920136522660493157646511363938920532872140722454724519618149441415094966149115762480915654065317180070212884944708071718046517170747533314891983005931558
4378639557703784398017539576649335697855001232603897134439493456254864814567330776758672330971925630286126699438093429841307145139963339434998633179649235343355924949097782024401745442605723
4306259274911033232356599636842752963976861044778223910393034112827268529763194502933608524263852598897092845496292774537120142085461409297402964976506899597195976577905832465624862536933633
5765923254206078312471245757650497648201548947572939062548573865675866772985073574026079700786151052583305896760245627449644201605160641343602617751574592257294097349981683510837880948422297
1869387661835896629031063620797691974431564326614096820563780999930278938750115428836873635156614582159328286284006622891762858908070172736543922317008060062245002051589544663853271138334286
6382446134248080611006581385593043739811738809384876484804504548985125006401332549317658025527757511796181030285982632386099379252483795808945828467345030201832728701318577560773589255484958
3713205378644629558518027132127832933205308936377793391022146044297874963193811398638815735705808007544408092263446061086725500024745801602229980283587713383251305037749927764981493873742977
7637275652457166137874605052832511548166580023488334596208637263413402348141931481453778467994889492068893969113725123571697665962116447338159607594557217936388879596094625308803140174449635
7479293738175932369757031013418065251759518318613893827561745494620161700761089611742566513990865279282882457993868688573649423111991880878220861181519946082307882470688352907322941071065315
9485430035269983855922724166988337611549541540712428554451924119628783487291355595956886265592314788332372575306858723745671472976623193750564540907490291603292173317795406336371402613717903 1
2648151180760230777767381116046316279431747395101050152921320243119080036777931915071504310481891409647569628088374467194418506821146172405009006180349025706481632454783484433119027269097983
2430443233084402733150026421785012244553768718553333409555863007773388168485917080649506627274452548455474791279165127269004818227287912301677568223766632021881881121256679853967852346900819
6944205750265534639101062439012709348023898376889908793824765712284569140816188912690315718209501239429769256596793277205786203569068129495027653920465931995794301119143286590321033850227408
3377769806589698569552960046171712623409078033973656441103283506077580191157397443382921528717394206253823779375291497274487432979439476973693312642007975203182122137383004934072496803685293
9542172453624289909918612654995397119130000875279704611048539520337968143653092401178511818985642064157289255931997947785478977304243932080754588346422743511301545831652569513797131038097374
3373101617144435699145172163654956319535979101563022384969577770939990008685777499226437415131738845341052452086468001757028953234109757542136843926207553763160472819028693655139337328249713 6
0576521452448685465380374751745480859502890686107547226710654654384062933655892708876016165506519315059548682534769437054039479575304185149987354960262332456665505130633176381530417166246856
0937348658623493385274535320933530674833386748315632320441955053393970167602012357123810226246026104406920853054990707236393754911847511024841753071485388609572615818529563447014369903834988
9747063550403588569147591795907222588687609988196821045748662920111496808428682210032244255285772902771977730999195050800953601223883435637060529128358749527728254132063078859949244584889226 6
3236413141454220495224520074033133925098064087850104245378285285569886213177019798161425196217455862042933994829881510470232618462556367394676935507740601487367941374080491249198812209665775
7252573725673693411451436551054359259992895595216092936909485934443477508486191271123566238203765951518341602858845663980010324447572464839422218993846344323952858258273441133525861142968133
9204686959990092575986854040340356276966857164491545213037968798679101894311486435123630971309576733928421933846845154769483055511933246302201497197658194355777919690490543280292220493098304
2379822454416230518870156707491371116992917878549921680578817978516784372210364548134798766160834337886517717450805050864718962348623595136219815089025805838805323865503532900834242491478534
7000544254668557801145242442253193208320425928170230413540533949522274955079629336353114028057039521542087248553616813936921559560736349614381552114101980463169212635121647662544745109770212
9069486598730453111177608494062387705014542222803240395537995616654119185711831767767339830132820511069019145158412934481009182395311984881501092096408180813509708277877216093674592120186381
6885244757099113019215197884923943483253248193795843298326525013319679979707293431602440298391235848779042306058547760271854181202688318235275887736152966784939728763772547506836331668092280
0510053400075581623107377202293526491602982848957273656537571617350538307831466242004435880402472955034773677817363493861414870652451650441952374946182959948529378777689600707153808168280506
1809427680232620618426039221181582460171279462415793141601924897415802132912957121784981265804259310765776472521224341484415464177101554258033094841398738999393493631010057397150079459948076
3574615480957977343573446096847882918586391052846711896133263466959461569739558555000793950558416640260013110294821771541999236939599442599600085461439320641385980991429814639661741193196862
2924470067751860180695930451508832471391215660368120355143156898867043087648202713032906737811181914224447826190612859990462151488391910108511532748552546605393623049746040756300513187446851 1
3602047395859628734296464054443784639886028007255188575723635607753600423045054652623934363991276337634725940962010582463377853230335904991443734424613765800502058420767450399925953030103322
0602755811576899625921067502990985157721697980576301833161197061853585807387739337401476810217661263079136737202428386860016325358172964240406604633257133031491929619438991705973314324194069 4
5185935278082906169732951574750704428712584654549526524823486636039130330895760383907638073739975418386122008510117340247556984118105677379893459195961529780705942837195580299035112691068 52
8358187636624064974633920781914363865720577780363420708701214612738824776129285518134498123993929234475245792676052464143957344776694168050747171025774835380225342618159296179710664089994897
2704080627069550014870505887305257561398827636045096847400492086601113057997664012723650394052706872123592890124605770577613933001446754487020178156032945383738996206222589565647750993875972
1670362488436500980461486652447347393510619701735221332819219411458676097558445351608315605971572680017196323072060164518481296627886761480933688798558537795700734874403517939486561584509375
9071205621942485307510173544501923402345936387753123204082731893403677493790736264337881617393560858187926506796478562230046161146433968602680118198014467764115255466982679903549553361162590
3421738831684635335528936721182909282396153207465309552322370783299275270027065042197686455655393527836905972242042776671846845819578679160789442981832079476008351226745185180403432442122169
4551418373493615957456209609605032481034924224566294115821670182014366234247793934945666669993653628412682543298883263612441393811796783399175425808012383046947471180047878705618490383571035
2368171368288072689064191098508517025448218607044379548257487335730801197972512112869052613562282134808354575476826465783155132802338583094001660775636528247883174611044847312208411141451404 6
5803921785485473881514411617596402626073946326525012311197220611843313809796992366295317935647806130392121932767302616089177596772134787531090544009694548544766291550507675250856267869511589
2692840512624355933118597555856514297363954104393685669363206091557688361943371134959009037685607881808236735291396122934334948352556028602195697856320142723920698471432898060791112288937785
0861716303454883546866374818336886039257017142322714559540010783289567440484711291575008282410153835565890610306240395163012152050062421055689132222237814807853495944969546887876315949665010
3696053204921736788622955985975340390793399190985426510158028248672951279113983832770196757697976802385532391213807759554782416047489092454883120297892472154446835661186985246439757650537228
7935635370232481908379483056341314302477881950116942951236763440867915220509754004516241813876208091540805960101679938256496633873373963517903730339435785554202755878083038987796940794524808 1
1608169267170188789117372703790438151234628789764298574911160593366663896742167177510051533911342352894700050710951640660211672596418249581210233718224595465845598463944494795357631435096162
4203755182621111622642463826065410803368378562310980442709596687156267855099822007024292351909453305970771803130051816611565155772258667939101741659561732401338558354314720008930638304160176
4085193317456158064013317981220848047718911056658702103716059264367322700822558928648240738246502215620230359682918676505628957392213686709915101471113945168582896196078504495655376441498827
1737618418335518175201385625700489705736300463086853478823996144727540101916334065677722958932584906664363926052312586041905500843092640941791628624053572392770564143216986792624446145421260
4468744176060874673742095164179426080203153303897773313572827572494397010745875427753654093203203981441522356017857293217663264715685356874193465620932675396248571734553801996121419966049108 5
2814401418183996648930490470939995552185929799009882642041001796516026672925664704197778755817652236448963879656043385637508566347147575436740102474969316078844872248563139123599194289803438 4
6254659842336311298923441767099798829390580904933061929145995145396279035538390147805450504409015408697145916458892907950785448681328078145823168546518392376870226818922408082170974491440138
6047680242618475615550236433363034094130818278406085253487551381549034964022198319686246779487781385149286745377681273973390524066829432979683724304510815003757945071896629738248156458559223
8379333452122463173954253143961529229503856369529539284620002883299577614148641688703813700897590042808463236443031237984176452752665777786547479334256863828804972101677547983218055063404059
8167606292726078074190406753566572943043281019645060602919369867628320413509351470171365041647891182684714690784035076798316578843066223518488548593190760656198641440057141858122519752328099
8332347256223378683864500872354467108125056869781079607834351839718038266276234757518561901506089290088337784483677384533993885820912130421372287620920662563297407932290002428508394653233618
3694683424982530701850116227206536894473363617645452984064969938222181545621552760016585728502553847138209860265891897834731239673086084901235154270603182606663878185231478074255456493341662
0664986143460125989525926904998717668583467388023350093235365467052398123708077477830234450327170256599636813644797933726385709398333957230080860244152788177321245290781684454577479971979421
5651444772882856796172465503534456527833068779932547943089694767259532747966342738508121551165764107070396215096369659087012050621467504768263105681948537887242080737910394843289197633296890
6485627504336289161266667969658336875646919336199236859119323963531468722331790572868311880439135521496727451872308212176368697830635992732726786428496691905006936754880677609716311260145927
1368305248952444622003949110868365101538393052771974793707546705671993740387793111559870451794346932915210170085084248259669987246282511348491564596027714184096381411737000091778086866469546
5432331718706837710831518119620343468602291938834477364468637917834626167698922814351558144744389069732425913005740402303710310148130339339221558724395203190449419383319793418131124711705211
5447709590233594701000762114140939240710451562507035148595721254391707267645691232243938365055305147200638869544973393357431642037415709171994804875523333341017514897137264459768405351584026
1612720850176569846286819011359970670517180346868173302132549890360681699088295148142697759669078163992717969740255591761977059086018022628744886225142946118185994634214320708039887177432447 6
5465906208287715686725495844839279863282477854573589467294722949621887015868053842096409998466371305333043882182650127486586704109623837886590778896736697731913987090614436812841243203492313
9461870291111184110046147292944510990014449639988836139779225936956941099487434058254299906582646231214843553816728890161124370095777954944367753211599968245243359312667589142546009082774006
5566643495501852117546542999583692320960611466191580992089391080392059889472239608395205521951759465929295578330815126487843276815262422494506408396135673347405147069566595190713336164306888
0240856225445307629266498755143995391879049814857634764050160643964984200598931179653358275464653291215104251547454812142619742446583721361469695158862198143364868672229333552074265449816071
7506083890258079581446610700008299145550897972303358175954116369324842178314754758089467778918267823630813120720504118472631336814529765788495647631626296839511029634522404803189893388794101
1382803449837772211483410136912810725433218568352323167550084824796413354755444779326169160645224886951554309503286522962830067441076740266105475301606623885584724907009351866040065659268568
1543911250505751019038180455070783570299692196433201293287708609933843194348238010792938340492132995754061719871085126553982040767420314139534253246050746370867982185047724604458517962613018
6330736704835217211627788585350179522093634453906277609970315421519863064709183517998818103086389635121673833228007203918498958044872076052104744802125486146337327661580382135806810285994149
9669970671937148410155162598877452383938104588321248059192233200384927447179122518039713988371300293055308679552320692377437531036647297711342298641972966926174438648996952358239953652750023 4
8979765245688623395901971070796726764215218809085958852842938096386503182119946128649201771955692457596794878836953771090556553101818057216497133196170255532986761708236393394652532660875317
4489506976084947137912128807982828866680949627387718741536558077385835180329687392284666467020969227416815262170368194710429252032265811887121955920007440644953406745573526082280943122898 17
4260624381311037598278526025758415563934288554447585120767463793969018373885687305577731890752115637275623544470609721095223107058179263557420087277587831123372315944242131629576716586020310
8806698674908380550983891735746268402922192284041059089201120818839256657611897646475592287372192057337883677836345293498790597248968951022267354143644616316748629000102361899663759278204329
7454497842799945468296526748514812902802395618411827874324824388076762294944324436508994936940793035185632521139178759281522010829854671401275938105537608708472699607009812065969924185874953
9764331741867359530883603983878772848058150666913323122999963502583610660219905434864616807079621240347114906042664540032008453697511251204844529396626956920521234578749366029088581950381980
7588234454096113581779777474904693602771499197686653602889450596251037594527604817092024945663656211598533618434206039226066978927310336029687123726048861750934561112848818628361031878960804
0502678522640377403798466923643053537943009597565689900521059014664258129231585995584334728479313804103489376650573233253224649096165442526790136077969124299915346362479771529589967923595631
4369502406985774156221815061404144084087379043052510858905116701127416649125068270777375131433842939299215400060226988828601844465510152668999666286364680623870981540415497366383568706708287
8964415213066119061985945963435615639202119839549023192630261521698682344778767196963081063780835990336816076864286609366921184081868329696686271167156461928944830654176675216186873089636901
8780636266571723146766389314227353787387392890136432769765427620451205122989479501538802714730422810491556576397495801760109923437997459144098492625045459084537276418112140962761904808149344
9922391607887830701910952140370087516817355226487386151016159311005596654216245247949355929595715258183862946607652894046678706773783980259392874426422455289086857324862528048266077123733266 7
3215442240732483880120164681232904459887173198160432322354864174726813816166753447874220327817736996173746508603720550559850350429183660131436338186110098520044684374717179378816260960716008
2372820516621486716824364189408393543001583608900698696783898040122089501455087120582531454038610394723400316861509587785884652270945981083740734547109304522600992145432400485362162531165545
3179391964622171882996060599400278673456859784696935708282626744557326486064650673680603681103441791072159674037262491126424832003725426176892617695652861442182934150141103437544750649938357
1780575562461370850774484143783330359672213436060669344151982809187879193469557888901197820453347959963442694130613525293466681835190586151179178102619006255429011381543509555733851522151395
0120591688679498515012718788508391078255868922106662831821431929215850265313961064744512470154744965686017679906069526825213237337628259323224647231029792906763761624639311006118353233990000
1053251024999910535744162936761577115645912519941177392387717285974652169118141334650873988600629161912070161991902132059913156299008681757545205341387799915122898931008849499379755423093877
5621801484300376573565673974018561987561426475865864728645585350619115407415787391177643940231015314350939962296178249257133466819366794938093358209285363585656405706644082875505558683806036 6
2931441684936768172977245937830610706763377318521862597387248047129478959388859960663176355511306131088389199834770566274363753295224673074940238704483247836509765032652673220065330666207987
5555476335903686026327495720165186723724957221197269737094331103700982251300189106182934292778515312360011685547340242376972062201608609135360634851964217784500288484638354354357278767304844
4779055590688823651869870411104294894718303110044190861985659454796174748810367014945715044587366911085398965404454331275292493551009215714333132310608234100794413861021293508373011749626579
8668914799461052762040616732268954902590769130676236965212276878018441354847904202209916494605817290475941294535531451553360981822178186613864036194293033957821391335360114593605199779219185
0788367050048014092274900299149302237069333196844773627785634774584581869650663643173357124350886528726505106563486795789100963918565143327233763317514777117177722658883486615338584656273295
1591158040478162218471281206962090806390233072599614212064635888103824369403863475020473452800811082705524539952624685690711551583783820040150885028339087602068917747311682598687104357550765
3741785050588745934174231120487565307629341351260264028296434506584026258461910892103753849889170282394084039692433767508847352137715947806575778715005292653935972879755511636466411743939064
8832076316463394235625663399069810357024429159042039262232746072546384252506321552768183785749051086011267853197147677054691242270424355154058855566917891118581104067285069803614655222072606
4987343577305934484088835753968456067111854778392688540833764639196664521335727370938554745217478042551761774641373305158377310971370498885484969831466553400306638113147169345982262634912777 8
1995901985699420277739122511874634689051708400183316325515611566371755951081201219716393259553888074007867749710577887815135506331969244816137795680964564770291203291014752784037413644428798
7736786585748423714783961411950901421475508443697688389594623415609531974825238465594870484143907520171968395831624762817441154608192436184467300893918408997320318312917774089959929088170730
1818283715684206409627926409170792012302512313702879132632846313399354449253059334002437268766911868792505008402808497562484463734236716764803696913834367058376215281397391417579991432857913
0645213295378254716805048866427207429070651176794423976786648476543680978575565521336880388597323139309708724329026532067607906862924980811941764157722417546148968363450480555225785855729625
1433037681154410127436176708736573896721806261704630155093776339815689529981336768860417735252847129439098079317559069374115044302926429609732541644904193311571171575660764877966316458831573
8830199998775139964674013831229205067089330164398107308477904143811084412436644907893331797231668207450759265949457913479263027662797111963251815452753038402154825439576576589809737092933888
9891869941638519212374478909646434933424546769346396134628439177417483817879882780349992528390889176995451097069006143205030189295769865165605449670661428167700850539348504015503374841184967
8946294648232857299513840538151174803829953670094744550296439277600142217884554873542754535700893334251832629463499576365962858838568961964491718817656878291857114941806822267455367144340958
4890102140203957607784330133904385701552738586451945621146866683813809511590221024742118508173791811329049553965123137499667473197120017589572608451780903042175040652277111670035271221608607
8920159786591140199710507180209094155617825465302005278160052106971649347123235366996887466183178449287143398194583761343298017595613128019889057995245643435978187617026907762224926982743306
4499914977343321110578025536088128985351407574530402024866408172163489135791022514623010308065673216694161292652199349738067141243402286961916060191355569421793198887798545318557255080471890
9446452902583570208254109471638327459100006010483299378417509138349882658180452453282882817341159041666383648884051118431071979940702115895927552854258002916198776778629343000626176531413425
7090271026586910221520018443290275873154839543931002230506219589606132325478478409086478386537617166249873932856705225201073323948393238213043283049136946727350821695845363164537821325909694
0350403676580787330076191734110200080120145771328470691572717241624507710494061738758005480538692176072165022258404381736275774514067231637529337950070954238670700627047937254903489774052152
6984374031035611171796488567036563525992298028598433186804069044025303624317388939539361985182420737500737840723734469750992871815951801565934873291532401471800339281883858792338180789722638
1487761959278787770159867020640632194967863070136763271597952264290376168784968934551958445952342578510407848468143834405203477721195943653662592702474143542856859774896751132164520119412109
4553877930500089228448244915462670907225287022242474595124826775172237121912689967869699208541993331770382793919664499955389080589079394028316985368998455203523669089578814537499888566306693
8752709129571363550847274241211741320528219682338381169479595604552500245403351495924284731386738743933219879659587579013121187784788135187238694348510275841054140353789526422182900803777943
4107571090358501352383211654453378111933301366392859303420986851243119725152531869039965808340433585883805882964388573581528233109481116377314121319754557804130641778042714537509076409715876
9510893262569138936635890705507194949597438664490959600020279313306483043346971401380295991363470672533669780901240379282762862921242684292099263486922367308112903049521512627157093996441104
5104937344242274638935872175505610212861628417316899597758388161220614589841139922964554734031174376413119759354223722585699039121551106714363315656726075397238989038415749131538357100085103 2
5063354224084208777966810838738994929425337716063591953493198683457425156726535151069951870496039148467237157147173090220685836010487798995814591855227493520622754667593038387211721486659264
9828503642411532421291492567748698768746137301026636499923051436976799667488591027029922100542926980915422268795523836114475078224036350014620077193973503204916939325652514103669179857905003
2867706141977710223168101315964893777050940572311155708690474179256104998604807143602132584140191977355944052861568251826398593529119355752941200513301801298926402836962036151364268112201515
1831221318111750630936757334651824797373621859827608704681883499345495153931199387748803439792004661894475559152047984738667585664135632180806085456307788745895078995033445150691274403224587
3998037963839172698698223489300105926839359397119602981321701741845500909065901005821414855200211224249204077055878376679105969514355869337582314348439481815100885978042924150232275802228178
0203518855631194765529237207583993795766532893404606202003156863822148093895862770834459597560345107463631469501858073632709460032979867177572492746782457619508514776688714080197644772606783
2919883840066559583711400392138862960063892215336684726806926641941104930807402875640740338201425580905133320855497548075639916500092981425377676077285143408038667249829866902835209897447420
1740914351555281006978306269369879153585183796380324350213622285390087552060478375815281433300565015790443642900026710916696572018481149175514103655205687955001571193433811416929601181239555
5655011681909201824602866477130134059259438578917151737016404576236488531470772248312434565483556329641867264627440818731153815691408659466182200168907233867367170233597222159908026002208066
2539382467888234954978807840318151705645065305187487481836970856197040174769691966450185708926242437283195655194311415009151549322926380822338188323013925347704525194043529765742517348604971
4591593690928184679956209390374690978383883425116231400450719934756908860350005634283791919404623585205182705640989094835420342688809746606003812467763180486529425837737859207719929978208491
4027043438442015010491753814561642183491215163494815383080506262218858227343370072009095135512205292983392859748128908999962522318825378799702956313968226496122031248642020037064462154410468
4177430347021508223098059303983404869076854260950085114423129617058832932610554630332577394621464521454199355601471006882555362222445483590691369212005557941246596370571457259388721827255457
6385869998610627619536173619411447056168643923206216477949226946516418892453248544463256817622088896687707918053953567836098405413846040680681635514360587176670265867554388459176094920431249 6
6718090544118045871480069504523765797260931855140927234689179986584851299740231723723079581138423673290385037995413337899670591255482692806530032116703752279755729055395265712874978571522918
1891379845846318024846221672425616607157633005958826987218343851351800673603270744008099510045381752699363453797528769472077116882810600118216835967052335467236750721635277188740041235601262
6281810653246825139409301948490528515629301900048139022759416727318522043983050108412472400210189325472724726167070881967991197945938578691490274175901731521280719915734213593788869739169749
0915205363231083111892195855925541840345054374291073304089581653338387255827429184026697620765311263805089027859758585760770857154937463479681010530564208035378694417719492605130564988364913
4069698410175514791146182254242857773470016698365578419672179665162346805179324013392739117020486660607602622990681805810891991537580778177362688199521594954191970746464211883442423999279595 9
7170951022112722970069438522308421478157779489310057734051862572906942036559785110857215139772895323364911122564246135541904372464354872106465387101438911531441723526015435451235635220833295
2361313380041912888248017710924847791368717526363543707545941559576076446915035448386569535848916431334976862223725691578350714543194293551245457540851465086020634594451481289646956752440 32
5020752332054773639925005594327125980518709712653336111286291507643980276406571379745557662783039246041966544431019729559082675196336255868889918749151084900042621526427332036658865638505906
9959856826975531079364474174676434798567818957943618317868469362498388804428391326222566844662851898574843453728148320238274182997522006622205318753204075270882317721075200259612685798849412

[illegible]

[illegible]

4155016203541316741524363464713261065833169950450796021415477688413539965700963077934130373597117687845728162000136271804021265081320586682064016074125760439311332646937483261793331938490285
6796306578583936590311799506048932767628543693385602693830333798558157861475498849421357615089044776972368566599792828262906900178045606706901684540994492991500063701535794192681490030993629
9557622469512865105588106733460444143538107605767640590829537750147238926677255217652117874556419924688615340470956574553661832376063103112271440873189393080204207830505881270701531882303504
1664352955788539446284064928296151704717085973846917332943369889783231123269500994701999628782656845781341520024248297942198232676428740365043590591516608182636157906108057277694400160292861
7815459964691972056264889439594321130081396770358530651687693592949968126494360109616764260389787076498874163108914443399112812815091899680597337298797823278339362026842837481524239011333152
9495612621917468247359758605145286588081353258027553582707216595069463778804151039756591241914935764472331560250423547529668793856359869472464313636293877308798784725666607087005727208110193
0227716409463947629966005327499178616164129279469182100250715736765467939383315619103573331861926414212028335329777646718011845022874619019186596063589015365102901638829273039094465610079321
5088658813270605817998190255358091344661835408009385973164369495876886610406827977757209101759911560415684052555335133982701026510257122578676127297931254539564003614690967523346334304238279
6393701578763327510387424176400081728066374941440536682246107444851849257454722186165922256751086811444022427577347899116428556376484749411890801413157341651599036816950227632689062684203553
8112950135692511813396144440983820586979629422030429035000643114784382383077694576856412678084879796393477767330881578840149495715379705597435738055509519390192445209629435873268552967939679
4447405904997994432973888531992213992321218672397269301934522118186118078547961105155306660767248281282061030859030651362872739463048798681902536876948872519944973573241800236750135329476434
1579559347728694483556720157906987842123775351328026997825391611187183226898395373481552903667230759663799297871688440302424687338725830471588142739598882995306453411900154258019373175579211
0512972922232780747724180131716473256017548642612622675480339323569780527994621622346471536112566931817168718088896449525324085554427809605236141964390147339732271871976785650807049187196080
6328317444935279053984897277985867039561712146160892414519365411457433757695629495082419864339206773269866985415265466453356839716370987120473771719571720274481639199948949385625835299575881
7662837202703961725001445158747665932127242902569730144154266655546218288639240564533215710820279119225191290672568183987338349571044948880349551425243936940454776923560562225260279660336691
1344083605042923352082302734656456372083469554161638715774586684393837868346045201730620481429577074850404475128930120979804787684785124035083699797568996337411959519280831333055929121402409
1068115225496384452476143263203684739505522870707989900129804327667426406196954867271124175338526039998944856669817761037318513658949555274155831901151693898429642592823293986493181103841417 4
9007429140142327002573850502546718148046699014441291811478085220044131135170520610453755607347440422154106211674130093356146969335945454614035610863206052237118700824677748853694141928057303
8376320184190526977062225219614092624995022802610662445093060507574372797281815508361706665037725298887551645248029237883489747555158582155719307150771586858607997914460082999879332683343911
2438356951500695664899470031719467083120925339783629311307802064522402654822636698988369233689523348390656545143627552933418360743503513724900322826020757509577883234385990398455032035274421
8807491112890272741262387293305376580135599753779460160421191851139133037368634882836207159378805966409564183825051153588397270667415117154675332904898920148369825260916761998768954152125484
7797584505962181571817317236662576834703519768721038399273303404562639969297745161273355464845301634763193492861830584659194811130734870757766117258491185903293543907719027310628604986913582
1060167595142470486981071676912055594900734441702137028271021472791494264984073722609353305570658135176402277254932778210383229266294347989265661696529340259189233473229280517904367436368804
0845880432692311561003948541724469003926417984726608703899740210801671992004183900523984689658458716792547395765397973941878597974217840874066125557677024606647434663943516000717035767667312 8
1797247224727640463563708531349072150530468093115789315025362305227390670141307811156135926843011577844610008697615726483435249131304300188568772075335548089586723833434468730640012665865574
0347590663410991356225672287876424531030897240337999491382895177104687580863132192349628208882035182856922278521899402153944006088774574780752462063786177270951667749397343135166984772327706
4248110907281699413415669318985575120920004270540004847024610071213994161134202692516557378588179918376291641604266083054783381759374901927507522846650031815062239174834156411942924542044909
5814438286524012285394174658379463068586401648112560449015178597338917590387212865074496821288263311693736112507631492368530994113635553069966196372314958318395122420911164138914488841655720
1024449892391899517960648995447894724056801608636076331369180436323475401456910881809944770795038517189131317935001468121119767254987058980711312166762457914526521339687372541994769919486519
7913559452595231310504375170446138970289178462759351610080140410917425337845892027046860845069061419756238983739131610688418455722613086000732176782124299234314124270149322944445905494285533
2357424566400462152667790077797865920469098949109182474699543032936941649428890150931231703963104392391498390421248650752939994174202935214710266652449736945372668979193044297240648829749477 1
8597119644511851026145237819439829528069766845039790261192226786526446465645513194742095656488767940475672342313697596214734444546605671321086380499431974782166179297332723885546196477577719 8
9244648207308004086357960124746136846548068489106103612871689469321772058064461529755338187753572071747639491760876599513389744603426324402801995360016933882528981879019944777216290449688659
2596326100071220254448121964180949421157768172922216356094173680324866861630492373801124349398691836276821258733389759908078734328011921726135606086094577737983022969156260990912011501829341
0359792989006092805920743078581145067255970791798775371214725298400822708809277171598746175955352340796774477986288695382867793024982046190028308985195381191923619750717672352541092834311715
3605863418598131157991520646835562194660739230282296953941964479966040639447073631599762040104421610218860633873297590536964756701783706163863102528566911382806920171609222581513642278512938
1331840392985480385861362862650861420390907096948965142364465291519322649853001203321737080536683644440885905239221209750009226434840446860663945278456862589223235502398899573251510487221 60
5690002613105050154316626524372291076410783686535927755052486966083413043700021600945875374087047897198114783583043406755997071165736278914154740268712372557158908846172916234658338660679
8591345148060491264348660502509156112319408257861188880380928010509399342407018143151528776275779155983133921008966064457847697844706985990192080379393362181315871187298299754897263277650286
3546239323777067083520478436719827352324263566352395392725693683381272323153916201081953010571669994453809848251130664385449529467816401882709375036582483613059998711874459529408567678869 21
4403364378802183150623464125085651115793103355287620123129714791088376706388721983461029869147246381264985489391737994242046393225164372437908680707212546880777362657487367970510416284972 62
8604264909032272038956873417823560221159816198179475037485179853282073894542952069140598912973402967286096989137407380000559528526370779956144202220886029821361955465004232278311063667895129 7
6675397213322746792944427570799837463414069415052803690305270302044074207729156256681627700321626598857137673585777798293261181871445120974875693722005615934078459537029761299607066831725018
7180202035220543651177721759881538625972033475071813485592230652134370167906110851436515078438145967463098731075777691188412082828532282785745177728631167600336641877667701599361621941512077
7792958716087945426827498521936540424118971548049793084485549763800348714803570164239879513214900275696651468508623587081275580906555749147488252733093184637236989206094233735262354943702891
7773813390043551684941532714639114588869249428561073978009852285826558023567988663440320408120254517242927649522343915936803591421052695664549382207956918614088215000092575849222980129962016
7552850344374593598308855505507534706470567138772029697846351961233936188761118337378072911567935130297768533705092465374298379549275872700005096988088073762968719003451314857521920277954744
4806212440595564986980096932373187467847943763852967756457451906494169515820319704122525856863276928818011803147057105231084287788666686572061134133998637396382688680401570106886570849803928
3144426307822542355108842297803250640684452885844659025559722449286170340385416987589479109131477054604763954906995223992073339128408539391526018425113646519222076639060297168249821283406427
4072571109626391923364781891030723778944055205222258306801031796195552394246818558164112201121994204123024815518026547456974038159430580518610511618141805032894269074642167720271069313247 18
7531279974808287063210616224464646293334028895174959006988214007742853577026091798399548045170417287190214131608378658809366412861203057525386866540684070270986645947410072057311219517539160
6707659408100411268495195322738659212915469075916803477983951983365118730320519843115707010643403534501286089143687085532495485453093507680724943311364331827799578830395714757878528036505735
4989801629429711596716872762763640376476834397411968678832729094693821277157172350210978931029056268277825445299319504092777505189831840761826889124567174644508641893326288992690030251252702
0885702109198530981539382555925987863219615275051399577214098404683483943318167290092844211489642171466936665191374841074027938040784159698112009409634936445315909882789513258612028421800359
4264609091953286619977178962723718497277746770465307546144939744207942709949661662416799976700931355934522321340233271708137830700634860689177512032037032804619804831350689141252720919698 48
7110610085497530048107097500352481248807819996104412298557282938575632428187911285901119534927052631453076485358467304392323797435643101791129755284003342147640918727629369043400365746665183
1576111342730157143340587138967612203174619761245367657916360373917704316251997788791010292463210531285279556430619997364217667433166119653682865200556264528039012431353684329759262874167840
5940881111287005184669138161319296124050465922952878010699262241365547455740569427035275171934937276077940988758200434533073771533077918102707406358098656805256145735261863877651088843295244
5020931083688356260634495538614846967707092665326155650375578067724681555552233240934938752180001371155820733740546847321169310339791723861644728545321797908586480491084760254572973974046789
6871136193141454773327583978646720097687345597801647636330801011680256295245245856001582804173723196455155137131911868247082781905198555155789251492637737830053615556704110083635416233690087 83
0269494451963877255490532693171848284148111343799298739113947475620479784851599672136014122807419375308420717663735872221931335347089930282678194020574278309769841285303148170925815186443126
8886497484036593917361755727288771651509802717792764431169883517716905065326109052501756594622994443243204058881752657893408146021138891877471615526994976439925859735962507773144125679301729
0324116087150580874345084434925749551084438626197179284642137767547748076957071264101582585584458575668383135406727665913005313623346883754263426216239935998993359056109599541627913456796232
7616710128821751623487876277997779338650414855899583500372552501795304216891516095820996807551831203127211272390860278539000567577715239585260467921749958773630963962323908094341644503630373
2540256918297814292101213345648149552649324796169784276258509139637375700294944523360392008123501267737980232565665745934943022194337312181392262606437679832699076885114582162129379826237649
7267848054478572334800687579625379963395067847265917824318730740431318918459530481806935797966964621261956768637922282615652538367427990193504438069395041215827851042569653227518383291942429
5433906715351657064674447311326733068489993584788531948659281137732553779718314525351755091576308229568684727655224940167314533162263699990863389465794831124863721451281249473113934236169406
3905900737974389241966750137694137681876335156374616444921313667123464952915013661009351843216281563090813241967878216967896381021629475815767721075024098545353201340421818430840393822939945
0380438720007761145509354937547104807121617861258068937707815258829876425802557271529399359522972970133423860671878275376461074919212817851334925028765527451984005826990890598006569924598626
2210317278037449019174177988607673730678217696961118004968419904302112309500029031457003587732669776667842044241109769710820358261119406752068606785350296517707706833109451994850899572107 14
8067603965045472454846425566245192144416557579237861485728103457786383740396389659522144313689780641180187431716852860922505824320580633520197627889999770622362231236456817320525602382117058 7
6957087631597448865782570427300823194448423292277036564714421134058822304848753866537427859416188151876200468148194565079295511357941225186177794730797459487510609084561658069663639551293696
8124471618089444639220537655164051823556489548014416129853193118036793662778184453034575417892852669228569622213745709367727834802477446435952108921501942770657307332977216358041816962996983
1710801802421600121227604542337024361218337795017871282599882322658044747995983497474327294118566515367153697726589563358839405417906523495085963742438462166499611072339686588524313754254263
0541663144656623932024349809937952846551472048452014822909055483197848513476821328864579730857042203416924155295725709132739584545416379606635102086056796807114091713022620457675117810586809
0625506516527421282712978230457643309132038855834877438446758359293871553888756758794415020900248405705254303583284871206587290143633835493426108027625597599557353170263758226574235239292850
0212150372966257661350242242534035461632139231401717585671662328136884988515170690748652640087308415639557932152056655042180665493640599598032674359159254947167912306120758314243962422185576
4963608951118062882748826115097171528660329042297012962606718081878929812235850464019071481488261177764612449370115241548859455568850685413699219127871396063770001743130354631338287284981276
7361635491722747966422260602713679242371253283581672211908369634614761864937073795949326788896498676789396761004494861767346805222015084612872477753617684420471384295215656196449029005428587
9958065555073998605769178924763645387809830458699656303707274202564704135494110544520888302425028564444752149982446801090086010500159564482169413958277580896442024237922344473930866825902784
2809663264162436725758977980725341834211114402342934437593559539284227155362471440084186731695342765305174493873686643960258233834208728094909256429012395701356600855345254796389408403908979
4333654227183901648584757179735455416717020667330862141297913021171061320399989975963700423209933291106968098540888885963445647417305306854226479933993486117266454017799918242070533709659008
6612265653913426604774439029346994196207490851383921530659789142522749698099103837186816369515915045418426089496772467315510097717684255952360588687238279904919976992803254641370177393377934
0315069369538995141515629102029761532391367654935242099047711275710835289171562389055871625547098844193506113663834718056395210571763794236856111608965476783490957800514817397302026491772565
0543960644750959261520076614301638848614545439403377102752049673579716845715888070349945520739058000237946299681889133891061595785142902898954494288398147985004218630586681233155506838721494
2916280315704725945910876191655229012649448342356351531335476502344164935817714041530740579399354238779305318735304102966088796826849627351148587020323938972428050462824406366493994127951 98
1912913507789059955359461813230966878202331352915279878717546607814383472053399410794117170209078362476152313224860601276370086659588724010380464762050614617445384481554909972502919393874 07
9457523558767343729730777482397290770444418922173719367989347337737788661887344780814784903199962657152536480214308753662666242600801791455027017587401806089058239449984632752505781073103492
3376609946718045655903513057552428862340888164115896038921240709889196180016582380778228467446900565301014137988226757121114310585477428401491659306592077688868567904467656734395049628 42
3809436244092990357881315112170911421692271517159409976489912100557517216094476155074041960157457329481580156835514608447713704301225697254718428294726290146814260332740134333823721848201738
2388085885535377388464314639960478689961955093058749973846355644514526182038997665167572604117321681449976692422329774063382589213798677442122057070399018636243739775923693935660245701625486
6240988997380475611120904468052360048346617337727669393004225027134801579248470282543848363774940905716189034789359747631577365719419995653944590837019475767430834245510290685196233224564936
0691316080543889918343116076193618559382779104235248151983929899868395301992477378012797048310786326753592741709303108978208578774470451932028595898580122821760368914589497058911118196830800 54
1579463450050311271418420459430853065723033745990196112578860361073470079129650400343178873146158510126775558174777035391021359791018733838657595510002715393990955229631541059707775235985560 7
2682575285047321923889810776025007809074956770620867725558613017050437730260158838226544012243793204523798194492615067930324543756133480496788904109249298372881238474471390838878331057764 34
6928828504854220741777970798153526676188295906268673799800509928164010808933115539596248590946042411847242279146873128621491814687286178680512082857542791292467615276153399206489298553670430
9545001882442352886991700042742442336223587190195177838705387918818339076119741671852618190100412436575534849579237505300170001835552307887027896497000238007061234199301854764401312352899366
0683014749174331213832960825114897196198525502038716932991851023456484456197386100463078967165123723237741005601685084765563742563289247103604945599279620121108991226216906470265 7
6456837689934178082574753073197298894775071915143753563703558811136388405526604701898019238458758394147177949334561179267125195255768419635481325477054547747792631674096356641246189544971162 4
2330995911766929779615444057975548884463718137673187907395740660884685683245765592764480338967575178773717420722654492668072881381734699034664172910940796871387568167326855172293658777218178 6
6474122403494286678096457422353976544996255669162254632460465791225933589737731085263711318144492786474591709167894282992850678402079547993840455574203913023478337606593024594220253599571 32
0306881184838670964735228651958234523433254816289789521692656000398948157320965595218741068304868563389898044325455059268394188464027445562213172532955989384554086253204232752047743942027602 40
5419411425967218588281992576525105433119313510150391688870876575022493508667102407063478836347799474878971393976352856999616636696237431451791020029854846227360588155276858077888461312495409
8883810320060215564612303440200991509637501265468939871129544266149602918252214157679914223496172013784173703566856192128752015589429119400804927101683113342852414709718335351077032396027962
5543167931306584334682028860366875307115216159999979090173962476916256394506788894598158224716985034257239941258994060953534252886464325828903209617586824875017285813536591355649667479805103
0695840885681687372398952683998811899597296305073545113734859293532405381359550179824406802677715054413613534218778336673533533859113883618585042740012305420909405803450734510754101469741 21
7460138556830518496923305000304860666765789408690074752590041098006571635396220890185752463203656876427184892308581160064213533122184874374370206059135814478837069932746568590684307746265416
8018366333821279157746071625180925351367312547372103573012228817098922892610974015536848393462934753937655617270267642635886021178804948003535997184852714025407319350003869180160995962105625
3502250613804895769929598730457538866570320991276325153619738192811266353126111510327130696449687596927464133598459849717968094355659152562005705860105836271358576460266393840619439703864443
6308231208034252584682883536143073521624720221383285625491728976577657321213696781637952933903484891552253284999060007930492110714744337452030673701756603811191474319695856141532281770415 29
9935990582881008653437221009977204143279832198659256034118455028735055913318496674335029328539912059047836838777012469839277933260823844346994849624839616460695038714855127034617758047106069
1847576526085816228517465230661467503554691986370714571230348501970503420478142482130138116418064504734994447665469334146242165405292139050136145678247458669934794138510933431359755185492547
4002943081887545646407443412178926170156824661099424212693494393913206229673433821956941037829322694097597593102469201075789948547745909525780603610691319558064117530437137462974631740109475
6613974333327911639134426684895299090513095707137520081679783033755438822244352295737200708944829420599469574785454582791360186325216092860802164311154388370305098346749572744929762943096838
3030301644798587357745135460317050353449967819245461500688594537428933031811495736145233022975626636128458137075461093876386549572464654066121890973054239261746561391885008063780426
8323692492385558094346812413232205601348946760796453414130326591111863892656024684816724353983314146325598132369903301812795928256168557572309691383601828297555181925472202581300014646320552
8791868259407363338089279637812516394964036216052403268295639665476182222825570188407818104333399754298027222671080116756164413420879841782810369008991369140787148230741624820718737012019040
0650492907445603810354125051221684666269212553866710491674657363815734294286370376511795930908650808848225018723825362554785872311918841920212487809992020224120674826494448291390852461631180 1
1620885080735759812642319576469192944638392297386113352370386801905816974332219481043736954495096358260632328968916955769461893781231570476768105427112630254952109114505132773414079589343623
4984518975725219589167723029536371470350458726431684275587967414278511858245068218838536195368856269107945517781127071824725050401104062764153638443290150119952510806689911727654861612400303
1194155670608121436202049022638930872673570925592384506425994770644489638089549315952015191335950499357567014066452103009693747780974526110422723771499344718996129703018112321961447955292416
4944991043076068202045870084497176352423053051068536008396186669956768933622026448156165969779420309165424256715632026056731459677399080991591944401557192730383077377879463133994399921007797 4
6623647487937971367292074134974329042014009898363875762967500682760588364769240210726091865990817958677318879888747153963374254877319067587589600883287350164079658322006823897057751808393093
1506726232775642162569538814005949994112265953025513682345311670001108096375602075075552623538447211013686653354846351570497731506980959556861224714336482144035425642622774801690043979024425 3
5219814582189485740126084847070422800421856036448342591869671538867751914828579554837715212618906718211671780013021511882768753049642704062631915786078750239220203902264977387113071810959447
5255473413952326554473408482772061989269648290090333104861171431192234165786842077732382188038193341645790594846786301661382725169357173215051714959560101996677471691054452613485868137293888
5775723139722857951928652069397834146156682605071483068377363888878496070010449753868806658853731556342789405466832073665203263830894950255331119752008855631008094272262659914845370947672149
0708163696159230099067390353632825453537576708358098918036510305505816893685354202985016559641018505793523082941486192985542979548083225865691791104940379802072588770540680422574676922842217
5874923736607839030112267235606927651577564299600752999703783566962724994732520533803557303928898463660329580989725973250841320284052397623723414515296739575128232049389997890272853109466877
8983578062933685226197686438654573678658573663913847781088310881548720505785012865956066415357233328419311566185652917157549629061552787001477633108134646507926754081552360908538395463364057
3211113605140646609510928716743317482127159634417358236158249527663296910977513454746654686171309367056526352470074664679338736171636069300852779498451585057854859852341590038804105397034327
5547707922860631152891599372304294826989750320543438756845540983777437856030876829739726806505479633828585457460942329118340869965129784034609432586695606206429506522119878112504722888209937 4
8424360396401566984318707735151531994747216894001813899344470719750931908905061156190805753201294559839867976760689488697700975006551757751289172525949054910718981911643753663654803044053886
2091331230354540962180905106986367085200503925711057354133716804075021454919998224734094357044861470470718387354217533193869337395660642636687598431090158182647891218306241070534225842774663
5345243810853387956074502843255912411066724714078649571700254080458237762719469760950006505996365326435184650200799653996526752468780144396425303589411150658022827569978180357439824535460094
1518078632023097449653993293609749795923979961064387149108516243598339452044358771565659502812627348353271016666940041119847841707110674650508234433804625351676677828508887137962800458714246
5169524607906865025399912634600713559074320504667909182932675934200553276763971411940173307642553473446903427393787858266733811384608536522845476485995876104469850209076147274918270739374532
4848152995396966613745347375977971296048072120690677125949737920186422133101051944507490634893062801598931168964992216094349177726185089316057561465059592372720622952240003548354254582748233
4166865507781702892328001984957574268261806554995127303837345045873411067670335175966426570441326052473281095940184315386982670843428055701939600118830074080220522328272674214452381734372431
0426548430382890744500223402683347065026517190597157684611095259984510076940593653529561784802363832336506019591717980975318605791474216380258468031440606668789595033783752985712160441414485 5
1629033258452921027580017023151161209706140648236183077218144502866018413348641375089942999563468826043335619545414182262734809649426070760119825357517816098133243246371978645610738250452771
5050984857770736683449895087187549828758359163380779631835815416484325940756730666297381397329149140522722427149636798714828548484570452295988090567547128862037268046953239970511336493324253
1784561684752761269665209924946394069060234644757162444711114190366845994383900582669259873368456348460021837344501945679889179670012907353997541088109599307639083625775148914749453336968892
7927924091394666143654216458891134585397425486664408384304137195602513317787782836004881381392935970418671237777023904519628844650471374226360954825988839004319033269745250694773158
1556351851390413649734130762818393321139311542920563744059023826142676374819946703571581512781233330316921671317012754441746953343100750653502674016217262041727902729269278054934084079252039
1862648621142076560419650495517141783919744873862318081579480324197745350370458283536744051005515393381984081089887707131516479621228232833062266784526522498294887964477143392100992206272 31
2681433412274664425639478571176503710988178889826326262753407109990299980309732055162330417398456183667662776610927962958968436215379720488889572642718304666421123206197853092619481003535516
7840783669426601648885779804752327416094344606449182253185457492902612687995820688883113731891174672223155875578640852639800886881279253758412930743116793101375184695743235515487704514359896
8174052141090141166103575103016260801793593688831680817774590748169940028300802813031990911474764599655721052473519340767206762449291654979440537194945572602903638472209618434454880630161490
7350450997477960615720184940478267927381170718631277027095147637505141146114592037419202158140054269821346530694867518520868436586603190840223543998064377659328956807822657460624800457067875
1809701546156386695312393510625614550310340956648339324300799576042224159944348769543433826897624159998923539052723674633989117404059312048556168700841561638567260726156676270482815899174423
6435199239463984442272973908910242752617315556408509188876696012719668930525949920321836955097530206008958137406267690816597986639056751131942991435077962809159535605753369698064894777066062
3433859005313494899883635176040233133818660470256468800241049573623245215916261335619929792831996516985198115754768214101279064544676632171728528747526293118844301942107165954649657128335753
1991793918163797136277207439993664886233730642832521271288841847947375948826312953388532875107964225456572991925000452730715765348681210750143259767020438421507310763306279411936751681360204
4820221045495416548628941896274569704015019020341072479036100076921749510511747161107080296669672674330218081508188559173488634416732839439072216256700001652439310086319720384840441900610473
3337135261695590696111699870002857955096289034192260543021816934977145263523876612416941440845343136845592984174302348615241626025974529488470022811796195710543400040407225864382295585203 41
4122104474613497587886410365461261111084429227771337735465105287438482345282712900997596573301581841032856881777813196544529823767633026321399322904129377756037082105113692691646215508191817
0162018274776553343710449764857696376617810659415580845587379218988646680658154874776793210122274801517813068180775809588747469205851947998203552233157996698270909347814904280599111271609602
2607792992525601357728818298997984970999676590818614963480383119733158670496465925995676999505104990601801453271279367903817410392023523367682676417130836747479902477494337514584063964201078
7370192667717530207396521012488866284146645083239256133055860946465910863291231697106520980761641107841795841294835605765906441709649242146401078626246548801134054269714137642908817411840016
1301383939356647952192163695656647653569996582935091384940010651677362477638496514424406355792720778227762528039352402844675852511165372463321642201657881638264463101851021954664747527965735
4314720292425388448348560748076280992659231707223468890456754402486808431604971745888896822992356266784642251106217146909939848073146937129807924639980982866753447070535169619122712755879600
7336725642658635964737637750938591572714687213397517046671806117657085777280170467998145903298279569256226471973399415425194023954441914848053334350735644308065706593323023723872372552141822
1043681052148293892477892115214555620240403850788564222428557058350508857691124782883120057084137683127256998954339548493809714036467197390470986340973967801674749143777264564423832613295047
1953649285560604818719535259653144084029510948326204155991278089042311446291362481616728135558333415874523940591804775154394156188901401668387878684651913890201316591476409213288101697240987 5
6768412494107585873810665831781580708724523180075721622843382004504236173078035098337257886799982363354554729475341664439569232810571698379020690544318966194743920249074468714687833165689744
8930540460303049663995746476495372336172659471517238713748022418155202648688813233149269842987345037473550745237737723651525731358358982080832318443262226711567829174858908206401588151120004 5
7240183389907704206403090788960775406769813157939857208848367026562477913789120029229983759156519267284479657636995221271889609006364970679882188481208880224634673540363184378243869257192903 1
6107530448848464447803396072011271371830158990654305927960002506304266952605219558701712719040910231437847694077515193048370090939992224319870816903091383259835012209435969694544402283496034406
4897467653622764443162987018244386610026742384660646580921426723381655745734544534415193134437275222517482886605280928336013844275600842252838761652861741200862416179740317055478687331684860
3950576148093682425550313428406880484463033834150640419790591325206654711943795796279532654591760955204257243497253232935094451872400123012531363714869105881235541311990234052930045995153626
9236091528388565160092148888991863902135236807038094410825361620864674718696184432128950335319638369665259379012848665669151455186622541742376493015682404244663078139704557259164347216424266
8687985185390462034030909411536314198187608926585336483142144525310838435636849064264185556505040772186163898970208014807884603211824286886993932336159607003211223260113900476391132225234562 6
0567394577444629089407024390396837494136405582114586587428971384108406060894047635219807265558206818827435809765152822045136854029537692441079137727898192271074536955704547299957816487475825
3210200112597422424258231720012135065222994139453099893695837385904532869414052174590409461322344915862335446559602155653862286070651807006621291386206508246769449306772732569379810440824154
3996170771078505901220320641997006608280236175703589736147046902527243693760425996441975947084373817860477190270112432722644807203092751457338129022702462423102555589304459823585779734080998
6848424299750932783880269591906608047978599747297122382966739245516416112659298190034910468688912257356055708008667808199814487396592925129959410766452176455033917514506029870434072374058503
7928470076674191695098413124962037990614803213887428179480491312143985662579941090589021389048025413051659711213318992834454531617671270913570566890602725903008173825803243494893735656564135
4192040952585264991348957572115503911558359214797555084305129192239862774537654784025806282403440819119942956460669791688274038729481020126712071735999041874300813865881440029665404721993 90
4164211913468416358227635959575126731260700168732112046271196215272777851229056314378715278923063666293373834392793186925988729661064512638602721673122524440692439616559412490517026427765368 2
1598661726008694615021879971217486530364106673474793026921832728129721803199725327702663065826691359073635626947046975144612377882813208060423554960035923971562555292035418430229055856681856 2
6044024154633350239384939660797992184624882263166829723858168656123539350128043576320178410101081157015420118826284332818741714680735655002965834786569440018873994313929213757250695820773669
6756150107366274798248089455047178043172844434644086787109074382138045180038038978042346299388423084996811706898765780928733019950123715516188875112146763160689052316679931608075622575395418

[illegible]

[illegible]

[illegible]

[illegible]

[illegible]

[illegible]

5559162828884786231757939299058488044360957112267018258716703497364406236050168341604925393814197379781072655642565805339053407034109621565629952653951410127198488123273669505278323756666857
1431464012425277962369926543085261989998768028685126892249093061801094342504994081283549800042209753461733427815684819636390555569452124312185672488206951859706878713060369929960076582566716
1418369298687419273246343051355107908972732411213845437504085102023819095316219961355014932278789902832014017392585881299593575550802070575110212067454198951786788894448629912580967706035912 97
1385578872284064176804729806807408813939338885152794733321017810351258217874558778437834095702219380240533037277962590709541350261630324752007531973034564193270679313621829590893731283744166
3182461035737779434388278550085835118351915934583133003172955995184957904374134558594485757221392374605718268590747884712403863036002680359950354610656257337948107596202742856068866813286374
3403346177439903501653972467328954086321504765478557489740868159953880694786935301791726029492720679160248836562749366017501299445333948217729346907712239170453541272031243907901533644120571
0007194390118920564593139900726785392915240828368034041579206608277385932935012226306386631094636242654570784390405160031890960303373645781234159107989210523552396064731206695998824080029266
3432366913239548045115082540301707124509641690082288144853864766636917583181458075651890199226768014412652688068604989542304950161032109319123923239571553984179713597572657640555291459343865
1951867855255057900705502551662900082351768961806958765483683375875295166820779615614086950982897652679781972889163681183913610833961122272112537401102689010119150855425638156183386900058466
7828167800151901743637897686522921391374202929679356369383503595417740841072801373747605484560218467195724743102543584175502916280192798051034900197076530654325166023112728264105912155780409
9244286564307869352088856995223516774140831164504440291931654408311793855241651438784717777678497907154055269203639126518112986615725553834910083450969017322384314819607626230271051337732 1766
3149493665258547598528623033705858386492025812326667609281178297924666881321004346776334106068260677434004476192058329396861662574489199537898391767333756175547536718524351254302482138556967
2805546410102033317623523415610832065087418702475712304712672948034710458134593513565386946045973853012440226036371245396928842166354534186912073693718888665542131296275278873309445707396547 8
9184368989108014674294096216451872482523897899653161733866847724369419303761620319561663317870565876809517638820364413758464402596047575746311813159082317485650291600669456501497789282790111
1887081496667212980708531746836975495662295444390388234234387619632847533111722581881465707746446998659804050290913036008480320225792433116625847984869886830090674852395250991752075459989242
6414646629842691227960563470233482393985420514671768493506437967840012251942210460721110073250862675554705902106696321068741921439208667884407501758046802321552261701114643895360905714669476
6306478708391061493128085037602034062093785015431122691508548892964739931354591754735521329876926941607979647524213829015124388895757400726436053482775391768687163331136754812683776873457263
0635896122149583569592655161083890800202743721027593518238010738903592472962995546651545853258752414764249481949616863612803504780142852980801025011503160873697741715860043593636082276293454
3449737252069014970574296198400139727466441539663056880943551856392684255332709695476173127219958833573858420845253518786840985937077493623228831861876838285511786995091815605180407416990632
1177278080780514436671105009435556395652164047532168549094740707580175076610478270102393474487194428756205197199478186060352772945370504378524547280070542330693010260779543360010939046543915
1429361479094584947785377866155702082742020706253873735760863028437968477509494335619241658063688366997404221313667064870142810760143450746143735950838461305573272896703519688882832158743972
9015986010151308826078128927129966383443180003960407071402705777090528487426521667560835330652898726727490287799074907906345800582153311615543730141177286356324145599572929452287111055992515 3
7691300482670672443745374471101124044869792494197263865575936197853934896001801817858978099431064101492334920585850799386398223971275822634232928398994065490677998774078708949407164314670379
3145462556943238798203796613548527627568832932004925474193625155148982580416954646136699244887473080159145491625984737264962342775429900767594792764027577343640664276634847423240441221075732
1562064529901432120652573580389196504315924743426302816773956788483399874702078558924633549537837855466751531007683916708392789955200569760899922422070655912019623040824305321422713519631549
8561682024139132131198529998809505728823646635212834400785919330632524471251702189728539606572809727455243632751028462624415894674064270929629698347935150645671078986229943673115314237108360 9
4720183563059909500327333908925740861970123427473663985847473703498379972789821959729810930569026715081288071653850841840719975381220435181564045991262834797541189840412915359278726696595147
1443661542997840065362968104279044540073013948903222198881548918183510511575801327049070806925474759517137220237070520455229036022840755457657921494864162088035569293420335175119546486760515
3533145859998035003832372349059405386825738360566038244823049872251463313499424963479303636325960114677489927901584571843140030024664947826857785666939373378231015489786940118657724006721005
4482226819160790257294365266244192686572268146796985786583158609670657206854051425464102474675589430909012366692197102591893712972421021471452061493728642534403702892958791062233054004341243
0616963805882692004025779988523728284568152933579671414214588533580190347934361238203026935108601680728152281562174567297974515064318987010880499258295592579147887543082896738045488009076995
3798197195305935375828288067859294179807390763899722214897098545159422210116767251068009584119668357344617311789594512430286112337115486249358770536884774545524143106808896690658922486329542
4823227150859991213585653085825743987048656486592669491102948303093367183699102983655683011818214225633076537218199177040438566850125734050453229481106939183834637974535751991606321821850026
6782213196041717955332574867680796053731169022391912610233493247256147848978794271632812109939655879419029252225700910988773294030468953040195012831798913341845631366221876037606416016028340 4
1739304953179721517389092523073025108896028617488656863325002491355510350083615904999427696170609643069389752273271167503110797456490141860876390866571895215612435197449234281022588410505236
8765127612984472497240636227124237431497363690747741002888822734460900694126579008686827893330024407879409326797260202371131871084113288290266030081658261135541769930563146081107968810875300
4562614427527592288329024549777969074981797786575755976893911102490753186062856406806211453395985631138725755181920831410653887520743434656860239977754300482715071025306872650243126654904410
8208665613081985926834974395287005351135954563558693833438631107986150186630798330983292425314830648237683114582110312777124425760112402482446504782893619889353158062608685904664019321392874 09
1023513874736279185179749718989847577630220778429015860878774933469841240581545923931582356092642898773764280475409608197205280698815345096017447747772648773371672135650027316466996764390637
4289157200148555226578103267847236984769156546615141986696661998889006628950988810041417999930138442045770319579995629794916712722432632645521531119427145479943667118679777569897634602295430
2921478765385011434944808161361712745370207899514170920428587106488528936464780701940292354020378724558152580145887521267697521516695629240605412068863035403143143206195937077778880717 68195
0184566194822403978623112751746490687432574485868594612696194790186432509441581227363549369747503778205503297472169077811578070768102316837592657435743879505515524681908752218682724712328 3966
0116360535648119458569907959741090028057910642420278533350360640727961279175882847073305228263377422551309001097117591282967100303782076746548085672839406407554146783224979835023039709990368
4086969964886688814529383841557291011152761459110200498197996251570536425944803069213110048641789797932514870500646706185776967290875861545693781540373551282440210323594235621503929353471203
6009255318465534681332007069931296992896232647415501922723400270121759452934879243740814114327252059857176552654069830650076850873104778592674700590126851043944448283672128987117679699160074 0
3458775408163156372262853266676657140594714280517988567775189278701334787426450102784657110655612293158730296437361284068657391271834050870179872302395010007931112661725623216375577164644091
7927291056490493964257212125430156531537402212563116644153142015345232223314766875583805921058281147076399071800762297363185571448808794189667732814071499374722758831722664458577260807959364 1
4392494452607550457146910059287463408365215282674138473933496316126397398889005959678375611472794081552487017428013976734542596607598975963632980908596160418614044566737421832536264048563334
8912312857018148447650916820944517542627905192299905555497023356487093079098374952788632101112729073120786584878882179059261693071317855307254182495554505429222571418094636969672804419 7265161
0462856840836670470093660672365665221103243371761057359948348659271798075171784750185057590106279435495479754881090651864750480794353649486012121520187875963718858826295447695335470506592 8498
1263265256599074693667504943315160260203853397865983721601219673450433770980771333545720717252812055520967866895686376001242764860612689054481272382114088104458145179198142320564888013571806
5056334961785423388438653170063913564860003503445238683379440380121168826444005191575661330329131109520150495182296563747471547859907546888825607903276537551523364714182831121630274043188835
1537513409987015912284061697496591331377772086818141868524013415484213883696066105138761025592785938482231588453765628605357247802732236039626290690733061192332550598013470067212862175483 36
2257706959009971110112147709578997928149800846411390312671965104818266457982492725300619411161876032607779433268538153961503532162374759708638749003420074382234104375061632068119662165111692
6507740018617529355608873099872050785449922951007287888975410609763434648230328882775157151358122637302046934462396768398128160484746041177968689010007235712660561945630282379730784190211413
9346701025222194417644804248142420452497846752775883993623589696198531039896857833001889674882226515078804921185840044849370889557674292720512104039303275558810861336119492275715526437876538
9260519088862512671922777808904663266888253414825752358929989051152537799454443505485550906036855745766236977546020875135422247792650143622577280563853172857924553700840255619313913642436322
5894126907552776576592775311300309058563307099880466335001956636409765444624291364309061851399465183693052609315771107094745934998370062431396886984065721846361502104701229957197296279628251
8458524732969592325327158717244150259718382541040687553221173669739560201330289845555874730487152234315436918184769312614970370747608578107454220631614386112819270492664904147272870448124961
5558741626181450683889431802000194110636536393040384393763053938355078240350416745376386478124290277945178647921866995264027401228778182455696288881130090074311289699059467302737469917112930
7221643334804963953092958722518666346937191566230791655356042291379857687923930601851553324687799305463626095384106454508152262177435999754517137395950752592487225398337819402406685578068079
4055194229737650194348191908999917408310849723541703592927673443991355277450614986979670142776731316666888940868788190043157311148205351949904874372018961705841925131310679392424708696405044
5787613609088244303727976170010019148048405069454871085162360489466024619232198365186487946867304932841650603707750281585733490113333075493163562461035649069862687895164176909145830369350449
1988899600737867901910042458942379956386966924134420145909364991768122972308415832992815389185910706998586924471096511095073011935600824884592691014570731836637400232651609554440126877025383
8635206042229688874067877433837619729165507494054715784541820876080113309260706949037409899449635246036662923017833593625425672447667718546935437761871518255012537006735522767155240296654242
9389756625608232078183036076826968464445918879045958121786431072743195014908697589522072112420696123323903016313079423325388853893602555275407835323117846060732947872794743268611856976127568
8849587988162044886442690443736550312392233453257754508792839266570334749585036429212778497784454156034747927897287987881293487254958577435729111369125436476959309999208183118479757828563349 2
7756853470322146983668421464627205173684371508203996453669055430749297723338109577390930199065319601113240760730754214758398428406487205306786216578518345078874080406212386611796321565498079 7
4113978016547096184687174341679137813657355343913637938373513159654660743643997013834557229518000179188031966073511555552581992718701379565779590186060347765633947721747556240047398985358191
6392213050371989741388358846343788037096997419954341430817664311919200355184503170221682576610723569651192082828220180375722340819226828868604911723228817586640237620601304588892812407398474 9
9887157015001365801982777742103970207605888383893979235777508063308857157870324100830712619007087462569612582916081285331015875854833777732427178577507402557933420847491283603734351916395 93
0064948140740053688171647195674548534605664623911654177732890818386100020010304291197621547730002647712884631350460881124612727128342238301640440799405063280344134236646762697641220668219194
7196683365916452808314545104281226365622404013636291755064798229940635183087070593948194216603814098390681352418220048821157861209076697774540181689286571185718879492595851066766491149871 4
2033867224103588954392508842944139909316015327903900091489244763994838968653857739780935329733609277564932700105374612727465353760450779621585238271078191203732314601229844274515760920304384
3938580467568797580590652138986372612407097519640123530233109683402819919931051692435205544762123296699233004455438483254619652922172878190244715145116563017687279957873447778532797955809707
3863421892999188266178960007031708032026763854988361023571636166288898436861880432865338400325283546528681945749835186425117174082025649065179965872606993821533299816451420993585947177684188
6962826588262893475943407033989350705079234047102479164094746764992267013903230725460755310445318887760103561321619558455252776450807564945507060117201591733348197372649316327830875309390 55
9794498427231269203301163710151037605138798430510119530823545978842882030702495147853382057066367905918378562208722364708835296731412771073930059054244750047268103931002987787313130773116683
1425625008090763463078541707367312975600436087151810467391532173373956032657111934706409412508577345672664128329804277572670561953761282800174390355242424004566692271739695507291052629615482
4590157152534058829350007695086158480911133402807293589210541832329799669703701776008228885832590405688610522397131938045273801941979010217959765858205306499330779933439461237948111718471321
1801920460853578368249814153486324001901832899101176534590585898309784040872358158950588702785270862265571518620757670356937301743242854744013870616490376852823126121208909223654406123699359
0239910350882269082889742919807267152242578097730802193691545857020873455721080326262388802082532301929270813261602813911825295088150449890777416871868455901302246308365887760363034070804624
9530117890105166581594546112547139218712816327891799433326887645261010722834707748890518779605540982784753074248284545628548731267901090119669483378668108282795847688708293322021301519293088
7896721427205357964365031344815233220805945404779216496973597099734161422236588490836875775856795798186210258350074212965486404653164735577695530423799788447842134411902117008626275942427549
4449977503005592070457414280968557168337441893327153956067773362091479547946482925354743838796669629830260915639030522354777556509258651269078836750306780241600324611084977998467658973830 27
4470477461752491418329468030357580469962887071017077302418494407984476577883960280775717538700018076840981503847955779364968540084028088495834411976246353753758328062786796066433663837399439
0811901001156484355006958316669333239235379349904494810149997704401387952597586956356527131734787745796343688009743346751413539037492496977745525751267440096867825369880660577568016545295816 5
4081443886543405838518307723926234860922986257559872397657249764470498345570913225583785640018239965647401626706089269108896683890675966799981381071518304410306964386454196606910975182394155
2568957293944178395136755862871676050262669922512302516011737042195709339359964900070761920414201403967506350288713071935667625384699311031691451189479323463088927893893416376444314366820077
8728918308966596875295345069657256274265546496088355815991342115633853620596028005522267704886339459496914172527980063613791429781949769655976453492383372124243692094042295495550512970118841
7366631789114644837968329955894091775414732772125643321086972170377028151512883768913749547276134658507828238586438909559916081067041322656263190660653329579575067147929497398266314775 2795
4564733941348862012165776128655312844090794776970226075502553417959353507644847626339019266076321945137005361541042369783023627415792275287142801646680488916283436541538517287454445564915531
7944413087262502685540841013617888749794976370033382846693137196985090336513050485397589706529058484521550314503971979722086320887056103205654118792982563113124138827231476130357448207160910
7801899821322066902221517971422613860282331597523847771015875314053015156848887340075619193804346197591529739532090332101214840728548840912841117777443657422250233410112786131031067017474 86138
6609559677836060214836992818779795777934355440831954163259321916309406935352360006785951047295424710981199978759088199326693578547303080890030246634560774551738795316521978845910871645168 27
7396951662638052130640617080258331092849843031221251742314657371430142160972480938238861717196292717671537409412434567115012984157705175163090131099641310392276778147128831709434931604804294
0932170832211487760699184834057618414959323141552321664049778467120147014305152331244297844649118765186995049827013501189236286809063659900581366745301084286601391862005955007199008726887266
4727777821118002938890044873968258952963110832332717775267351993798474461892327262094769768129235147321062127454707822072010886031482260583429630218150451041079928989204275667543289235166737
8348026980942639633626940626502137240801192554892584470022262999195792891405435191610617216522918574226864426319331466538038702642784780039784699972091780932450506616145236997411211254567364
0013510834798168926929342171010149143675331269627862637528551903127216495519359609953085508112150302015104213269848991692659751974398332093935478560876528304162374016055425179365960546868300 44
5969420045833124353875112406871315969072904604805882789756294419879661431897540570654786808972617267859060642584123074314455184433052179074222319031855566789303260632831816263012957934666474
6602894081690713146426096387762797388311541382194603648235704515034739284904971588086226718804191321040840389721098266962644867574486768493620563678983135400730326864857139469994806638278747
2751189259515159069048302678634598545273294747204501659546335346291704489296874204080298650997723812917735894454542245590916431298388243034016065038569708832780313300295629621260526734294897 8
2901266633753359953765119054685373312372280583555045395081542133411464740479494459783488323973446589816742401438095021972881985523361094317790499356832392955295845034633321557125089651098130
3915744852351055697038630370322285025312681143427420850645397005939540464628626992554412689151501419907828938000810416630036830869107381556267078708610477582355019595091161732161180444386177
0345471762320622588178098877304586826425417108266909140965933723236033755351093041710382189231882848454471442342327931582175237684874279222788951919337158934388799321071401289188093288184362 1
3452958631586168923968379294153776875790010934768020217743038070880241182266055047826625286648187614737208843517781449546770546777269705875751590708820028975322625728541173133540387522378640
0430221963554629064401615136388128338795216588434597890100708682526958316172586839404986629734199040135945799286908672266693753395317137462855281531528650668213362409577904911485583604779691
1761617936268116258682429130622537986545674730191058645231569885214823910317707599704145826711987013283988512737906100840709764976274892721085402408802168154125105617141502276462746485879358 2
1696868089773041565457129338154003286434818293899116322195615444819292653266561517002216522992711744743711657202031718810304855992343925810758105305763240704155224649023542953414188461872 40
2974124907765107067832624473960055290714105233435137272080333882479028467564836021031757505073076516174733198640892371561428334852772012812238076072373073353816489265197315890753543618884634
6278087390080233486679977360982910921458626415309650504552807773769557355891459785322795030206987219891546287719575133404550934466707961386352927407903081621515888047182228596875812543691551
8171875495143397541874139898828316546218685200855194048313919391523304646345082137741058617778160060530298025497736235271074359055791576916114955719845662871269844064815750017094967369438 18
7275220970206485227829603577565509014312447492020147362846028341758314756598850128079177822290919498707555477145443164531130008903697767388175175522163512626936114151760582548138950321114 75
5197474195020004098925330964151006449859081242710531138105463605552275895130964735758754399604270580851283422107743423946975570869417119842471346235982671747897159572647623692860832088662890
1800183375504003851412755568129862473439184228246631690421341599513990743719520383002690191238116311964346084234560274154119183676070909834978366624286021634247804007175325325871866338463569
2447984227091397630849234944783054127907927372908781819433050633066884309418339263786604419127060463376562978138051423823908461411790459575616371681412852707579230240310162163449617003616771
6511887075920622927156341253674406600051835554799928539957730990036256191894150894848068770067468592264213514886366225653161907122802984286518723516201392323726238155601827841764157177545365
7579525643506213980558950187600794332029027918696387437534568876194751702867283165558414006929089916103240361804051638490638804153887675152685394861021392978731910881243163420344262955454 96
3239304282738365361575341431678600233349542463811857955525563217797358135425867447137677053570329450143204667934039336819091335302362407977905157693635937824688949355818450444328709916887968
6243722127505763089383386107924528309990382772254911411143692970704556826030953078703658736559900139106198466314738436623063835092642487327703755453932599011418332307358083242363618633004947
3844197233148793341557907508277254548228915508810050392868758219033049848476958560416260816828569648409964322800058686135653333891121719917231697059266401313717791467015288606356952010177898
8169379623776884611617934815242388175871590038447330778392244280132013250430674132377237752127319532566543783475573911108939680877451494718481247039030637700155847680501378949123585027048451
0573204944431926637342945189745309180505365488447680656792714937361934602327809737839906284492699575043875315857372878209716527995144454742201504967672425152500821651100974564625992211553 47
6888217570203241274990584933591990887952871151224980203276827601814462919180751129854497978287344118736374183700280791471554963198846311790438355563220415901753039608791453303092015376948620
2460632426437087175566853210522989231417693407706276277701070014178906574365412536447893866030240683338451856569169338711449065045215101726000138273756749669266931762223341544465875070093770
6411611387981414094998855447009806968441381998637212117974124871153550769697240867913803385682850128731484800942761691864033225095305067670987670879549849383899304828332876035909554303833379
1113371642891692218947106610332739920196335977289354228331635263076282666129861940865897147949985621533296146387981412506620132844996797915336983937839639930963828903257747198817271696430097
2444696980902087493443866128488569304380229824829533009327462476028357453458146203053534635588879872585333748638203434957140340117279360614285647842766311763779148333037218314350420866897422
8215543021924020033677360172093593879395150712230042189693645910510622833605974046045802164624333341377495228478804987575212507912722380940850464448002743147497089561842348119003931747521233 7
0858269229041349048643891162585111826509503436111754757255368492228555173326977280663316414352281076784415450322409844886362566247325052893987924893084073062885490843609696166930179435361 61
9193302590387705117933123643713600816950130577104201829959159186818167070037656212948246823579592766187149923644147146276477039808065148641769780644494413721508196158285381731976874714520 14
4187968419357435105554157724275859012649705635141820537112337449913723401559302845549457604115922438050493340766380033370440097864301331843848619016751551127057089254516317710359783045857733
2569521540023088324133685178927630343800234589002830756912111580995827938459941680398931194357887909349272846729331735308153554926631947637952967621421098826673118887347092497903649717920101 7
5638260842765689203893103806735708943924540460400238968508604829890045266053266745261043216734444619833914681085619478203725567011827849313868802585603273209227675665091189089875147467944417
6703717856681772036288388090922978500669342357044216383850926301122010727604370567759119657031175214385774015805148758306165799508004207953882629960138878539404608349902406094142480898217 1
7050062507082307858652086446434257477439918336578520688706223537500821179834646671613993569219697628161311778128047753633143269134619213637369714664684907542667461260287975130084073339775 74
0876409690931884532481376273748789787819927605589162231559908919530639250001097818496155397011256295107203627369364955739798922077428966324655277034698760314850959320729088545359873727694150
8744004281557634560244818062919981688133071609636223230994702584683406301291690890902167849712034127226276748390561341394526865369377849939382030531038058229111828823969510804443489450857 81
7654565842640770128380673987150589102026838301147954597494905547337554267949527002072709272633332225574537651054785860002488822139481741662374297359424284344799569641974761115910812018629089
9214339369352472557212177060619968762245315120107400529662297875889242042808099383347543891816257635955489894628359887218592916401222454397215446549474295553099859849798817691039486876900265
4639807221078691441287789394425955085523819721595204444507005715013266606784729969838449486111859396215259961718753254237823787349106786557794001104766838202836971168558063758696784716360220
9885803656236366588180266422824114935541761224477955389997576144999258943426546239909069026609878062075760898030427955259802015114659918967536517019005194725869023313938866453720802691220479 4
3690037096706843738844759858601601141739539248633855948606148233033678735441692529717617654926238230182220991792363177237502704000220511480492147111638943894134480279665428982618992931090 48
2706768252351626531021634841227588236938845774747244714116404253727320278353608480048587900590507986571899426517781746004866274449295380037121521025181006991083306599204377959435986203544920
4848858672486938487446208333734303283624050287310343714619556021151728817819166887675721291494623420400494236851920943266919828842093414660046409449515217971285460201655964382414151640240019
3835308809420785304048518750606183682979581639792576982802439362785191356898361987132722474071524017495509025032338090228621928288343065204832671267859716699521684191003455108149889750877482
1359583107343616802817455782645468531573247935495329329570185312034941847646713318001019927673403310349919954831107840119056949980018546288198863304392072794805449083481752687416581243753888
6610533602517119799523864128158542174085737509614129535559105563844069408332993040678014570813198465339379365781476394797849485750351967008399691447508274314955255205186134945316873157258891
0908916687876517583432288112892610849299746047360694491294786085454585516009311099989676164387914047177291276477225364643676516990601306372549748709513270403399706839619239503050300890661696 30
3978226265014155218977450474877841628549611556009564770089574573665990034664849318509750711065660519310356932611135302338265406334110933795954768573113548711462861717146076237158574423505 04
3044202056749946067457402370736447773128510860469909150267565351470291033427607421688812685312449085243515635043813611208663761364893130313022803923284075767342355536867118125452765848550 78
7959154200977811366441415002515649799839869134195136148214649128306015855604216940426527765237936115965408340666469711113288404210599977462672887106385941259316671002259993891700120418971071
2672589143631203790114888011991736719206458630038029938103079865220773094238638004366790205514938004901532695635652913850244061263858747369653368835793672581570718269492979901952205385982764
0812028117247641664007932982348590301490283660520666377013816941129472506034413868755511192454400300943224974168642988018009615978541647241068930916989976242799385676047953002984331164497360 7
9134815055119374523317357515613425520610770886534416931494213261157667921288752794864055957300126689942675613112815054759275847968963395702448559578183360093363615549595174499548112493262662
3608090311864708807037647351891213623269434061164175241251259748168624709907190730857885135079968853856970248426186854387596506549588092242147281881630574885736404629994232909576378004923110
3697621179730158063672551392264615878645839411551127659465634044741591454364707598839062819342009390083905609684666708986363561800512903473709933240974126299071185138753894083492330863683513 2
9367436169993850429518341478710673902070508950225402631479441085181520975493136229969256174696092015468085749951431865121439897154869248787684645489781278219208161907441496018547036787400663
5530522739322900250366274691085483972070771953014588452852308097725537580332214982205625355358375168811419688798995419753237877207801647537958198981621175680030117155430034962193937627485036
2877019033831834054656192447545088697916047162049043383538145638297091467857105324960336147354850782162266930929462138928544438550846122784782503300644971445973216132055345939486283518564972
3673699750777041977208262101860079925976740558488866234237299850053648285436988827458969375344560450806543814695044641502990166823266698231737030975837353926093276216240716259873349827063 12
8818523196043461336496626526788698571245097775851767991843445147494741224755134071563773185993282952034945775697811884467693994296690386473329030659884896913426690394456987027529868848588563
8460192220848886101127522983533522185079127800059110781626979009477644268245765071656920674998512986087698075873867053321511587764826108261767581201555626676479425743617863797920400853428927
5527585598698568066639832826304230299920284588195937626304559787053356385118571903225678761449916922171638717479114955146351346587829178419138682063178713890841034757489551732639669285799926
1850988592211128502138319547587837480022670039140436332260143018640477620379854141628237986953144597744910617202772499313508300632340045150942719144997357182372988251625626462220397136185340
3410884100289827758438110878949526818059643726469137547915630553135387758826004552238692120128560830393421633035002431895649891407035432383358616031766076420307327309269457750090500787860 98
9625537913456618137185370014621729293623527294542551687511890640426739820970435135107257071012116985432891013829668327767062470867739595661111985971126962940795755167675949757748165319121408
3464875961894952409865399298724828383907129931394062744352049110070498844428709664789078930385905363287625089768006682449223890675889434993462827367595453445719239456122937423582125759472327
8431820674571869961978591710695147386554825505368331152735584902379651528726548415321052248125999967368541520699764727766327094436299724639928480645477837882304299525001340191114271353425758
7855372808365160966174634929484656769527813062335221342636393332487309817178713238391873514294931562418559190891749964645471350060722381662026993436103150917768177671046493002734216493663196
9151123038223885077650017532293473721516867885409876969983995898346551451386328101380257388901404628047809218930953355971596081921874507639688706030339020494927254881432787304185846952047 97
5471656100245702120123123364492171725626580056981039878087584605086424958657555833370008544028808323527786573981937450219484008394670935201161164646801507837146171859426257917765262066042867 4
2585381675845594383206455070474411369051722996785628101203047903046297891617315379045180320770778584207508710795993306116942157605735612274456797680163034398959841719470743391879250315720963
0235662203338908824713608831595577334429623858500037608248626853383240465541688504479742851746947374804383635199179080785921735217961726278247830833743043477670140410172303464868097046308690
6137586388040662658891939458105552683432567698812126381117492059829003241754088376082649738782327098744099655094000018310725851531835619722320562886332504447885533357265167798266036539806050
0716112220236138091004792514722246582007300887270856069139119800922265216790083758130242002269047501337494821713942755611660452817151275129570917252661947087535622850948085664977073036003756
7666299518306304887945279286534834561359232353277172672379466122630374778809635536380755784160295282262985113653070776835642667864896523622269845249972050591454076978228860270669898591324 37
3991085241125536470257342465369758578352335695648703368879174113491051511440575670658985845286994258175718666554626581571338860931331203170124542349767760737296394152481658393793037127461850 0
4535628596196423344573376987229074273199894135560316651149451911611113886915454762988142824719595417078890072413287840770205706302779248331466884668133046918144593970388512481548898967997 83
2367795027217269264659677935726040847405793151667872440880900986420591686613521482609773632915367489414040648097953278501825242531768049133477161287901757607182253496029657402666063047371374
2949695517581791406672245496765278414951727450177679040501859104096519867503111681257602006590264724455461696623932016230226227858443787122566393316758421522917565414992295849900181781627861
9243291738262252769265019189398272915628178307544405052221453261261894404904675775903087609574594871338030103277665105951940390747351538630386395343066451372859363416556537662541750263238232

[illegible]

[illegible]

[illegible]

0439433250472484737403505921884962262055349243654980794215539899157632194204785[illegible]
12475515981132753127523539130839023829570305458771298153891695577749776641062240[illegible]
8489696217477078493709043961345858521858322897557364022579657446480805065345427[illegible]
3466069372800222572155511446564628163375313167446394836180933983687900360885749[illegible]
4983605944022822282735093257139529923719606896017684207152123076467111209151196[illegible]
0597681906546266658841960881261655190756841301643123830750021896420584419505089[illegible]
4482770862279177957713249824551203499712195707299553736337428291587925660243968[illegible]
7807867094826581616147141345641346110287173274574679904537989621511823036366423[illegible]
3899696701852138826651067540954135609563044268308381872319032110280682663595555[illegible]
2996495121418109522532857672754104589080416409168576027982473071946271472843184[illegible]
0032600121851025569542074339609477334647477012892690512888614115253659117624501[illegible]
6146355607101489921407154672530722163586876839568263256967138491583415890354145[illegible]
8226063989565622520296818739043796744761132483872728223862766005429232056371079[illegible]
3537354459807188717602190955840523936071070389550273014155251573086092710026605[illegible]
[illegible]

[illegible]

[illegible]

[illegible]

[illegible]

[illegible]

[illegible]

[illegible]

[illegible]

[illegible]

[illegible]

[illegible]

[illegible]

[illegible]

00100329884443225163306744703293738764059758519722764740184732916494790700177187666692490671233856667154955519732352856932515805441493685621198793798894092415252397715108523944447966927884 13
08871621797643333240946744080573691235476244233910790339801589067852758898188883679302310030375540352126443267065444573231248569144033386351462445295695568984416353546463074959892125215069890
35723581874296797640538360908034300754476079775782435474336626152117685363517313164781243822982382793971414057821820568756118729917753213174047557986873774892915755901728082917548807162788 2
67244876344462511805495665053215815778050409467829774977773130340318688551743372576279190237308600267800088326718879142362826728448678106440399255965110257360598526846280224961470535097479 93
41355843688412701626933082446991824388650182324471530234377183411094281791737434542414853914537775165677157259957480413302167456099118159589270460595382151645721928029366688479438086297448 8
90296391428496415220072305000517668404375922344950406734994812066024489557698611182595360063968965884905198179691900255959261369522460427349557189814386087594582046754621081858185714832157 8
09437749477412506091322832087467239085660687201483390253334817624448494063172568516348199618323454750528266228888382402879388603621511545160520664837951748984727337173208444657091886576310 2
69678953043071929609132803291128275087122289732281909002380262280633491539586305562756967879469851612413496901774940628886424741796714615917891294582510000838215977712392830498303334649877 7
63528754421352871241329758684137664010721661796027684856351690378839649404021673209657679372826703685172410853771396446945752680873463752850999679614167740255759512969421019131077637667895 2
23116620217741318208667131605577066533348659478108219488303925179048801679033447677393494730850908962908319891750580724372841735932725774574228088182866337748003627927937499596958158946529 3
48221146526864256509286923168483187420935000734535917325492449060289312091621033652948483767878852257505136882789784171564332612159780796181734733111779842474290870335657916420790476358857 2
50603196936605192674148330117115977380827293130460989059305597436889537374532160716852133959507783053436300690996105033781269180359270534611568954510303245755024223379592066246895403140766 7
46737913594967944027747461693487444542446928497178402853472664942602128227162525558953873452091890024554074055399516629787092494454421634175499333951189033359450455619767153749674902087878841
85158937868275090811184906088705633824050533468439030928563422629863745843539654142240298191545734753842296884574417536580176098410307987520062103556290002459720000000014630196751760 6

[illegible]

[illegible]

[illegible]

[illegible]

[illegible]

[illegible]

[illegible]

[illegible]

[illegible]

[illegible]

[illegible]

[illegible]

[illegible]

[illegible]

[illegible]

[illegible]

[illegible]

4636647060220077552715881313695961580434236958553182881422689295954129707819921621712588780407075627032367124184681687170672341341695284610027282010233148398096716009003603613743930051950492
5809129613349168826612808847122730657465498362088092925461483134150605840021953483033806519748357984149470907394815252648847668563133991790316199261592924629801405897573371780112461990622643
6811061190938826133597421131647461278219065967211069854185258858319681356041046509375966054594849261374356365798611018192033865173738228937775756524060236288562548592467369245225052073737498
5716651582926706599780680405976671403314729033124127882553264933697753527919831176767377486080017332862147486201968183898772773704960142857938337131254134455813007198524220400719032064965833
7457315017652316182626015867938277033563538900599832930231777774794642306111812989186374824896540707735206048478294201743757227607099109940768416994811178711850504459520926391602625404565733
9000830740269634608852992825994606032261053938428295117176662408772229002683143372086282429674602919867334737814834635158844141087551493527607750912835048179028027142537391701266172859967274
4338698951006406601453874023300397341948071364269385401259839774456258110410915675014625647455811205626959164295775527374979861991839032332088343564778396984007694374142723879416349488627997
24092890941953311722661824456315684511542730978907224153675558790084154640519281296213356464621358435711663628444209998933297835039529454251495550695394992789048813801055032622011657703232364
5572909021162724399162709928387345996605603052336684353836429947764697056534255199736231893691716599789080709413674340557730213029842317105741162293738423589015491638764008101651647954283176
85714768497148724310029602312691344111159399994084192144944248219888656374216540121864653989073173929216380250164433765446876003191829542196713169092612967754568854856354354112093468959506296
43430341614263314992631762247828260276833403900552613443968573120519538681043694959530919396039770772827885381321124522472847564595417965624414660925818798902684341111137832166299188969765675
4473265331735637709363463293319416459934160316188670671788767502937255502041427779319303485519123678313137234364563234515525749839155903003537698054800364039135795842394637019658358203750213
9401314589665531761879480124010482806932534739663976660284035584746046516352887594673484396444682188201320320652725802663136021069147424899558050848535629569453878751381117509790052103095605
0448054504159255995635083820137127843840300985703392880994088097051405959776557064363147732325975484169855634503325410160871166308605083793665833857370792196522491007558540218
5108844304829527808425078327793675834767019144641613606166807825829843447484660974494261856203090687082021029934562690008112253128937821270281862258942138545524835042063326232194162645449793
7533089237715663071871604126421088458094201026085255056401155791359372907439958493121761721793753996295640509772204468482417131649518662330264578058047097468310787690737304254373686577674939
9397012153073151092923924212038721559760746536986047718073262963965952808784176505423543528771317029928159955764819682903091857051990502927590111103135420639115380115821527895593667491019298

[illegible]

[illegible]

[illegible]

[illegible]

[illegible]

[illegible]

[illegible]

5659295603826675892711442300278869219057768123477934862093143652544993395754942673892403108947244152108081379914237677318521960728736152595844598066365528741006170810062911322861371582583446
5664864393435349959518921053060164752014841367858131112587505743205914449084285734145944904075035993674247527514972789146407950794052303883900095539769239340321184276531380320780786788597771
9471455449564524951006188695508378345047623796185825499817359838375876951400248241066230489014488110236243443591277255101460233115496969876722136019958647624468032604427617778743100527284480
4696382666627535810773454910912525386798186033630468168103529469747856366506398373049865768918568713373162209553924047518032969531988058780805870744934492705748014510262388515025377823561215
2175937977615266585862814232157668947203775492495428050117203253336506410510067839122313448126564973260370759965560205190455309518713168489193464322587264056004225490177178382911165330810775
5305287444636100349450207008048799000938803474446367115290608084867486843638176124646634232619731853528257461487078741211895950799050017287851176525193193929393087505955766434963241777243003 3
7283608881236087451804791349454129010154414276036645005194598050905430783650631880092259306598881767425133785657469162466795595220380346209120039437901900228409444498870299132079462170773542
2519175422376777631918431010485726603909515876610353184016518363593605818735819904205008614166754796720546176493967271182447710529012040725495205433803137423867164031750167272474798791486527
4853842529867488960134050209598471527263792170522050767568547974881929158798888982127293822432678496022953329186210614738783259370750641194166919585284435858321216322773312802507189095327793 3
4506859429519147462015825785794966512723648468020584491269416107055982378506822207101338579371163359277065591026474763160272384707671980281592417625534594987316692330477931946765148199160909
3810284773765607500244404863087881740214887575166312614324365143315254196047702558181334665424597113196236532117041142774104985283227732652044817621630720084252516923364943875517022599339605
6063659064143340875567058638445200160385473526714881903887166494598105253379207647303260108621542964826842500233139268987667683529894694715216209174018399800143737487250496430371744485778445 5
1633093339450367129653977449310400980571223068573064375593839084720266864921958576117156534055593364890089453421106489432383947317663222530329114501379850432896200309723666865516851859208122
1819100774948726332335059651750121643245093082609156619193697091885045945392821116753932514706130380828480900095744286222728838427350778218545471846383552226592087773904667374927486875739635 7
0314964134346355528851061184439284257633536797017313835671261443172287688136834662361756722679254422149502729358336490394193964321842225222146848940365637904443663550826677982087555863832689
2241479697367555589305502965463554706730228382903898986336929351707317397511178887460022451214318100120937319285403885929192810928936091942337472541010345279831969647485655342789859066311964
2795011551994489162411648514082516821757807106183217247272941811605291252458514941235537625577650174191874560697124702661279298897831017961745120637826000187621055591153071918840463240196606
1654676106047172929109262226228776055108893002164803393047490390089822943454274496773232931751422637510014681790849849825640711230051624720680550485417491355374252018064718969647785160045442 8
6927259847403269925496943661259635042617781558270763245614320080023834719175226938188766431838119584824730229750549141210199509146982826434694940713569615150691528168486853927554935166966604
3434926633991449487723308780257589762259113506085225345816573021240411197425878601293835709123294320503772080949866705148917779664810342867141558916887251437390310222978571339786991427626288
9448050249669802621041254645641729662105561802960403182610326984006408195060415638903983760889015874348491192758666346573036920065946405853881928612283799124745667151414816683629438733219570
6076374303398160953555270397359205096097891308440271372258307375091866644544698907897549738095215009950006515144148588675328533459741841506088208448361449939569282807783924744030883647967647 81
2007668069475143374790550030408807926302703718856623883371226664394198384143776637348617746605900013533172219343952111928517888961356943612117373180163931429454750841644787903450289011023229
0032745818577638617543678456986504757711080198392077339597877845970618730042900872884983177640533065288998386259830711262379460815156959970604404960078113953848580487640662809221420822303587
9005011682741962654128653498778364176466717787911260243876227490027387899772462322820639663271817921665205768916597835000858797493037370645035524527152764259022914851582912166400775377605538
6247987859474532305829819713590988735139562145603603360986663078256103286121687797333015841967812915157171267752504499512054018854265429276108858613553323346808086891814542886174819813950174
6000213915826647906174644234960825011416866688878752436523393553464186499009909479996929542308865331537672449306581163668555574617436071147424216907880359121196738113581764320632679635755093
0430059338110355078806405156274511692664293461495371697694660473141252516543178560691642883977326124533557232220304753071760639123444965225646715432455966432102774206139683460362296937978298
2663457332682740390716276990336101010468410908038320242579458057055888890866741933751925888074535773225639921326178449438739118335914579293624644142625140390623782252697196043104825875547374
2146890504746285206752420998650995100646842756254219288435145964175068119625163655568412163080622875933059675787638115984874306316550234228097611694027392869321659656037062617227412864334141
3278594398651710372444318009753278340903663211123197223068310159372506203304931876950349634345953037247343304849988736782081869736295982259230053879659412298406521728917540807295329942948682
6024760108520755834135499489041958068271478616953128131451548191078396964769904475611475798297860314049031387329678132966921717526556721161849577807477328086753962773331472638565655174696117
1821984156010425723111601788622090385023500829759714301227005969867380036927789053346148372417594888326405502465123061090602178527471938600772305070959055362044531805999085062094631029390779
1027678112269832534515967484167089757454929239382390290636584743685045152097000934685342454142171266164960199717171047030181897824417588902915935800934652993160780695497917900747855467566301
4894492131075585457659042999621781974419166484126081348932805964140935941428406476369824486093265864158061790946421521580485560629053125662947395397019111736634386266201459445369558619039468 2
9819503192201929358547683643141615349658006094693511117653615235444769248600363539910994045490432738113033468575004002784600320281054978674207094254638913243248629412249002256101838487647327
0501199383256911647193544376764503110079299844164332253655432122318889429125926170630831072140912748301623882264693005089488590309617322810458078252154594083342504778130274231339829432352082
8073763413804449078369647770265155642859219371716899176431626318715215301379475039046035862956602859098415259173228790241118717553305578056761097220770800576859054063475304151124760187252954
5656791248097587483225394985130808055230415595258714906835460048578200349505468037316700780036235971977709717280872230486121252336920963092007794628902712973894074106348582961272616430778801
8067881471332153323135860242100058775819984191801900899968303011919348714433863194752181552837033037472019738382518357425628864482156160844521089423429519414238702057926415560037812799841058
6438791990722381940750454759434517328602233402708921010006131699766781440535132249098818648649845037654644058498576641188244320015479724451082486278178348484783500925693326229389138514968179
5197069222526061927149536295010001077843028795034863174807949388067188562711750271152005649275601778776932306926062172586796788534419203452247489609340002335860395836216869051909008746047530
8457999837865601223658714449212286551371061201337937013726371517306288506386429463109943411804141388796825567517711907497778146840168550058131812104541406866338942572909818533768703609868516
4506277386984746709299476782767474954877695621787851949241649298996134309244405689390122511981114744824264615648665802195579997368324823727914923845300511703786878342660900322768874445730754
4641749606771011185977926767921088770251008125705947338290248024443825938209613418958525380993720104981920358403226011649099212169661843434611031767799949944368329642447432713740574131136785
1773368706818550959841474471253872852413896168953309905220746969694946316238753819355702760170192850672198815356320485103521581931057755822175938469723669990461088210438969315490516432188066
8305978374036674850216448881646135101681196558401800671098046887575882635384286830467429551987303184362698183729805881310651266506026105434103435485096877761584018641078309366164046364040807
4795493670808155263535484111870358157792024039651702833901943603844001740991785696852288782368612276424802502990638478910883848244408381486984162568261995511115759118870476818393181017456721 1
1238544147558886410183622409266068436584763856894367751035297802453189985654950943025720111840527035870876868035662295065646606026811592146783502917279128531811590064643800012981608631237464 9
3347991846019813471178773896208774667696024579233464344118777553451413977172147096312232543134443040848409570974119573925304429093864250715889717818856346725657238053664364835953509685982298
2969637175930814979836638988319419821324958520268151376719085014647539481805531556827781994601318286329819625597789715198468030773515814255635751850168667523544598881626970130089012153976915
8508028137695611319803899734502095965080164075659590035561315786370692222390569070308616944376752046003110555956123274246343628926866785434751796563256783955515039797297027039702200682938539
2968544405903134784331992754376855297698329035531207221180499054087608478465775626532615858359259444170319393762994192098977469205367637901553056587265276712644663188579671287532702657981111
0401475643227913875205459048341520012448298215832349260151744651269163573392442191835492228437377203015001142346998387771638293574524120588078262771187718548013894743353814111262964546380831
1614567701518491922657175771915637649363213848325010074190326613108564875137792845072816086117781349318662413919987725607547384464357275696224784612134831901885329703025798238223809858243619
5824916841240904016084582366793869310378167239500793174351388518757226693941045944347531701295379661737444805957400238956161122683018372339297816574343317506390398462901066077875401254123000
9815132308180119639166563909764973002841057595578648040132102118637728707237782262680927287525036922490132628235000898339662778570525064136065278764905686650743947195357161099388048411016064
6779228367005795249371186663315410144090534635161074273945346424965200658876440673135860347382142138588017678711188761978435216743584364502785930695322907442216298076570043176177712661504802
4907491759251837093200815409996787416459587754430039441281140285933686409980067742680658284931707984867498811626147711996736782902911976194357011596023445749667652299037404940211322744229238
5733611599456140716068531216261026857258218979700992276620624540807012957618640287303958929666418561667933789006327018151678603236415516867645740789148526338497707808957935838041039008723578
6494287924239372662423110656056556280144646969632071118263380515450767159719644618490361173899504823324067387047471840626281491079649370566234337644107065656295853066148760706345758496428569
9331963827404299850128783609535093955336652355346769435514837475243842846203174732050415792688817958427371213481469016162845599597454055487757090800640589278350208122771314953049822374431238
4996595029633647417242090624588767401138540636673169028352101016337268515939912228027698088844425001028770013461658327308099630057741484754280463453573397687382736773850484531382602431936853
9510054915412492849251792252359284490521401558539179858081776447778249078243540154937524447779694466853345694636654400222797042845230735776571776132435825762770082195172946020436901401528660
8947359812515496748762861113675263300043207943509929747182256151444815513780964475781270923574954767125066298229093452274073543611145390837780044901867207358036454755281795263355353467662521
5452072303922746916301824569921430028863949084970553207272122852861961681345205241224568942494841025453985381937442973088951466933417360828284983289834316240563683070428364131249801281599018
3742512490237149366135417091034287200236718225580563932758188745913362986124559464726776356456439170387009951811294719316908101427298359040331912658943485011505984578801404220835798285989022
0696986353789198324430684206124560372605437049560300531539854829485761182754745007602460943649595333951519913611057589753057221470515660306549768103817191417211930228326901431946913026213042
3941034426218197176400007680128572320599338662450151346294643555540839031032767046716756617276406853949699428569096638661356977086807568830415391718367528872924470042070711763502423886927532
8946396444222556360318883709867286498709289484035118935878992472640028181897226437907580315788271012169138239097914871504557193382306958519418775245523060442816866765109338061035446146402657 0
3169142062765840542865776985812224749333515840294240359737383723813795413189410522138063924888814625427443513602358088358523234968346455907439516086813220803436621244389585365352417670171798
5461615845921326981264080510891696528719681971253626073755050766435268328212363282755992602083659054173953929474396849814662891206350636852447132797100000928460547744310616026665210896692200
4711511218889918579537530502833861518112807803934676205426328610364268393038270234435484514630553445765280941446233148702214738768827569901398386916270593008714523773218987442070331892576209
8096505658545165292298432181275295990418973880375660696636163267187995316790438842816079302008842062842701527829689246064674875777388595309030078081671494945670000927961032865251586006556449
4627701746372924335215633213493736902428031629363163166242078091815785175736496255686666852497186107296901681214636768458324117878168315990231952196286147963629337694202934600581838761013664 9
9322774910232062528100840672536249904600999748752704488512034489434039137815964040973163267014405400064613254641792514577562050519600389401711584005673615826441000764212418758610798720779385
3610487556130582142736502368830616686962165167362128602621418628367063945979882301162920478000527835823097002808756464914230445475462247492758334576082192916717509400329783768131357692011539
4619272595445380710937909317280062485068635954234207029232227930983844117529317075547162415978458068173362035183667231353846083486269797303177478909650486616031685358448004857989959644088731
0411358456816534707299285703078195181649070172323550752060795094277277377171388273498309292139871372853803876564219728071363519154427263384506888154547741701113841480912272667427016235808168
0632829317699551666473784794562145334853206873954388226113051760712848930855785865734055943918763205268012505436906854197623445697931903157131617458363847640271836358476353497929345249767951
6327876880463930811237373604841752441249461271527976604209562761797584653175325444404112170465381214498438483678719319560457795098181887346590327906248991952203459552411526730863182618238524
9872345926622861439055202508700809190407401124365878347441820987349039289201001602853241304659341828651592166520102226316673355969849335771992496725980760764111433192284329920831376619763308
1635486236026963004607675999742701878107966626154220101433930258559232195565550499983421310146396057250246670498966014688210349416005502868629841930906747150608039068988716912987875424448892
9403224107932251453301577805602236497108494366966599586940646316167886468177089596895735648548052957555221242534205534199921285879986454136785159937358701038107790892251251565913509166814570
7374857487230821898403776194243827813676715130646510627830069805470763641119194097858301614534720301638017418604737646113086618584702943377126301557151055489600796158448430297966734708536299
7940398977900093629753234495998736452633899565420801365571045719750724831821991151388393421224066218295937963751843127849807523699247825411740025220720728289565826319065152471642853284231699
0642071976880043996439256268484406058937886966146515715518238314748713185277619429699300292001873588572966789862917359636393936424181171057662299313680458473734494916100753831268693899840617
4482187971452536807364937435673397679220547500625657373707544159543638084982320423400873607158936593421363574234499195433566688453987236218813370007105871859380780587990448857936975876119450
3756367420333929262233373471050639509274682129612538267985230799047502234137004932325467683479778787608772787468734924259321888484186850390588795093885193731694433273841856934562580222753619
4779407429730434787584400713781135260122762277181931065582365132185265010264687006599801109041367934487920674476226433177931726190501512630454176152825721482419283345572831561942409297437962
4347729661679510228711952677990267545483428965561898818508555559046569670210606966903847790390085610076605951464432601679553155089064212915143858001554643829649519604528496206644996253346193 7
6757634332828209871739019950928787396084389095324765239127187900102568363632702047596786274172064481173154692196769924739949761170647771450347618488772161393984620270499187285441026871349384
1277220757684010420444015755615342232186963630747602124004842266364374730678239151720893845164757066739242604106465708745459514229496194943156881929462379788537275190311531985522920038338451
7160182017334826131739413567113324686657886867049675054061821713335288009792157505460003877682764658213351182017096830730790889330790944255416031429428571671390350306998983951104361817256541
4818299082403798429156408603639276684817530865732274576027898588267183502072723453956202538009664475821093934007044129713810226843019284738050128856002516450557537547821980543416583800377708
1840888152803071170030994616427012035934635844588839940955132812215134477607271754352638756883270232310152582177950036223146006162930636489695641769161453454246296714828114707876163345560392
3472446570783919371947859179703926450012724473157107584580607404639525125765865461598282585794342843106396022618079056646929709336889507265062021663774372883207610367494843115331923554857876
4069705168956718217988551879623510683755773141068993463248312147021161055501723325327985321450874597410917898308760410775053497459126701722541799072218338939386730776481300285904824611111709
6146071114077986717743983349519479281838258667463911122964208534025680302376401067403611873359468146876058008823967766817288592756401342975908345150036216816794260661176714713129299028401015
3395696864547306277610170356175208766360966910399157210219025030373538387616241001165245282332331788607113590320287051167711787973405303852716160860972224537077636866645266612381726309299643
4375485490577149000115745224237435058258443333525952261314360956136522466472586481482042744823890937033746788701704626545396004048937897266978295986840042439528931748070941282929113287441018
2506048732823533722358878399766624101245074343157973082557765894976776343943774864447508726218784668665921121385204941909534228188397740835343221963269351711650865620776415427409617952775683
8519207168625043132724413671637666632203676199952685293660527655560620580084746926082729507787390639951289945781068516427967610372798990792005103419678828112777947270190667208643148670682 94
2231451660072699890979812159211585878336548386164665020981143417675673908513920075644120816262964158580404697128101009316566805728938205324595978105549628621144257666526290784486911270571829
8477240969902190750805430085396190285322086902290316011032758328986096154855706946082270305214889682924992835727907677474161555512307784699012884754079163799684865213770455880324907045751732
4083663976763912753681200261813000661762030365232909005455461220728666751032154217970559747764668711145060418050000805047893787864693976667565814417958222262738332554798004005489933660985209 9
3991790439214313517967921001195553934612078581811249084625349229624166224454546079252325456907762374451769878907632180644098435508436107734118617121089771209628578222740249164580877663961285
8854956306811262451664187099655311787219518290418893281203768342824526783897338357319966613851068212583493045379730341700614973804039119144242020233336337653554234411084402121961120429422906
3810843469781590217390917693650203490545137902929924068501919761584867834065610566271298204076815399367115595649846226708909968219620161131140578473293829353229279572780910769163852028349429
9911822721931986284328373632590696781276950070300213844975576009685149825071962987505834975349879247215600151510340446644536649358759192329168642787239964515773632261795322312704965434447580
6806263833968497124965729431955006383437918498570155421143059100530317509869602273183955103454179380667745745360132255065487823279499034623990000417110284744139623179391661462920805015679779
0132822292694484857698910533484154849848212645516507929358860062314980016731164432203147428662511830999196205635046031008118102598003384724501862066449886315791953768421926281347043870308837
2696483165891728169822567657751892582907253109553209039256417686975028166545331453714437547957210148238640985216980060387871006886369833754102036243457595260335380519786655510650369983949765
3388620234294288279656303053155007759648426605155199618167641174809236090795109416215690061669621392640859792066408482539021739288571296714624836293481140049987494161870492761287060426237465
4455631934340644409305416331870351425501449289393569561065070789588996827299303078137159631547938491556037643786716372252221461487604178560008698518556502177046055589931631482942613762318798
0237168924560574393455742127093829302255957323483340365928862018757156884073997144690328532289348363920737151273408206774617960044060357013286099134465102006312746310559188247052161858305195
6269522645519390715241530687631319214910938065865679830203011491419216283764849170642320255321451183826658873486803681378978928362296234132516930224356013757428065630722137635460401599264968
8228401768439866536264645155271980090183367743979469607277666867500672192041059065831071390631034736720377373574671909057004038038431664843105143394366184104793548802820416070189549751880805
7011506502739065280152337686035330461283944900424371986537397552112768031896960659197926364080746181757654683823309448987461638054301177681434003152316538520729285915097223341349010407984487
0827081539942838419716341667082257246798643004434792116967242063804816727736267856029174162246072507167686535573969428014527574512969359424509065073221949246226664777252858598977038642443673
4318176419641491471565090529218444466103504718040426816143535356665976210288732162779039437424462031465132208937490881409416673009326457190556133628608206863370914702579733748932572567513209
1150293863225174397965492684020661753551703077581033095230746633371536091536316205596046299885120836028774114170699240064699770006677650964014322719519719936607457612520736563002738670421820
5865469481905183815859229928287037729365518464916736373134735111750120051711887973536775619238886668088732633870499306758849516446596083911861399203954856908582916100318621976628635469162012
6878564994065528554422596835255355700889788456441578289990975153331849315668476119779495922605826679286141173663409705531515445749136113978260015712029725084090528162271061468051938789455978
9888357830293412207581135709866646356844326258477811511896707109878268326770023343745468875888556966365713004977729515585925447497437279138323229490866456811549223423390854328977912849074459
3174358339449801465572510811650575284168959108662482770686116714724241451714792255146273781893540623398650201328522919902222075111302768730232208792355979863636197419741756436018692221547089
4076327003865794754330565576707812612021253926198230033606139414178907170374194877875287311799431404367182484954355118026175202132945773083111424174737198523494725862678698212535060360928478
5434813303698040284744254626042427702620768903962703860483088820567091694598077290031434709436651827407440405242454852005850184487905976243618330897018113569267323770996508839199952123573413
6978576523199293127015909234435363263397320005837479506727679811886240517882364368707122840149757115745879600770800313277274380038518418971646035302817724926537777095674648363561849360792710
2898994669580356131215477507915445515261982306688314215686413661765498295793777229692834246715005295950905906005220060353366078367270340072523965322770560708466787945800449016243903193304552
3074431989523382953218824425419224404891642945639298940104476260536438860506935366383707983227216389744043544101197967635756570051197165296112099302287927399488104007026863399707202268540826
3446003621275951424921757040557065519963632964138889209043606189586767098688561520230761162911119611669765177511611064991715529503347335022880591808820144325875917142737343445157750692232885
8029529587050623656554203275273364145030995593666912941654518295835036841763629864280442999322984945812614697338430466412587688586066774702208961910503315655055806416381017353646474112984798
4684425878813487330879050061176025115514934109844018725472664412071346908341569492497484676082689303673036010843332584612272260760475076794115816958604579580429393389253423560474375422777910
0083961183631553781865228799823015561504369342430434960710352153954372328795909861282526776108443121015720132138183348058745123107852475987375838376448394259101005975011522395100773998681382
0661519580399544526125790386393731270779127635897539256434043836108945505011147786026269881494370197241004993591534335760985340563822214430667028010686602116026709708113527988371822690606309
2389562426873499616274973042588273551727148006617105438460935544596883741852426326542355411005157567685362016268391863597365120996484522861631464443082616055003878122385948753280295828281844
2152867174479410275204080577154077814416907221467730133072308552459336514729546700299328113317938159401705058001229762103798267188847345579892770304058141431592126251741806603580524727973223 3
9564998457496690771228476541421171750297737414718135617962857819925644552085398324356886778336942046408078012937636638217239676815536350591154385435346935668091550660554615470735967070693416
2891743423686767278392783190640851318381952034775638497491603176695843128075827535638314408205420887604274286001125204911018951509156873560701598989223714367494769740407974241151754832749911
1841864214529592350661752705359883385153147319691609760116769488787641245008285362467988180055981055580920539925316661073337544363877345521306261129012868033998556483218853807845028476037047
2578440873291007445477099606693271771237498472029023120129276184297188549389493924453857918689922558207875468532788317396688796817969623379072190742615825696433200164157625970007192088818058
8515924339953961274287627252532516331221474303626786489606193651361537198479505723145378564298708351331132515812956839397086143766621309842307635995156140478387242034903075702317639472535912
7681749597990537550072734556268420624878023755070047598386590674927140475535156356410762846161560618164338690277433766303442321014656381869590109251555761734652398793881892671035368029561204
8111620096132479143877344268736581846471270515627095707696161381739230155284712746132934304887108277095595564337387986611792250730317667355823047624313337893641848663630230729217322680036212
4867884579613222761839222430211593523298312775012998602357919650088852102006173707471501493118362192207811514803076143928703182297205404259776363442120292409086553148851347746110480235939271
7375884573159718921440120378783989166947148947643580964907337940779429303300751136682701150806729820485942519560123200942352110211601366159030334704345761027789278812384082888135800140325610
6070816574850420227053108960964556731160132837182137382836277530540908416872313153748635881342082829432183656370978697291906446731621521368387045632732889218057481209571468410455126712437766
3587172697766533414319943473878454481216370272792172673651043951739289911545330831961536233956590740404447588919250299320221277461026352727169823113314577626712663286150030804018356744821380 9
8276003469445809492360373840771500243953794434059203257523941459508513252967066329990909969866778251562799209894570433207761598313729082957671675558507571912819484728838296740267389155092273 36
3600496462370735573471683348983872170391015428140729546305480830425776693108320614910547834321239164921071520097572375658361470468709583258606257770015076679104144391216657674448026262685377
9986629645056815143872244781920631125108597654294033709722495523894604949536368208115133760147010644340410928502120466922175678625186198952510283399221447307910653594889756012754838320664289
4202866400111608186751586494611254104677097094860717517565665763892956124853447797121296507353974963420569284021065173370272876927172401630714025680038710850055900440000156431894556688443391
0219979176818209136917821574179700887072260976062682078656144069795668437978691150751161834174953504131290280149329392518246407199278025529439083869517077489426268072918194380665699400901002
7929143317387305053589481497796397022326343353130167312411845140973493538924167609558605833124305399553522707463412327419026284340664274564955364025944340449377691633865763915828849863904711
8194806122653798208240117639609049376970924677683517737988448791368219923276268025441743148657270016605484831831185931286423653732611453681449741806345779798114102894212200473485610051585814
2284902863700974741944714744474938332424533463416726568487545440105391044652855223109889792574245257858091601922127670702039914531965488734513880807292012009515293644657964391703448113155066
5604832277207463432066253118163840412458594404733368595314997205046933920619303128414990901656117925544426202374830790973348754047428748935072970320210382836071584794439486511387559590149748
9580661013663739852252475845150843773531592145018918447767034452091903074358212039855306268170234655087409446045357120872556166623626877351075814899619939592334611537725990057161163835992773
0394704561438305459232473112400129029534796938285592160241963875958411879479564754180472676288089674978178705391792904294425184628531736005495650708096382257754371062937149452318557177877384
1433745184565279945047218411665884181086341947523627871786768622700169442534852154707384537013210341952564377855043748322015303032123856520229541621247748447753502837467641852890771650245192
8804253466823090545339549515404159555695983458648157161765996286981882071072196687602629191107884195060355833537310834728391039628284656203980952703639437285789420744452460597472115916240261
2588082758113760692019307561505772614612954082909821191154274748893690044502518366120602064999256323169581274326251903298204205949194591120200624827460550770919530009163694144397024049913463
2841112492931731782521117014900255059469308109347818338918203785021675127997127935227563734169501432063849616246464728266890644901039652070137857020931375575937392495040891085872168819645973
8619617925017162280213806754765873633670982342869767667672583266510105557688500962217720056769807683607156762716649514843243324108219535308964823359905578524205616667863152497785586457157117
9797987767626781478392436336732576283006430722026169882226510394841913776914658795960687044067772649926417317417136870832567625629256936927079551857276398287938969321556564536579682277215845
6812856426612747342094891211806492660106999666266233704805734272096864165149164816627864528368240278040180191932238803314658905616069640941283045971974118117140688102804868667247246839617805
4946503717643766299334354315388270797220546199010189111951245531401438208875038479374685148997596949837297376180108215882305776599369230420058534313066563715416979926063178017868757179094378 3
4148775986648040360848589654539478459104659346254185970902304052752034448639432454251366951549332932020292322739797012007688104555314281898699488713054194957689352439843530010506801628367088
6203710960737058580794734795108657217488740779087016158946586046248606499577787595786205347990252638019725639407796459685798118177595200007504141836060728112786422564787739548465672290307077
8361982997151123933104971483631284052608210521523438747288117681827550129705658272369584958686547435639050126155423601190700902951359321603613838769743653064137570379486153901978660432893774
8867177968585008563793322920456606341877774462877993358963663586746298422542480620814899861802306702367126590116781088172723475805880765376320728179511901406039152183259774181110975499725965
9261085797527146926080175025533496542772625296718791384278974480233009779131715678952699334377249235841335743866641170708710607700192123147588148746891354366006170881929449662401508786588515
2831172263122716346949781543583084161787842116182742698594663464813869873170967614757697448091318995310772613445879714589886709845558351834959655106244208573223370951594114057550619026440613
4680421708426155379982461215734922897433412413722032551169798335027683281764139720057466093824126299893015680210891437414162970337592087119331885166635799899080289798614709726262088587767668
8535708492087888384931981496799199954687643800043166165248955898765805763546463044309890487878848609288694765133342721432628934489221083109464957083134781563765657764507086462944162630011496
1247398976050396292358991908517509098092043115134673785567407922105546889172681738175398759275047747179425248753396838156423733620755842306477452462302316864308987142029181061614428519265836
7271846482016782422580348881957789614974779378494928990608069343152087926189404879470031859866147856075684092718425106263467780697337520722287819074161351084732333465959346000175704685027038
4647326433703634471618693734871615686891749718593590621244815193944538173613637953339588560209026995647595244118955456375451485546249792984505137194424541667040108199637755515901385090371770
1486907984180787226866621335102140771662725663469334062640459890644236503117549758530506544910630449614313266452982625611167900240897769253232127176835501987987160354183649315257610893602536
7532744126922595043028833589371079160894966290722703278170528032199810980400577333464470874731862706435856117915346829675025747238474291488378432857633446974840054206967126122272178502025564
3440663452160234893487458770596879648369509864005063555085193372860547163358960270902050727790766141509312717770821334483848760998206590393165441646748925742330499307713714701082482607801555
4601016368226418075699720703492563648691900700522929312422601135672676880685146926565860214181589015111798053185206486226967842603045228690318955507710218839618214384537195034138994580750022

[illegible]

[illegible]

[illegible]

[illegible]

5142794001420994451111413861524623445296679890707821501327584762307474584709395045506584281900349059606453564215636583818280379900173404270569518044920242089956296618091479037630165194695577
2933428696386302896402613102623918397058495505359320091304032291513375023638139484304975038435181655894697307947342233647270396724465915939580769237528269320010660177191059693973995362655681
901618686793650158362426606803135972473354451447373145310412949690406918353492068841050765747007614731309500108773971146261666430227336348939727564753062139998882072184473942620561121435499
8573244902417564723626944822581069317609612237800664191804815595458743937361775680140193953487471628458639424085706385600832933469882149270261986924019334168228737557710750275714721697559236
9688242326024299869229203693463573674511301128365759387480821044142422304533245956062132080621086053404003360428523572044627627568130953090637959712973589718864872464279874516843990491062281
0861786603105267954991320430952263499064034377863148727348200340831337881692481657131517280212729290182497642462237536323920395729201618782728420516743340984258952252373744897998184687798727
6957705456678951087944288142840746152031419155288210495494774372877890029875424726688360544911395536660305423982205730904846705735798186978496225001302004318104217055943807665621028329636794
6443696155537116070014791640302786353411659355179496987525046862181862733092375234713724230486435455343646822009538392243642938914818987293291845696999366524153266604443348010712830253326451
4803054608053344210695835847468754609055434838885244672121309819635432331092491508979538597675020907133744526805998524016858031311454753617868575514847917063552589830761401850594853187722346
7134664058730781336677448010179800651556831154337360145016656078606776454606378685921906036222096015150233109828763824904823439825868055741940632760886134274160189552206493995218233502365376
1574703064678459492935372443769481852946050443100140886141752989281178162450364486035081250648154079178185195392435277323374539254160724034527091021528696332398693888183689805481721374200552
9543098501202587831359826040592368731959821610407732993646116586376871891696534347134031565041340495035684571844453544206488748754045113939828168110424839686745131450629235659665209704554694
1013538340939780219120415869972019207472883638763551114876613561669644140700699228931743682003815540694931248922170836468057231837102055799635842067645173471603749711816604226299937531502168
75673102794122261499982561911883639159270018626024165821907428399171197138279558883839498565553723728110677373145664184521469339775360616255782124399907397530389135741046635260408594319743035
702741268899126946131979523118828776344644139048961647146358150268089731246227155008783289691877239584717283606583548342391393982781618137978815684354416515180241700630040799909924069093405
4347041631355462042272721570364924478423335704942586061848321905578893523996278963242620262054663529284563537966343248249710563727208098561963551684516035855197522372040763628150753928451351
1455341206364624121227628245829283976920439007823046089194983396711278569821884475448836100281731219060375214634670215349888198552355688075964115955613224281976495815568248587874119047966191
8104705087817197712033768912191214379478367037371053902343177582023720328743831801649392248054450118498159642694476360306624343455031226097374266746566507253977907081732734984420870137147545
9466882926389112688159113063665878397827575333857082085805696657227553493881082812226702029505552534385792129487791285456663324480059853479078585990522031540531539302322069754855256184427793
8610875855112828772810308573611042312933885318723452381757806653413962049839167412163688802293550524890908555986644481298607473293902277855286233396895835520790732775619352768726747507973422
8508090066124882800794339737917652230970980796383233879090793946987970380422995724712090355151042549599374795653334886392080646566082542435584108947244468492148524556904950674203378966022180
4236864655824902857656337462792941092675888961470658896415479745477803450191461334199891691933298967851137816533516059258329204829623418004608004888987228320223625261991742910292007263362502
0735256769972465335547288393182264714667100484883987621707622369656444275137920277881327185329356962707647693919048022302289822727768264804085596740277178939110401977846809745960217590296860
5370590114281107886859183722795671845087740751137288918374862520183086295956809599507532779160839822069272433870823563830997609402691954181923227688274867511410872470753279446277468197620908

[illegible]

73392095485843
91413668679054
09935627582878
56205293762599
35397241216722
43435323229529
28826513942085
98534000767384
67221736094386
23141305541186
07361930875930
47102346831551
35242513767002
53497938918443

[illegible]

[illegible]

[illegible]

[illegible]

[illegible]

[illegible]

[illegible]

[illegible]

[illegible]

[illegible]

7322475167184576332469684880158073214830399495956844600210390062930416173555737682928157650533493903888230854805428020665480761887943128364056521916113665664370425259278695823767834847007176
1748585709909735354837881026941521666819726746023818122775446169017985918962119327983577840960149815161397247089082579960447323207217451615015040571490514106153256960894863659483860970618744
1901508224476710268656625673613626188623148172021645449931521512024420683270435056085460038188169234955496664041616422229796050020848125356296555137185151037713258800234610004854201602057137 9
5830115679170256421141277489017855163162548833591037277762097095996922271948979664178963122969036023906441765887787861971180587364925635406480905976701356043999179740211752172427894635309374
2484825739227730828498090037707604545563604794150600483750024770601764129036433789452135890931892159240678066236490137063874908942730049678558819773656322110173443066252490439324192174273005
2576075782769629628899804252880399737795653471018460655378345285685008188850338705734680105974741197882759729051886425571659178719816391393983516608276162939079374292452174156759820144595920 9
2603168125134650205391918236485990185273299392548842347124105509532992495209935930342365390320469498070689870623687386781001292608818266173362997469067248975797144710821598598327337884661 32
3847283652281335208762471625356870982771402441203129876142791165182547717463815574706182563666402219059779118006846463178601150807013479023232607828130134283670034415979222008542381776967973
9873356708693580497221522555988767383311632712553124774637684753481113205716327311920527264523348113162757700930273914359020291727280949775128586869953219057664293656781980589385260475476474
3515070460335799266480633245558375977053750146528563730817998581514304265471387632326508016076801071939463967047128741483165421359953021042319920727517918843165796470252319960463092849907626
6527852712020512496323426889055976644934133231254980064982368962937389111619317540914599362126186543640725623199389887993198821697557283961757742842028477051825464451216779606513595040262649
2004409844221119420807830996600782525587853635215596220461002524823932625655435061456379723452664822057806531357875909504119782731915037355028841104847061370404312850705683462721510065866414
2668795131374006436276696882451258776224618761778227510001723843653118742751093019002728619765579651467774090515399860251003305825632934708497305231524718956731955150212912441531425255015942
5618830973265418907175004920353224990326309998610166147308001286909093059301667222435533716428571131534025925317149568497176966924988405983535601613404919569870926431776967360788539002303978
3836220488734287475896230330015799230409795496344028767689006589854104687653728598087282276737788185281760280328484259892209907955083526041067806190769000205232511204626980745883700127371950
6100052137375464776325889829349735003617979184799408487580224420978612541816593645333165793872715179926279411349301852729948446238145392146353768356006215983927388761775026992027097341017172
3837480468174604554437174053281553035379598356821233496422511311655287764630484995596983542012816694995227875330330106578328501950778105765059181924185394497463320721322359536006767372708160
662385551233368396477136022367908356667875466122313652364933394300399784812828595683730298999696376488199427897665918453155322042052901931294525197488744742420065773953584673797702682312903 26
2877423732925437557773290474564512816445619600478893295690003642929208460067904050513253349779472316769409565919813780925305008558354397383548372438425939573267367488499849944982692617599557
2430151976707819308298108684767045053795073990436763843004065392595483642722974720853208566146464036163683820353694724251310125517491909286874180681210022678952590275261632355430691573646186
5231343840414631915670687117010111442641951292490029176074700463154049596297413842294390534324881516623243219658510443741514144524473245230673465193852250255989516001469902239510118924387416
7482984766784288550515880231054014514192022239949841196644832876175442700783473056383490285188793173061612935272117853102942639248831746019185114580651127033761004266455170120365425760991396
1986322605554729911118191677352689903299157112642770036251196427374400470890554634548753348726231126195304714662126736200434913234494353746654040963749738617989201554812185477273297864063402
7157058353211484324053037480246853512886064032904401393636466966439604740064770570203830220058022601743290372360305497600057717923550992447420423706592174193034990888660246537254092363247101
8984811682074912218711683999403908995310264228403495629023562801404635682079782807816278589992165264299627239328094238269532334605070468457970183847255133775806707014019437132805757480269331
6866716178326516506634708980214056773436605253036867670875219050964039784033924916592516845445967352434777190025930332525719904256093316074121311240941885453214990404310325544785943247980604
[illegible]

- 802 -

[illegible]

21139188616365234049328032324968477502577000038380491865138033953377294166536301405197253300430686501091265482
87045391584350226526313957101113503080024127413246055429362818249853044109064040199921110526782836191291913019
37781952205013213017574562692538298117678992596366401726690924094446856569484275743374614663076654861864425030
08697004198138425750420391908700406155962853004338964461322927313157185615174349202517828376526772312715290892
31702302219853885538186705287603592647111257662315032929395800294504949904857221046706637465772363012710531588
85808921976553713326613109264221215806057557033715017205069013768015279809218481861680671938723556708705255718
73912025601267601759688228321683573120648083074047272977273436618024545810467876901272384659654538351627322384
45393755951275566628601915642106120761449726576643168906218388935354629536628532475108606865298269666054917545
26612273874296183187897833780487943913419262343140493018493362717883126406065300298291501582332484175910602147
53457098059876386238198820509409711317421934221662402074701893429325955850771821623540771601142875153185478598
57289167322375748795084035968727019221909200248066595734477636411553330717549437717802817319292467297356348865
12966193727542603812843135312793325163519444171346179877622531061978098051958187371408714620522884631225307008
48745390240844905539288095246321870745910476432183218143946854119973626506188306442048963528473533908622632500
87779856992846988243684201534367523990583889841154942257669148445746943439222799912412445229071752707533769757
00975168247461778720855175291699123258778342252084886098703842332744827417226910235470166335546040104445656463
54021433868491666243683729602625003472479211022542154671780951267413280580115070239083336807483244200227782805

82287156053522704564091828040576801699287125328363488626430633366874060182039274657989655255042892108175432068714966845346895021576877262508402781205198271976856517391600882628734962549
86844787406525596617807347490375608776665203053144243367786539434529258351137036153090571102462481945183966080747432248308392682351861284852665335606991515726069780580379524621852355894
31066318260564323311866621549743742473998900002409363016029552045519807471330540971743323984467710749304557039561188961013959355763554456215738104461132406215341329285101309634292104105
125020950804148137556318339862666891982437739180944704210874359483837424533774954433033349393841143458504792757874295648045130128980527048856609933360920092703989324310939128604541674721

1752285931560981627697459647979222825244675718474205698421139412270322521445404780192503237252844778580513164627855155877153637049247825240992774771290924543452278316593197309173758391251265
7354912691713415206336934623667290221253093399645541757160382145555016843419499792734593406912624512575476576696290641068968964447711514987261887611859270801151608127865810440337803536410426
841199799092329010465734116953053188391080605916433900166611279761661313352650508901238178069039391326381288669888786610395805019388087194752460310261797514132290384545009143397700252624656
3964635101443700223035927740694470221252381678576553193266946694607211814105364865760075007357916247459627099208183856627851792367659852728256908580404269081816981751619197132269411681893326
1650880836553668337410737214868148332820587717076545578188474250938183466405692563268515462994962330496545622690678095001711903147038685839023779854967543456152832976434264474918002761638083
3915853414220176995433566604905493797143794476035052585146637526007877073758388220192195879587426642171536716899350315726489255599398634392290681331438972212366615868733241647983566289325906
[illegible]

[illegible]

[illegible]

[illegible]

[illegible]

[illegible]

[illegible]

[illegible]

[illegible]

[illegible]

[illegible]

[illegible]

[illegible]

[illegible]

[illegible]

[illegible]

523451985286855352968793990067246908519665813117437430012780005 [illegible]
645667318135198002576536038423302044394231802803452492820247770 [illegible]
079537232771265624618537327129125317371446298392791305541236683 [illegible]
317251444593284937870379591665659217674057378201670968148610333 [illegible]
429426866558922681033817588211389217260976483929490955516795999 [illegible]
672914969047975828666846645122987750773267962311119291501662155 [illegible]
691700968016274922952030989641586183025388603879027480583822290 [illegible]
983744911368221881786889553275471983538160664822490196684675666 [illegible]
594579767345520193591082508434047537352292869873041985959257155 [illegible]
236025087145548482868493392026733704936838566956270988415670100 [illegible]
465235030558260839552928816262388265419814906182648590423925400 [illegible]
934382194439955900030451515420573605344838496678362569067981911 [illegible]
941171211747570913046614296718466342028497803512945148274248422 [illegible]
343868847859753144174970732894958307133549612943617672125484133 [illegible]
024920351864149163007215070173016552427242214898655900502036533 [illegible]
[illegible]

[illegible]

[illegible]

[illegible]

[illegible]

[illegible]

[illegible]

[illegible]

[illegible]

[illegible]

[illegible]

[illegible]

[illegible]

[illegible]

[illegible]

[illegible]

[illegible]

[illegible]

[illegible]

[illegible]

[illegible]

[illegible]

[illegible]

[illegible]

[illegible]

[illegible]

[illegible]

[illegible]

2297791493789617829235583938634661660772012062974184904633459407097740128419945763963639742214456104279546111967476917466673851021776864661733142590428452638320103189441672038225083125832842
8615542683152264078444245841682070767001624739976939828699548743689088912671792126666756201996433681413156727839775189588768472262101395309518639976922914159163459414439328015382164589471973
7623403763050529376139128240963156149178286036377026568643404663852154688800262467293203675116717328239698366967976344810242454550553275782092459443537310902596228953898034815729251531209335
9409628095707274919149258177392082934523243399449122006705594499436620780828988675876807936018913742720693722004798772462995991278101316403650133245001873065486670801511432506605173491157941
8209352416608470745936252960867461674087360188593070667688314590557323118535356825158455494683211517534110793041302405141892914948338549893849861646969365746095785457792522277844173322224405
0658708608784940564891945925611447094114673493266319875370333484403418649999596973161754417894717384793969804760563678435345886725466154550834981866343088697274888137369711636762846491489846
4038209963207820175285339128501320478936281957753322810709594836504884262676493631291639253255510909529742882837907284436707688469273340603539105109472149806263015260075489474983752874564002
5882299738946125007682816698290006213843884669669787859520777410079327082952043749521601665944060307624102668539158710112866207430912491173416688502708228205238252437479245830569925722218329
9354444741558794842962904953151755065400462035736563653261180850430098675138052645969528767214645662634005245417659075116280311717832296477379902607618516117943570291816775446814121529413385
6748771091080802354470800082408902856871459544198251383103593946136910697820999990150306439048888555243469292357688703183946220249296772811408449245070687154932180056191029418693066917576791 26
2307889990993283845841810928024535714760163477012681096424962508518128950157394118018666557619249520180908443594618684547542352927979121454254759026759642742388427374012230613468384839179546 1
3296255527611217977390141961449544765301727287957264542431143791300666431098484116224293913277072312856633060505422719958011859088560582452844463157398965837842519900552191483816041159551612
0450298623003961167584662141498956180016440038398107873055824331812593191603072932437441842042227031224018116815109386243181958925931857444459357077198080465891092520993103814716139985576884
1979086270450097596514068490648338933479265426906328044638656053521125076784579910088760511698301604829324032423128026057417263777028018930828996231143168345940895634088339756563922493124661
5349235787414991335342950122806938161804303181241613271088766421000733315075273608074911413540246535901114305568367978724994157842249444067696001626742442602843387271340705408840791377998865
5833080776284130809070774577788810976413317347541705074131791987271789708493930748462460251444437300907682666116678276171158621568778402398765440172443996465508950154787560996501600736013904
8248369897191085269278333669239439727932160513983027915629148099561689414206302886134287941871208099365646671425543549410473652207475814238325736014754777648924974230014501809461707539350747
3023564344747413187186353372186264680927311032683870154182715168283724092453602854957936130460070003490296688753876727028089515718954402869843173762365720490948718819904110837079475122404326
5190510548703773602961212424616534000634355826135041383655881090127192797852040482682178987675195606539851131828076803406124987698661698709472799818488644549222207784165496473090286578074932
2537257290600738019189761835863881075422191687762965516766311239506404074809964025295688649096084232413240104924462881402650691748242203588733299480390587809924064213256458273726970052329793
8217955715614903678595188543754872348480273203362866557111323853549001211818620779356664070368493412050330752110537681803754900705208998281922420175969408070370223065390864837782776155657980 9
4932196667593932426999424809355624692754759632560456494888586559663519121771977155108100262151235899332693210664230114396407601572030563782257728784492675590236963045066075649734974839254068 99
4854690226924799159136273871273616090223634497467001304369897479234249866279091944431433665470875896705553741190132668455339719332197844309148315759334571801093493925057397563165811328413300

[illegible]

[illegible]

1933392294511182817837097910508712865994326378917493961188398821635609825189200213861372910142708458770856645561596354658936832173682616305566827592583006293034880659415474339756909403813830
5862478034089844259087588909374051909375508755003250125902848693192897394775489808158072067826629166277176953670881511722527501543317112126551912113977618776222816353668091519792807670820172
50860382493031383818245710530325211567434329424116290167464605722369588403172559240939859472674042766390355878840179501450996527992153944783604179570350044255976476257585786249082953124 70905
628343487977521709371408026286379153508593625018053512805324953524162279340956058706200841571953849942925734634457879279100401018959367793068370239977427035140165374082575620664717728896909 2
0306018768029890991415225084984724664914835786777504162599097232383173723616887337680658807664617453927020365394176872888044741871493812348391615638722936628355453855877321523777329702063657
7567833085489699929811927277671084209584767251117633082336877788028808833572369879034149924822284106684629510750904829830739497703505396673189956909520062609328742527828402980269235013293018
4663380787792972082706705577231601501508059874071322930132954218857567011076942926807133798507988785761738439441842380961407635930483952698458983996470656983308350302454898608614163376090877
5155025718368313882212605784374055883960465941743866751804301172518882664319045329306962315134753056708115493190666902235220818605001419000669249122520621578574841061414001400161831596459827
5616712319401980069769293129353288959927055606576221429660210425223113503613362829743428191330242034139736013528660492899320274652824142889461252103367908780067466483674559797219486961926804
1321438505287397035471649982209207568217796383322789607046529064250668153849996741133488927048884451340473592799681888112721888390733618715093767419951117218571768218270114918068248458586848 2
0808014345251426691551647205139991646225295528780241077060871169824428381538323437366565836680187875199392955485794190774266739217471368109198482559554163867323638168867264226904852669853472
3232189227009428470738812426354528885237453705028188689632212910865066427112415576559703389255991147110470334664136767844223797736724931827720946968671713685825910934171889007370587836075063
9727029224536610108478780843622236528204525258360030962470731996406922670933428274465455158826607993296247656900184135964131500666510365031944308701963466728988708760141035981350636327209894
6419304720829304086690077726483550265241163723760359356736398247932166543546309657220558108569033049425103172546016875417603023800726815183386797112161083063674880107512845205266256596903191
9656786686132777739564918907470434265191986518561658165151608968911432178239980760239633814702288298709554443529214292614808975593841086080912724511600183423657006461369831004604811468940247
4473489938212103288180469961986406190684984780114682357790580393047457687456936258397961612031754289963339404966865567322162026686938585848673928739143327392125264537084737159375175828639487
4193770156171630626028571923447263576032691215196523787607916640863250829403077260226421731366216336537225889162860490394692404071112232647408637946974204736879456254098701267562190240749019
8507323453986843435911599010257937070093714364909110683570104519905425961364461204279221871432333913801295465486495484867668371512202248748661945360430686239400655373582187497082950759221775
9335059104763198441001975519007886958197006864231364251987766039386196571564555581908828256786359128943491385870702005636727362959104027408824682738202653769345592406598343655033917090614210
9847730619670799396601632414626703087716722939441401129848157027582081290213104866704888822125455652378873600281139680911224472969798745303934976349699106299652770502004300605480045992362538
8517147480235197954845537111954458744731993769882664039175135787551687047225056510860490800784801806131265170867668801370638478785666522455932211972051600190317608861389406870365032530987696
3131511469028535662559576695646496074211023622684755864388579510566242133894360002553394059476051917194329610697547168186292969946122622130236544822093125775894208947253463546988754205618992
1925427828607586326798559343539056918243464479882073318867859224331610651122086272391225568616446213286369362473420549907000217147513554790449842776080472377285323518003459073762649009319559
0859551769621072255020537706946796891611499220659056761095926449656765742176354991316830800063435956635293909765447460825215209708760386980971352532781747578673693634631915557211586882491381
8237913460382138410006742902560355585717035982836526780339998052120596380940194050025019378198540215492082943412797033419533845752963025334253779991663510303043489156192316048869627492762909 4
9601341780924870203869200213277263647504717812231237661375884064729474826879666272749854628398291679072272669011246515546864201881814714022124537754576014227797482031789184162923980078532794
3533713203914547930911845248804479063121546865049317729924893146943195486018469091882105418912879270784866630464291579570424207736413372625218060086446705791992328552574019021398141626342715
7725715683706107592658761290833359696292359200028405000152302944664515482541440075100970194158721111826174598043261953205885083542889725925436869538416449119128542471566368715906158676180589 0
6333843503991030783754302973750231409585139031001486262929750582638026842132174991391514883930297644321149778017499053015899906286528246416996768637390912623082878291059522279295002383520134
1297530164831865766201492407920348260575783875069496681449898864112363896958376071688385306065720445759390674445812686093807600794737322919921693620799462705864971239522984725188759470902143
4218938413145428498846394982893656439076567827874324273344493725391225724413768831679011228507777895997272982503669930155979881222805050897185619904190049733551853705676352557548097985228870
8338987019518856012110620428567147747146127723374084823009609864627092603844088925011518932786162556801104138744161972592325242671247964495995278041201695109063658830561525001155119050903055
7059461260855984394371416669145248134756924122792302361113320348629734277498887378519658170949066871018018627708405694227245280328549972988696914419886499522167825216424584247377608630351005
4892074533491053062446342926345214774272313105452950539382319005460269647771621516714581401938911689623300999083796638269539169036069493225578890906816191297706972925192737776099906158933514
3726279630588817654739651316067762947716399013532004886715471350718486857470759911512132373830709576588540890576366161430796991786461741001598332182718379798349414049063601222725348707078067
4308108196032834948656549491782513678014732563634623281984484030831049518408265931860321519852299064577851324980129376423914166702003298060377354289741459739423020515283977435054643796110228
5306388967076074216530987730888500738062795248926493221209441858013191200839663009004492975447699283613333694598595025804865581544915810087441706367542139696343338642383714896836475648022768
6961171990947965815565145724695413468854716239522934376243769717418040668425910754285210114732026713732813271094228970335540542583916667918363417028896296368568576626275993285158084925641153
9347978346988768602529594469254355845926319148930321849564402356081095336135342174522434954666079608047884341395784707594870966939947359944087460581339741233159631784942488670516277427993841
9230405509815465424757999636046313859582260074412720314292519853155722239990762229934650235827601999160526006141003370669034018858535272352750084845218155836133100117284979069179678920814482
1766003892832218162632307007211256961424044216227625353697998806067082309209697237322819879870781624734758753301114691612137226889694950915133055499346944026081005790256608886893561218925944
4081933407243236379077588635683831567249555815109665113789039533103109461674162776779708584796353005089719786429334465212364914702115792919796288501740290031494627496268232665934613705758704
8278796057976946820917754927732915298539840299091235089014628510368626880200448244740555235574355455824393214153204648202866775150831723187510516859270209668916686081376658683948260756057740
7074680705618494101518406919195440379825515901527245912260682131798244723304622773228136371324784740345668596629994092105403334579983145377195559878039385551214008288812445200049716041350701
9533074249170862092236581640315405577758173345691590998478103324902095345233534654450489482704880495085357738115335677407644917616429020002346332272331299229229382574854228004921084793398733
5719665407690844802004582611240741966867167473855785890960035292582439464320515244134847930098186092234303859361853711263468997936000677449618253630891028966560621268504221882670888682775546
3447212286621609957931963414798998489902693740876036836476346826640385707288634812927326156600244444780572040278918105580319619981548402023754525755150091676703291508325120748146972189023293 5
7923963939552028543404092095034987316832632211161998205915136887576450976225485850192966664885086378286962640259288080802438151140894805321155383317477846701170640539929019310475496965048417
4409298504378445568096664280112382351462295147636165879595301427048587332867946309468090496209954749603459024857954438521298437490494039568217760316837204251993729072521330532813596492626534
7708973648332153443958617588744391880802012356337554678958426609534395489843805313243338078273268795459021372347071892116753918587017336952948051061309462939658381765505684286136157566502341 0
6494937986923933462609213613184567804227039070247580259188933085609164894775702902405963619509565860154435128105832986183114358089938557510473095995188642548412166981517274691548782706789371
1500699785664564547235032435787893068863224139269684554260001413751902192033501484836159059684021760773519716963522383111000828714317320406527269315647072212962278967918696761242584955572596
6603794347771493067028884860915752873260380197879239917636664238216261204627685585787101274038067044209912091542541990310043270553987376267854325471908625551885762550882666952698873282813550
3104251551965479876848649423605004942804603505365981986469815700015226767712500401626083056855528740376176337172989870841437951719906133867818643597900109085411176545483103081297339077706328
2601857998063627279245010316606618054373472698160117467948717334591085698848813354484807354386891924671464334285912044332440535319433287741559768556089159532368018646146135778952317950616791
1953076838476909360191006021507916497934834212376731632144425144641327906962189370241122102766542339032514151882277966719354909881067726196183612605908524801805534354646322184565890372539540
0876949460722449067651013194739591588498314384146960146520820116407179520328066479085504190526776921633986523671275473353483656412477243653962445932193259177291041031198429532783982049034097
3270073676978165672239472482875283546972626335016417114556148309465810827219156554262831569015163223069948748112754411116459725773714651035068396267200203275334628880013770600115364678651667
9007155695384015263368389361743006643981579188061402195852700612758013767532156808072993000771767337293036232499173269201579051938930446220879716634914469566432817317012246558073310096892311
0919227475875002237706126064598996951546956869461056842632706133826677079674671638189578712668405992958569663586317119659351024905426190802257956503560791273897381047178655120985752457478025
9071618865657576650976606388147211237580154878631628696865769763357016951449011204263726001202283740533997756453367296916307540285837072022684556487567954774505114883894332511722483613762992
6382744794413754025543246405793871150018514049236779007679273980220385391202718035941930989265476617576200265074868001690470629570933285447422140358810527835549753546588224913801915597773922
9688913751605620010050826034406513499076210654443886743153227786091262689243369289805910865369314338436930064481420139897671848693336280447908696566100109384480008675729473566300172310160857
2999463525457571197541676049379640155222849828998225303343590771231031493094770297818406123083998122261789321501368055222088634194022840204663686536477408170321766168302111995926011836727 2
7947653594382308365509033537883031209120015032647437888513429570264623734623597276921606689177670745938256059861056780141369074786059595242969240313617105627763306383747233120782214351793137
3696862531858920214141119726816146375561182179260921599114643426500961357565317299729928835544543945780860126271605439174232440323379556722848472031697200049332385745445682153251748027027304 6
2729590526645645300608341604431240439268666215528937774479414238000623675203945044638233200157688974690223049917514877896633575476768978594510990985381892079376142891105545342887923590187544
9762636358654288198514186080268037927422167707627666750165732102296043740499089689305891708595370040367286791997101106380847552420587659093968076924150828273377256277278341291049762339975912
1335082375766006891601604806039650471114986576251281148103818450084647445787181858219200087889542842637553919354233711130779241951427626449766380885231940232730734599922692650741725117958207
4330123942953129687253040257527242176243987252609173427902653637533011524047189114448788767490786418793537239811313432557082773764943621978297268562998864023109142385628934576170411676671847
0733285790214166675524361991835282546336638482904642223121036463078135030352491504341139383252153636502249108444142045227805284099409721152879913743019879793693145731619885594452597200387160
0610616915154184126003418865844091515654210053184895718673029370665960070390113455850081580351567697266099380180357677055864358552285817917692393592544599864384323130542203200049068301140801
6500579126888774350881076237856535473779762612294452501463125368849362342174734516483871698891615815558656108451425023941378043554421819388536186569836408051105682684789958306955652760555184
6403151213083698212334110607131950349498351465251445378286883802365329275390726733031193463503895965742369054600076710683088896735720316419750692868909705432975434440851636197659545312924 48
3417096700316077702132694706802758055982401065524333866201983418432420349307941248384574098703417272028424478983768187254662152620245785965843813694580032640173051787861452263139655639900471
2571859104337228528306104769013184478263073530956869860156124483952374230398380825272634427130591203882136958220128383554185765834393007590729085177639663393887715636716200140740010967263308
6219314260256199563502542963228970554662041771692669276421071664011001441542761214147412525401119779125666743527125937929625324896815217404798382016303857202155762672322408047368930258592080
6598766954909839763031853767075242541833647606261051383780153258541249919602948901462058137435430255426674813804542192583895693677240921552474893494719481598600250407092614658088987433349367
7093721502918980487731759216101772477380433241115429946766756339983014612713452243577906942094572163933413585484720310679967130065532107783879869760359624376275427407411325027285861045945924
7320307678132114550157794464298049807032540596855797207556862962754440597476986912746908738430548676093183114310724653100941436774488113687426294792540912015835196296036535956180269807555976
8012155607159279461364504189276250167144305200778008069697100800627243035075671079011722020342215748983468858299372006151430628052950538657065077839846162274940785780651103073058981554952252
0432971492843068378130142927483471341577774124650592098729427433539543053054991439061313811232925555715903668745311817319804179547330929601889577312597784231878645354373812255969041467977461 1
3771344279387422622954445075920305865333425967325606799409586670166714211249971444266459644936796645608561084025453771675911691746387783373408267219354696179421587071733018053986762568187960 8
9098897890595177609948146634882869994703852957156217846373563889726529081254176743453469413789132521944117953793346893286004066157081446427368615235750351777482307870024855342133843756428299
8863838344958333232513452927075601090334878506395167257992889292392718252360649162124068085981223837156109742197925566773381949047844871537265572746850888349156136244058247040510151440875362
7978521970949315598579838544625295562800910009458525466843086256067328281489107337946339427502855669900870845982693563406830610300371319612341712749511015129108471307894826804022391778916399
3695340050078435302643504420517621549827032502458546492883140714710650274663146770148821452569750613223630750938908661160218865509466601308161280079320947165646917933098330891713030392793762
3363588915100667081495527587781666191562762951738071135076565523300501860569596698474863417559900030326249969593192194234191551185343590130373846381526796728397869213197355626504183858468336
4311261949702400197525471277761076245736594125344960949510825661374690920077962832600248443371352492832103368918170560494793748112849026127316067518024550566610969718846193131695000029400899
1804906786446092651431361596319621078223839037954518446761404250435526167697880840583525932794758848391632381173910747979607966005446402471593441121740615064415319117580160520653389807466876
0478554839457717304577451673023644575272536968587514991531901930277713507016277077793290671777241335308993640540127043570221841585276859341293738440319001243511842502689437452293168328121500
9689756854168084601545513129337849178961830091756150901885620622619253254698329074848352779885519012458808656917666404559210717457215716377530167958287963632651263100399488930176191448286080
8709227083662756249171719602494207276769921737187156243764970288458731608775426938179513231856316951196473747344382052614631173870854983495619222889541834463932392207939477882529802510335418
3661104771313402841191169757279803586824222590276807184277855571038098684563346356535346155576879946488011413954230686281998894257248786856156199336216603207095312834013061124909717213745818
5595827338741149533220032642976759596616518959818504873632861208409720311647990133271292007797372628342381494904688931102125339212177503007522022439510694451374048173880911533367984805871906
4676330547602419078215284980865788838015771190830671973402954663355517096412037902520031751102354078875053010445720769459947111683920815886149472154082225272028061768627146691315880346584444
6748403732351777824816297692661484613665794867744922190413270957735240977213991972457811959309197693747532387265051673283591391337968536368178550759116527444677054075691317766980651228685372
3348794184644339441848300613644489332295948668259567484185629425899687686592995877915761814089162910497286409515909755002700578952368093819131666388616192850886311974668656992510016950695220
0378162473052176541227379792461022838112089613742999448802714985560992854075834535756723435739964032205565089287672049531116906506444347555244625877491148075961114884783902480676381529902977
1018679776991163914693310299891503309884951416139571059992520659431519704823887947540239470650777979025828937419329780983320011908376451856424213967138084481888120646770515663841114563566937
4203144254210231398707251551604669360162466125321079402687796139201046692709514082396791278038747092366479724972621878446617814120415707821745603766139875351575412139677228349283923256000700
8246027937993426618575971215293285227912927286083664564997843301176525377696933903588143455195021991159920999230451720340879238488898600907786242246509472596303378829293481554684521100838581 2
4470981487844753764619444398824431209864621286683166340368736554643649559837365429949618323870861593409791668524836570279401788183288025570192783020464764140155634060167411581685557430206375
3240642404969458208891246088606522865552351207429641249456250397310084494741691906428549718203101634952803732680305309395857105426674858674301517307666939931636412078941320193936609179541771
5190248671452844417251923684112254502988902503145495025267242833970286206932393190227953545207906872976974788092059658653724605360323036985414187818364617026785452196453394348967653063085492
5659425924408847345215381154374616607205192062221957155651035951426346503876376589310882813457821339454291974280265379585598577209484635541226094475129976237829301822535125049157993699495955
8395752263259167227263593670280305173760689228176240713838415631150678528050997873889760834064636421889064508710641310535216997049448032951968072218239040642332218304626237166662756949463325
0959514551823212307577720682637703573800448528637217660498057033271079014519861585434539971185347564374121685990494728790560081598580072480663909487390260733398383854071234644478459215282152
1252681908015859986519375596607229649486516033013538965468618610957159898410356019074543387452317744636622991828589874108426441925052974111779879679506280571931570415443039379412507472962571
9780972598132530739151256320871075395216485780129074399116105337881898936955284622881738630762727535852346165509152996020520213522493318600932730173873665071767113627114247465232647911521020
8672485562348853408647495330314545198960549262179529732185452152419556609298658870359413999866875233742160223383083978399591952299489607687410361481302256765023052533265756479982963407120452
3576838264654839746774192179552699138464091984273890868344055806831424294699665593000303665581172408351479598611826815084986086771074926144997188943307810517677218408358408678189561806464221
6298526875230393167184833784051265033253870153869056806289303879454370876456337070631218677167586073817897171592197207721087799228692160097216248201941545067288519538553639058298347551896480
4074647182592905821435539423722141619024265292881677650307002954250399953791133837257291194170854809697666862247973990016720423702149572139388830265283784667259960940064574032693210821974688
8336018019231036274312525446557177166469480497136347585893565399060151904112981471202821129532158671795854163088668097501589910408992578992443945618535904314278352367046391879885534492096161 5
7212754275845826827715481004896743416967491435708199069269284764233197113338310057677756988061952060832016881899801377188162100346371354824536859386088324948057019674878862553388520914497602 1
6055294962068160436524831749778474188678987316327181836918873081474148669411860065436754379922574305185501338277298831163969145717473178918820613089087895193419511142186493912019858681386429
2097050235145462166439292077947089000823176589034255382256355477886875588353221387579255760007874777496962957191963243291519511169003911730035703760969530091734419002856699239787689803008058 6
9237086030147215160500638080860502735063051346793495315589095050819056609103053999456040377813013322572630874456047198785501727348802615971408455747007897541565550431453002437587312644225409
8272304167005050337625700209364575918255511303065001524771964380556883953637087482430897915484610148180721024547881894187897182010689883281750254223595653939139270318829698847481965011729407
0454755526934714743656441143841548888750862674784736045312019111652640069632568558981350553474146807271498881541247371277134191112485217196241122490812715416335947691727933994002615290231011
1918680454042461261097515564730014440705381301060644724522383134538961142025549882311021823200399431974899907411735133254101710290591845161955187228802244670792349008586419546936120553419137
4370774824460190836314530024531995336954462261633838717405704952989160142972474282426347810404951830628039179887809848677631473855564533849800824782472376117726959523534640179358548810934447
3382533074712223653099979352751606010752347982708935320424957482398095805650125858677476130358192442739608588255035940681231904463432662353406862128272339247627200885838828759915070706816631
8801450802689139682976292762419012644692466416382480857035146439714517829759586879573445374404028763580304356479390172916582691397680536444881316852180387759947687407519405939524340199555773
5852788470739997946699544259997698560250528228489422454971700628440225796047434569611466633120506196894940046196898033502848034265570029502175816730496696193307824135452534183034053772993744
5908165473746746593375150953472845778173487477006118582842964475036027513503529760659165359363233008399857883891455258784665287198778619930139980565685132352558236269502024456102311976070092
4131056281684525598368485710639704721132777331355859153976499008349781300583304723103532885156780581962295397348961922702496283111095182519500429968705704263618146587081711661479733454656549
3307382248295067989810223016535196479435083541235193736927873126788351301988312029121597672123205450155556662456208387095493627774521366153947087545093082505310864189652169764385996736190803
6170221955261750266201686403125644239230617628470531093380039457656885194249102442308907246237494701543547027365484944383970244690105270013715843810028177609668674578175455341754951188550310
2445592758664211245527280486533664720166810978445470555013195591634782558021774303071426989682250161428250510804875938963152687583195900015713797513731133442961067883474918341082191314478645
4276634362815943239402330424460826110933982156496648959420391296451937790973741597071120941304773981872799415076229784932283166151448453429280699384966529174323703508861573902027486844122993
7771061791394736429454036839871695202134654732800408094036766040240340268274437089689621516585323132923329355105615602155460796219470459730191229201249975803717223351431937440282495648466757
0497193224088814308451804584549455665615975000737104016977951035601139065470325386003602215822692717246357149919812561953704399994784938898491030607476050497225481198360816548146539804204707
6619522672719250826577119220302197552780187565143004969356648238222998221122087165459971801507191401734380203145754254650008914424615760810980214125017933916321258450340966120992440555586222 4
5895782420817785032728245266468637999503337816395527530035914825029812316466573270402893286916596870724114900451724477673543024603595831921833541332440613974895932888757146001578627030570548
4980400985413247499118606390674665035713013933025070275301285668069885466611318837968855173143468961129415776578685446163064269811769176506148029649742545043473334701050313537146357838519790
2216147182305945282086890823684843477711342623098813143057391856149442748451208207153138025103622401432044620140150828789885754136811694687238194460213777155591656488365459223412925107955272
7544595857567406360446493335238685490432299064262360786382751300013745659888614578713310901115135791276597564791605013084291572183924749844533968882568041463606458740051664949816157714930655
0905795572878099952262836999586099636099834641541927923938622043920580099369669833535406586468466895342237461553215760431319317204717421075577807181658118024598230860136181733942426243625461
9984648545822420988840257295403711720167185468324707152470730598428201758200704878923916394570431310615248648533628453101842521676302763280929298349674574352120640541256041232447375342298527
6923224689573217264967258127433962968414661749799758931419871076477985870701798799139204568887147408615223410603554796268614959145303141412686564154994563826128604211089645316284676939053 56
3892180381839603608294587368349694293385678317632104698645174534554722585575082765315758547055089775870575352415646865346508122158745178461409767387602746362821321073897151474040168049543790
7184578846971791504324378312177064844175619934875372796783886143903786312070583979468592277922534395955042636389608853700873239770015684887648571523282954773078567620908756172780244258703704
9726227069361899173552077917671083334044012941325352440193202387433324528552273591153053446765596235265748042046449094620747112575281955122807947078488929063792183528243470593305766814110658
3257428714077596938344769578015163242841426841299338454977786041878127035831169201435515722215931751610430099637237994587235757513710227666921333241071343081969162094036841714171298419259978
5511584991542349419557445366047028908314154256824417557240103875162980149897650031788810465543186501294893645994304690288322449030327620575965490200278777338049057311061767971939863479984356
9155519283942956721585498494853475095997122308229907260419446085538425537987704999910311129089526281537746123737089024687842623684505488297315261633065653385996564334944369340214829538986902
1649561958409369075881026568589780030120450807768490939779409388731997893168740214168041340928524807912853181947925689401043662127536272260295232184297053496785460761639264052904582171443722
3303431290419458506930075085697411009989826402797222425266286146602951980988870088767214513418864357612608575421625734057131750726554494967514268099368820265489458973722210507196070142950604
7625594099426231402306290077985070696665817545398845122275911324264057116169887968423360043766649470636816297846048325788751898698121348245508932756345681139051008497533458555856848008508827 1
6658528339838887023119473715941523220820873746399256061091525976221244991827042057609290733470987867415741064992268006932801733168649787624875062170267830434347567690232108400178336776310069
9868759855390161988013971940682930058138101882727374472409474141846675136379765079453799984011632799550489483596546300112688478323916270030333488650059574583888903699674291730050701533643538
8393770188453482896738542207159323226273740106189470317857722341491519776009420100202939419531706280110849099438852552447322753365603348145455760849150439194268943721747719364247268004627884
1267733274775284407432611028961363529973317311970828601156831477651086763612867586339718290407289237858989317275995180975693049142208701941446975679467872759196912461712106701338895794739150
4638677588249583306791029117109751009063813951765931221216323984814840652421308128725566347827642558607047019929907560053283182815643300581172624119593462483193881914844335092142035877259356
2102627724341414910035766079335047206547415611224463617957883158623345344452059479491470424438781176561809974953710249707948031490788466144953771086213525420945598724710731576283859800206932
5894777745753588881205066371250306661123014023473939216665735524275155850915085264145394704589222732720904320292237695525423748981847028691115428973604229221278209368304064010670969160020911
6803208997757542309693107618177095662864531658534135535351419918035621292366682668683305500453054413954089006095295439761796817809167777442781688237710151383898100716623596983159292810813198
9479454843028969346937564809410715141131217391163167079760885373617169218568864112225383401474973634983278008760570393452532726895293697747500413415073968081011951139028849072658914941324268
0849751122027850978584802930803243826106419600246400018325382873798020579030851654474878295169644337824297271078356865218643117822043413321213633298972324272309380506516553799508106134547 48
6688166281762517461470368147104067833132380142996605946951046193993038472127497296426434027375291454147578042050260338344565865626221111320082933886871252902376110353911087324903667440239201
3567026433519638295496508363584063120858860481121822099553766468754092098018091329548018152501856693398857756459185123798141533284173735440332015978528956694687721845365856950892587801464382
0554418948687166134424938008897192788193916812473950350731699047490946319391857411342388275947894817201768313986039768075089500115611365246373513592227341852148750788115409761069446607742023
2452322237131640272221306647543991189528480855892176181395087420040439857690873319629382864800743652222802916110250575070017158869813149162923601058856006045919867703966603924241148627141717 5
0100474030626132491169783070475406355408636829519041004741702920943162818379963647468179741722263684233967856305885493087392314302382938034466741129569721498672650826595906359904676682760116
0320871071956083927599256121639297310738062806935506838202248261358913296662829513206441226230930426219950207750387209387299534213571102111401718489785383371012583552637838993869178154574370
2244663821207088485980625699133647541269815579529527068083373975109454211602264509644804840811486646233348742537294914283887102707608126949499748709589953530095199631309501306334439314406976
4509967547341259224143486892970530084431679655342915207731522528842562506101002660862547450397729684930474924598404147899465309546583581465848762644426391755717720212812079722133034715700863
4970608789780815365667635324525523104086635804511060163806695422173678253008201357492889952564972996486808496287936205868880688791375877832704169276437510338276270073182188319581023508703047
3517482822057725374816752046306209805849952703525468099120488896974749698314759393697431214680300901336764129433414228066437479400018615901384219441858071074546607926894073640907438362375000
7074142821972213811602120567768698307889273126263214434966703335135036041019877321732501941220096689095487208719302480395272643499428123139129211314032334164232253208741585011856203802904436
5261477775725683888306421689650650112853229605454043499319158141755424803434065465052500485102604906690869290134636398985107925653848994168955881302019064849975623253520076812561055848657137
7830105522269801506247385130039253574102004115650430378899175597579318421330665148422772660009268911548038807546869325362613433572792823119647970264483065183908262602668321647388436599212481
4347323921702504853291086314724762204013694932142741399074119888683762248883644870229786303480578430287980400740644093597767958278897641426756270933629430875669567777047267359118688554818438
0608683741040072296128940580751040121174840884397415580203840834937220860492334208932682737688325768995190929790449162210985746055515983140592349387043029692998369607728865071722544349759715
8191603814556570650890100188906738434630655254907088995084377423115221037425458059334871100032662973577254201780443884170099524777339260858695194434422028919681784151714497365425455418312136
5123845779720562828436673899092433145251717349168173863676746225719752337719417448350991620684532599773978053348381278495098063141884493229629030850426681463293554253474627006500755739518310
6817480572180754887034841930896056760316492721683436262501057283713667565036834556749881175943327694674075547088018892876271384023326137914931527482938394307607093282546621650377435112803296
0750217032396539469413265538231381423316817203962278539899994078288412454315698963479895376731655937406639098218004548687442110290779729819677835516613257873875812686870056104345382966233136
3202443496750541681940816329452719262391322851200058471161593394298430921978484483107970857786526316326004058757401037313877426159424693429130901544126600232706641387120546455429543839196466
3210438603934650123256206611924165948070187186018596294330653149395379014526968720467509987010021808171635922019971835162983467247501745596398391936169623760300678705312566748962264903684117
6605088567476140763380572811449753905098259939728641930550853564081539243848471768042042417468235496203978868665094968423138189079431190858482784437833060235296301273447491153196090475149899

[illegible]

[illegible]

[illegible]

[illegible]

[illegible]

[illegible]

[illegible]

[illegible]

[illegible]

359963968940955504372663247323417190737529004223887369260261979478927973505038836229136588757738338265902139029261715978288133626345721690830780329923597490013042183343054044139413442369570
3986235866418069966610788467886857481228859704996247341610861656181248818249233701124516431638982981630717478471744489064963054421864682356705737874309640269101146554397761967849546502596648
12423413065384855367058791043660782257401240888682594862364013610411060320499639495642949042499628099125307029200437040840134774867179111162853198086892734783013041312982201959894646411346405
2009827257709888190454171985087693064968574137746731836288140169331285323735770425704880617196820084164862594289092688878414932768326132218815314701005438105350867737522202070049363016583448
6752190598479135707675858558797179178048901893744931510402560243701036717020954778344873620000468311697463499231833966406492196071075187479558978934417868042931267191310327583922637586435373
4244030371863069944535497475535882663345563183352591258369141543737853759860821307487205171136082356097175559723086555658932538760104570455306260603474470504187681961136325709226314991294555
1254919093048661231124525175202408787319718373526356092757041082376441002538849174743348085901496878004159765231922351269841279334780964197718991639224045762012278862778762107305526371000334
5384914534569236161807380146512785533277118688926926275817048555647543241111248116702753356292845182829885235601863052838312929606528569406779919322069208162881227949705655659673284667435330
6811378459965424967958798369271695511148394668163558929772205164323240536800045721700037494113877638849769297023375236280637145870042449367975140931818960688901417338673249390211308863636542
2674297758267332639980644795193358292390106938338921145444442440950900410997846753689032332015207107667615787390605808486702926470720153151648530196183353942878183931574863029214896146135079
549721572616793577094517128305321489295499543975214187433319707741358692747705000044001076572322126619618490631261338168568527722738535794700205731000428519681584192084913174624349629453239
5056776894661028363473887434089034638307320042792815349080521976548718561284207738463115953926293581043237160904793383408874665929243847388574728374524530126959274690579679134370440103344116
4380552718584673388183149898026613696600296128555243594692604395897352910763660459047999302942653318556043122750283530143803364824735013674340397496954542526131239982628406264679410309131712
2726404784425705692391114285195946376368205139518323407421431400641622106908308843676021027833613418273394439647924018436307894267473508540282836348377128054631709556014215403630518265504390
3554419763127433323769429802607845765062822391232247991825401145160826872286071536872164272244259578708471706442045605567000741978070004802316487327604920033239889225716848857970185741954176
7089439204152254568974765966743572864329304802282297687440209906276838379503951218721089298067799934240784173908073211110385239233358333616775930668764466387190231388856471450593923311328268
9722955584024798315150452862584220234305963265710483444089405891226957831809488943592684200890014377558077666777142153176686996611977162228805438213649795276460503763189814210335177585849005
3834082917460324910671919464845780849674612495323734694439534323382818025050069468730485240810802015656211762703346099914899028721381693048180018397656045994171305876489608161818948975871843
3973924098247640683052954317161427617546982848079652838516618867055848847786983793008988638749815929734752626417920007100159490200513886365758163418759655102905887613260462946659965306730161
1814149408604726026530758222920698931014412168326134229040958599725577091661345802950621920875340296083143827790479334204084686483197369661873887415359447671863960423612411054566117906911212

[illegible]

[illegible]

[illegible]

[illegible]

478368293343565346972391566835082473700755889756886349703924480698862254138422637099785414320114079314941659721398369764550045120646056751350361329289489736244887119447046990585212850005973 3
054462767101588543616413766097059146202649552211957223454959425102721405027535280590119056856913083797087761287909725229433044328667971951854950080487555380424377841658199082387675933486169
071969543600330777353703719472279495975950914004728553675542284329029812399879540771107330377222382573119823430573617331787837492422113204123083482307141764633225420726698793436672595445 4272
631868730135357812956395087165357432296513454404494380540742585705850057933596244620896615000970753486532331122514591086935856998724696122163438675275875497086275015431686885104898459465705 6
483723952053170467965879534956955128479316957316770785157762220187162604009063378945351864646677652332128208723800686979938229634766127428141403281359577117802436661611356028351353294366546 6
934016340885271951234314901154438107213265552487978493674278415145785338385939911727185730297754971150417820005935294585439226528190152732345271275483649321596287749574816631820644963023 18
946388062662598142869176603294021372019227856154761692253668129937450733856837910702092926199409929530058829979945271018728976409851514038736236445840501518036189504734032282098849458521475
063166080214720240279252339039617474489097416607872200010860093657858596920333954078044737178777420067142705565625448200450398445522473790715186824958969082328111760124231861965427124524 3635
673900289235498817842060969718810679383336942257003007090970138759271822777156893749277961273033576115803751078531606362468029666227536593275715596487156326709479255413493350980544369434 7394
984948313344804487669146549628748854095350571154358268213340492247485918340414247541348199351235159808677678310109253016608546167568085380441440953911691634342338892598274560701352622090 6682
935285157161925665075932798476302559238209709002855688762228671391003548331807258735704919393731126982067049004411640243824469268346112096852684687294840940882186056777056707086668589412332 16
825851515739869521339521361343736727036801516180785368473414886660201178702465416392364934329387636830775389518526944733403820423188301387294729358720660469228702972299958268278366182752460 23
735259573578626009689285112189660509024017669815547616943072737477079232702345311614923362041175377862187085035451656696930846214362360347211254033549557292870103942487769399289837304401 4238
194670998022014020217085342408249886771195795018700230450891632161138171022072509039510869929132166987978223732427772041559261168886963072097119181903874291176561872673609994803981431805 7303
288735338412421400412254628127294760725404568610465451577434448260677046145131430352559315724711894498546588904039437616404443579729601914783739094519007436693999560773539554687709678138 1589
781354457337091270583598449225813951914361666218044135953276368851885746126466000088191435404299962620174076330030593186627308438535297928687257408019810419913012173421692926080520261776 45537
487123248598969992006266422428401933740575708842330211073662738457993894606450487824249851856360540232733897859313914344215014863441705944140462248182781227806679980691793550263536376728877 4
406397494770195302164618944211608517082067320341295948306448352857914859497214426191123832041776044640476540761511300848630576259395229384845600867652555474086548863778455671112342010125731 3
849287625715772285878186310378822367551399889454530672061791025145943393571331643795562345700321574097803683341196525206063384549784260772945212564687287401862820001955822206597334451389485 1
331633339775312971524076964806268643572359643661358611562375517516880185412344672405491485019632558483276252955360239698139350965372236453319774231325707372257749961644869753811363670836325
349508922761391154589751873458232980898799903830165305369958173614761536264081031426740561407789493090933834056401837899952740578171563239318559855373224260768203827963790609888742187862697 2
314204378856579144648742037299524159952968710735715527261957717818331880484541730671000419061556722392503675567655000726103433739042886911540798775021954613890697893984618236771664135775065 1
382405732631305537191419983749626899407317749594596387856196528743802591315189561036535571496356462478673302936758725859021371385808708941716165001690225724694130135310552288978857696908515 0
037714101409281537699604261583417197695157737483194494795515752671613058202948643616809153342477429879730259383049343076112422554367813534162551657590721216533602307604618936823686615989524 5
875647840056077107675180849623799457423986054856978163128254579040335931585915629453842441928937535766579375296129504157464228104788622850312087576729093681344588521166921750442983767121111 4
526303183425201869291180509654728370314448334783468236682961921649690919146891432006334767849424381798135486480149851742702321100259003762727862045689820421776566813354921025469750922873605
709749501718893702114223616359075414270238276716641625563429587660640130202154726343991314985816227414389565601657707564775509570490557253126451312352531522882903801434636932139171510609710 6
532620170977711985043977999636512740013623140520261852924078336378291574183463993856637144098274287343003162406606850780997609507009001775451961365280719145151382731434674351098076455033118 1
199642778733742486506700442225824800270677512177971420917082695090761190338334344352630117755673931869521069286745668144326495890671639072943132571120037633180222450170279836955629703526289
560421441908521359288223750445913600099269637487088513909002415613350855672476787908431557250001769718834775077884852960814678306086701476433605227381229405241060849620221736362279986981861 3
713970181096368219674227904544745315062276819544451625316038173917538892845819291388112426964863981138039303667525930332356783182777943849311989934153489852802957018558626517632815436922343 8
145004484280281832342259447702051659469860829663979164604046403767821684532470061599079045772431073153755391171727339213567469005203235812954518397833434339058565122814933998195723771876109
371428601916174110663627126027188883979624348299450438183793582365062833131358089899879170352102460428444474491322497754315421952722363518151783135625701229683077639450549476371097689461429778
785078302831294898188368535893142006116243101748807624234401663351114725304597791123673605865979674627625004927906804581244782406949742915645462913459829573617048414706170881578523002907223
225056680872554893096322126619234856951327476993930886573399069267773037434055496226787815433753828558875513036230721296612375863099759494282373436389912418365060224593000977331370778360245 6
789151015340082988373447328054690788582396234591328485184703826388817380198669181090887446583491082687565533346802887279040061197489299902879607549434630612458686048796379476779767110544943 4
494693408032184281141482589292715519547858121531525855172855251415483776674820059069773336282192672503119441036951076700164659951938461214959297597883940120265388912878239393693872302276503
097110196174793847478114236726271856836273075569423198725306932792096191362647322799579154546252960497646505432830934388453445605020768143773466853724731042444489429415365124322172919311103 6
741398025626239469494157982625723574038456061456503956486096076568711472358848926695090064256731737855748121856097084020072671407604520411251885574876223057443446491362269064863690424037400 61
771163915426985206720154093134453748156533828176891831717326134211147466423739697755185069241490506959536693570413197323185111111340382603698014363321107650170584913405410488299357848090809 8
930213758097746651348546945240637713071300935701534173170194492230545930273585368649071029693351952560483230481373753043925201365624385635427603265779881665696820388538834018611605173935257 6
503869166154746084599683982343772524049551810308313589020040607414982812748713325821040130407255097172889372798791733858752253879733814047521348407874125760879257262418323375399054236533402 6
118805355236218161625894332981381875235367303213073196419743512571091591999566490252954802276353262362612294291450250224994352279316360676788092313986211326047152435282493050383337834697779 0
391158635099545358755291890505990506555811476954410317504683872487239271176491000853929574366025414139159550108231001195436891667461681196746026863674307189249906544800368815947149468922317 88
515440768776938077249541311626352957183124011731193011938159448335561445345656743929175225304285353569734230845958920843268342668627946428675082094513620517739413791688125827921581770054494 9
523745383695167695692678269960449593686020884462450674458265412469350016583845006352109570842204914442562072408016966882310873042551249997846055885949395699790169982436941062973448619842035 8
074729668443030798370948370697136405235393499162849012411778191871002793291254571237594020669068731416046048319940594844422652819288800345545532921606188625944752928248134836088228109520342 4
682050344942096570896362080652852635811414286263063197181250175382464933800623740498525036230752418230585388184698634502438655134922853170055266706179702155991186437833817532909091747513801 5
147518188707657437776663436559333975587429833588456874612238213580655444835547274690041611878095919570124055757295370658626356406708083697779085317386940255580964159284703590455639467329969340
982669019872415609156807511099171021783792337675987100099622209429493308114938913924818476574575342765214519604329816916332893386803483026008229111396653586111994616053830988154883796234039 5
708094095373016671395811273028843876715916339675276905118260249341851754453271122961151773936743189058818536308089437588287502017971219833269061611128095563127542504835276449587172865047439 9
493357645615339044405201293635407468307946513882024949292131247157631469100515335943705315559982544943075636030469051300357775266615732174654697126911274992077343693026648785749857755423444553
425694351552524792133886315504987880960338776518426313385731669939635597330955486807200570859331211283670912382411416382651884708004246317319738498101446405194299869633374612943563156178172 1
719137450532488531271654654082647667329194553451931622076048279880534651165651297426816014612026504974285148853713746599036048834545573473756988165091103236071734161048709364958535769659200 4
711466506226721231769227918506775032742512009275214747875640793371353638385574977916641402595811142614398631354782156070097540872193566927251714612475364254205067047232799127299396552522509 6
952350218807555332737448297570308391084811833239804520387775721201865472633060869923266213189378500423611835152521176293609541517053639321896684828031666048508536323489032857939305123739182 5
753346738252223825798509234088468549533172328051404566116455740877350397744150373129962756413700812672809243264033207696736659287471437497997204706184900021254390871652871974804006174961585 1
105644885651610997644014284170647651428630315274868400339454722354063113567386659735212758480505382682749864612416427811607459400878008752510779999694615656769631007665855300656302970268524 7
409352763878697241296762674648617755796378534367136460446207330100969420321914711173860171055490478440820331777556108995218681688983721489226999027543111144126134197776850786878532523356408 2
548989703232187123293539418697977511367370237693923619776986693147788004698329781547503993667612942162819488475866110377878678166649891163013042982113694975068218652549219606991807397322634 3
748179008211066140187061082625121864523121237909310173845226242940748514390430204227140744057411913689834163456505479815831093684229890900368859019472746770049415320566862393091835262104853 3
050702267514087793089856371412901742279173891339311730957879539825125598989021942207312164133216603822424410251770789146670990458279003552390949016507665795624190462573567680821438779340464
803800309145657717349115512756805474986872155156114519754217196878475753073675317214419785631237574508277077779438239967255702180265703041044479644647458529138292392096555125637156284266581 7
070217067520555644097324787917086619627764942174100599036437138881958996978137539068308853206932636405709359073157346742529135082119287869691409492366768293549516549046554536753181570659470 9
796518993712822260628092452317836654055120278071180012928492312235097050518793099525910608531410678280712651166302383148929810240500734930618478618445494586821803273393088587943607547734661 2
535546279631895615551011277885028618553609391635689859139910389545097388082588025131318701375389905782843332856797442756168807565171162541581231751885505342959746174294984079833523800439270 4
072295747363357283344622882864794342141243050386163643256910787255580021043487978430638306572965972935142582381582521128834729408055017267931176089023068631665740489872423991113539966662189
448302594383743580111934998597719863599688666071978389190181969381130039151453145588250282602941404346954585540908120053762593881458965780979355217132371303844949278498742757166446428416497 3
833676588571431860761488586548253258803633398862527849034086416593413049383290336642209314693810840351998482338268800181263465703887015440651156393559144725270245065280442594002436349542133 6
319743464937272690886354506025672733927868727156688402681797304198189520081971148846017713717030088836790104388807030157940255426590796353362238068251089642351328461042150923948333459947673 5
501389222880472655830855090883333144609660984621673727249704876253081605345476079335498540712795200031832216744699556344782163695995133066685685042257488566231066470073599535577458248993235
310436394991109439042181397428550944637491974431035165943924465880308732082046077939533005448853671001324053615373351290963959574159102704559034619789664242077796998212326642417566581410264 7
509407330590050841348466123102236078246179333407759224657137676557864815202777271583574164451975021305933250367575148138753005383986443158017996502032839454241647217908617988014629769399367 6
441491520918248390088917118495283745170946818087982486551196743337000248206262763391739402725943608101308976206005653392235359298514669058573006316587438293738914940456546303548668078377467 3
919688080177163456062727734398767784951290766536999076155868612622565457161118564087927478105918364720782940723294031789715754596703582098858408237411985695265804771362381796521514655258270 1
068703158033463105689597885293190895319370588300757463694101269063592603416362256986793952530243881499150402640569263173244016894753758790579552725558342907815464924924930044116276511745269 5
052708196356359757447989631012592878656046732893792264347294101891993009480416068872318093408323870933378990285758587092200790419518317133636282738493600389424491556662741829951356349014869 3
107966624459754547237840232800544033348916217867603189047220575466948825215367846484860900596110073332101067221364430163998359183952797760239105230242082779446062584210450531422442889925749 2
680413188070898447545342679830130445935850038821488696657505568658282454498376639523450707621853782473343201924129413041085910567126553122639823086205401571321898116574081471448647742177363 7
753452779175891688278488544045275539038969260354447680409780051453347279246103127215039240321064111680557707506689160666550842172500659470490573951357902267303138489160285911343458107576984 12
105210036900569935480761148560705276465262232698946867293871787646583342211608068109925979586186959924220186605948189997127785615982262346319690058125264557239331814155514474394150392408200 1
063271265819647917466210749808923908961748022984507500003914334385683892136625851073224607003845036795472057727664348226556940337437215976785495530162769813873817273208265999621697214981666 7
069800613535104632130663505400979432204982077562209564010225826021259137184875320306964015387272961467596819355353604456911625255541794633283548443312573119875977631896111557679459955310012 1
301685312129831960107535104536953926726468056376284748458965531891921092359364753888449430075404807391123763171483502854678934131049510630207370237176392211172386656963825371297997527472082 8
701777626795689914105146611045826759415406399839810041425387311285048361072843203166309023519113731225477342498791995921295458938146037186993747263665959914467226327287573670627370663562198 1
703168456460900971111935316716746014026010834465660615891246115416030968002951596277512030654454330631951904566192531531059786059829615622109175502123753349106647019014244549398146084689583 4
443535008285928693925291370614005046751523946056997933483107103714081107298364228649285901806408873504734804742780532981172235063218830485139907854291633141894436892807672168252367998557351 9
478707653702884523488425185433134036045654394363300770742637548787278460662315319151456325465885686853951645350753929222976429174241820968673280487788881934434223741528451032248989912964054 3
294843856126974565794697842202726019527202615960039505313598978600479154250064521072768750783118109644398554416761960173004994305829920882602295940014365655274027396326994773778868160174325
134571923863073326452866333892945388160249658049562646998969890279256942740548695702062486047571940548359473151249738441743420111068751190093491143206095990541055342009455309445915121456239 74
295419648469399566491846775514847560679822275311712217926321547869784676718854574495901600147835733112625834251125865943356490415199569936494340238333129459023569106096819749262266035565400 09
481927459779881803918162975329751915793326952469279293955338112157117451844071118393496186129470056995536737049024320680050681439754481060060985059054883996842834487805447677397370967464903 3
428249899422570108278310591009222670420600535706154067517367039477771539124970170139404216109788290137385727646302997173534090168866956153142861442519758923306041141426045547001487753079462 7
426644590722735530463716749850444380241164934573484632840582905739760860130038679713984493545067903037214036859456257746301854345559962358973032888637380262307771553090327121289902518650637 2
720454036531188491026485880005286427237107596616252968011820842502729779108193309973233645913658521883816012194987770704390567998604060021656424453003719383972216686989703528529887398745596 86
329830997585454527670651083707322374842811866455563808841892581709422381831273519541289045097356558057924371501401474217413514831820390796424608065086039313730969991017918138658711992817886 1
909418258632072902110917288777530667451912430869922528403875738766086093558009405473569798710197020881357973409613811149645915366987426373188847206735150485152995352537087499748605482317022868
085394780117389962242291494213879310403957835002964300360254487309351565987950386338589950753940476290575533142107179922466876680068826236103916774562685949583332166847568161490260873833062 9
002861018518732354421544603935746529079662954594117958327013791618440916083025012523958461423914111514992038122751820032489801053812183760467465982399421080229580413414636679825038767923073 46
697370372547682242594982909507986838713439214045717062428934708227846219841055901347384270979357191981587294835482403965490888657587642127669412560366762572540153707016248145300413985531086 4
957688616484696009567171840365041490934516901515670616084948684761747107504001195712607429830069432788212424436794300254590723103616274225967927698736388670814520348486279587532814313317071 61
517631074462827281343367194823667531017736276740267599832614462333892652633249360007301803732414489284990600880736497266250620756839835367595034474258008035540990715896432855880184335034177 7
282375289863673116669521065188709214955380678882091110176031664253786542865003200848644095728014839332197491564915016255176611702262347178174685327707258688533678307200896786733463334755825
682183935686000615464779945645625308823332671852170474931881606419760043193371869305807797783590607962566385435130361731477797656759377343562584896904462427652476329041834873263141044799946 9
434908639586990730577489382130103989034171808187323161259734689672186121875940268165277467451762857833745403993230150596577783899546627820808972367913575934752098801711420022990425518753013 8
041178498872123511319521576040147278557991094078826040870023117179183107566104274207381245964968292333412841635068852379532560176325035877164301418343584733894154859498607199087982048169743
206219173955349273797741708604687584979474096002673058601345850257076562049391237051464024380556607956841070811319386972243452332758263627114321577397521580552637251085237998825129800855168 8
084142218493058936922648389909088355982106108279340760492323046148898094954646640296678067384877739582462816246677678354690262512380905374874204919702714392505640604917951985592777064708 56
096190638678239881866337771491283688656838041876947540258684379787164515128225438132990153998659680310813649672679532641608916695152870330668604332196257971734784688579032644401345671493416 1
171566947925900493106808923525377644918563138199641182463750543649076828249479462649153912260148950696144406615880708033340571038663804993113679887237996286529356191260046426728197131284055 1
563566600337045042600645337323055076426885951500570923427951820802476065984187099782511220750448398797806986450788476258315721423446373529067488307012770435097698824488312629982520103083382 2
661116739367804906975963492408746471783497093252211529056360673954662569906489078779438321800355102376606444085148331767517050588061438917166540005136682101611843498602553922608851642630741 4
135187949227430124257709719273097074311207029612997801954993310739611540236910245727566635272363595930083165377265045989555384453984474079860930741972978572779315832899662114577589308820925 4
045291902376710835037979325146378180304643045565103735258181149630388005127617501409070880979867343738933787076312728567625067254746641271711959103661518761206835702129512089749432819462399 2
113813309205337471492930537152840233935616023802505563037863795573276302489221112664337433524809204334552599700767671780199318166507965014998065011574953338822456480668926885701886725744921 8
744238344518845094865438170265861684571517933302906861795282585926446040909301659279044167086267417578271166468884735574137553267783846807238523783594343385432074381831526496218308142622948 7
222843005729199196725777922057680946247041912608003629861750590587022699705310873202834834968477010183940080472543776042954795559806916842459956467305697255002037318682391033960429324276882 7
792080868878371508411635817862938389651015938360609751671043825914226397921908063765993706333400436969384025342329531156566209820361911447396524652291679052460629348686470732720543339289059 6
492355511880547132204383635285122823959123002082197518855365848120882917083401673735612280289458764282324234893078196020197792313995885378593388579053720088157042578098144323976100242925220 6
113781636773446680428613695917668554454256823212809779434707312884343232845613903986040699031791613980619144757117319979646818023344128266078036449961295106537736128725937766347678617881572854
107803214668782092814222118756293408997979394527998978888644670234487054639446746116938372273411674968361240206512743600953566650466701902568170832423836433368090695314750841261794089795624 53
977394250369649084055066069493719475811969150673724080476975687742944608080738986216535033294023825485088455208883300646240106836790725883113517999397084143300245500743031550449920636995262313 2
888612740930885020030646336953876757826997686825887687453334606153658538714157682801806492220493802454960291777493363961258476158929466924321925999346419066726413648244134652416879480462 67
134673323214741496158039192210634982170637466422484652592800790365289710650995053599963736830322982515553645149085285574639503399641378345426844927256847976154614200690758038553552239641475 9
053166445876474223762158363777629224730278449277071302545305827367395788146191751520925555241353876802214836945659645056923480993078144499065121563068967988369513861722179621908646047234107407
456028910163190590810595559620552786416461732238253711609385310643043168171615313257590500674627820732038254970857045578380969255487141091948349206100702354653322938995528993891618896174668 1
044178065170692217403134063442468011630652348190975607396819528568495224473612253150907217554191040811045017733978976997540344549414805888061477263804595805210918901260322070699778633964723 3
596360838567026643907648025253708775491806765082442716694362304324396839430388479526648693319323203034175681630266157340825905237982436557766251938037129525206928997389985639526924721371004 8
542318815808508331507449917501222879371099082704199059611106426405095858953244624981243275650883284208107259003008842473493215006605007437061835933812197405138425272764742199080257872524042
255347941422168070284106534332576697054890232928270012336165750335630381976120325180875904055733016170337877265806692544642402261997668754152229530317675413282330947819640948507460641180494
063549991913929667609763853707302887301303654940885221852049254076842816046142532949935866911210902964227286735406676550990901624520961077919460466465967796555657739538103420500795721067867
169007244993031932297004029708876199484617434513753902557276089510488249933790893218658333484418946218880273344395054611321896288271198379087753822518611470958837671177076035665957820333770 0
423809471782038457478044673510940107128224534504816661158813488215665314202628859477071195094341690948324126033948979464107758497083928168603100035328739409290944538769400552486042037604744
434585864921840288523383633487165543296145361120949456893401569746599156032785356702092082039304093209153145599311211549274094843267276863128600784947827686065683532797197061331839471839198 9
479968398679495268347311905367849929591132000963727838280043107030896306012685592541943433642363026998549731462863346006377584719879396890286338538501601458835369040904571126423535356258400 55
073184628550986196200506101047677077775896858520284435938429280402819135730901305847232309937576770557072330016829690313558885038338963664748187119385885791124628128303996989673070564300318 3
672240140737854407803152304401902654655638815232626569592620385907710733070130533635634044733137079147541688695362643869694532396650053722885911479346835382749171122440080819456832097198796 3
381598859343699328176284072891146208078775913221660776286337802999541015068545560602731461309102892536193849297782303973798005807847705986612303746504672181422364982671036556109664603953508 8
101649570337087986805067552411231065271096318990713119186407378973182902925355801117798198550149278883785269242843304657890799655131092552825704000042218560541049220962654054609242392938412 7
522289467277431886046549072934657490090887556339390373656987502264404863882907298231047289427230455161914439380120570070228811038853426430412215156453270152154538158307085422528881475472165 8
941684428327774618825432741320283293744797402022424511172796994713787289909195906502163857647611655236673195826870640747433098132174839515130300931279880063707360001457568818541399420153378 5
856060547029866841736326630704690335564979496381389265424543595771628986753264359931650852294921621172031689548809777609196927863372614288007676084485966033625028571658607629422389478501393 3
577007255653302343350752367026579767327308888472397537776992419861395376606362533667398521151925041297865379087798056142098460095921317573565559839001701735379703563047143548978119100064985 0
795676359535891242376798583094437655506111591502320576134738587530685244886103561190064377180095115138153148416759011559176522463436264318606147708865130258467224188293019541691864679329934 9
746177704640909668886740211578088989967853868732521475790484243409259647428581562007745071869216183322240744902488770238573969057441143672076124055005322809700368331183034282838565013781157 8
766259215902024917757552601510967284876770165268687678918450928817345144921089408244582225071745925314990675073190625299128014774060855034655594227040930316399063028026528172029385539255 774
687283539457217965924914457061036058834785755504893673304441842374393931331338202152722417522281545840124000732159172135713197962769599216366520511097477257766426625753510944484758935168658
441721664627248871793560244905838132334443128492143154378755002754897905855355965156035691004698968705944994593440376658971986554653971183369613049825797368119552238381287889262391415608685 0
746829358769548382832302418069539888774614583616486078248446966273143081586452927430343858575139634815022103704187291007838032260172719517958166412847733029673271784967534542266980655313102 0
326170680823609632210854983822591086547081984292459863865194298108050732680025266204089490727637149608528663396081456515629446225382985565281552106455703696844696092717071741169041759303209 1
804176195386821787783078651774831408171233492810229035826270011404491793330280937843402827708153272209475384407786284069060734060582427080007544027540318460979444424040305528298546799634681 78
421989393607282714628925408077388405896856457020909234776546952828851406139830019564906832112241692978404088203992375293085355280203356498989774523792928404038177474398332034373496032171781931
455163652583046407744776088794442875989180740307778028976090557021243651480974694862677618508440262508805640263910944344463592641289169279702977433511528833029776925735744406513122865777487 4
010939163361044739664614409523827653894221562063993224804373302827622049828194769963070256237508642212228270645425888367224187764408760123100799441151450544142271478655799602188666444799944 4
124748370133004543259784667430999894452981810667368658960431138819007460648085596098922199120549951941087798153155538941933224016288112701757322663082105184986336864757771251149064206617286 1
022845193510933545016654629413785865776210457368752747873782888267374569825217289469350704919917913290496381991902328736037434733881752098551960094366668042306387307089952429115168417370321
568113651030002799767246335654286742131224995522908262535951691976479251835368475157265240194883407387479399034592044123494781988979465965411542813092954022014722681080791202828090496843768 5
221733886983130363024698305002828735803219824204777373964679964943221960782926669666150276022051011803058251278777967037769106927652160186516964200892902229387964253030405532561075978753083
214101956063953818258745994152487469047425703291874771623331601966486502125687188552212256079800397484485657142179466195055967188018755406547436608802079637266907595983617384263867390096010 9
933775604403408644075071425179265061463148524867795764271732469153798406593749439587315325969641973131940720214593730720188559114646516089303909330253330352570194129999695309442770733335605773
971307298338391800463885795717334420250296710006981565373087937612811255167566072438915544964827652046125592952149581055468049757366978019572655470283363235222678428329773942175300964113021 3
857062326831682951397379782960347069033469900340535441125363519931805142784539392509722777513938393565040423112458959878414453851110792003815123383915962129151801028387454856568891092570275 6
709683847004487595264229027966348555376945870432254309707381666060156802097762757088389896465013510733594805493847012093412001352697572495031684999140442364005838788940739429864050607392820 0
283117855706730724784187857955572474614796376833880895938546664575130200930183197548277413712703097511346865411651886850000964805334082402769350578336956580630349545372959944899682168405675 4
768474884521468497019366271905295785179428945448249038845716889102903276742921178898692796660575654003396862055311660511499177727229973008616536360634072227489207116269733588105038789952250 1
759332046927165942311365014248831229156477496120959367377375026119862231483578846718097888724706275852038838959858945550296394079472480711387822694076424683619167898945121930577208100966572 7
660312528754836460434841936894344390201852035680254162256850912021701924193353028023724727400637159023544422181359132315318065083302031117158642139644998656458708067851411135137005435160778 1
510744288895523977075360397328589097678238721592807164665529487907993797449489491936351156682075157711374697486953956189805636420001483787216858132297259296241233926222118774992146882395052 2
919105205137695320219511345503146630600186207298519990145545022599794697240793987667199457281037899271351349972277422999422104595306019431617717737292759994091556954347552945336614509903092 4
848163721533667990348056620779211563751016998777553956094220918385926895652722279776616641682009078810440605055315193038996975684191121283461291520955825383698662959226814634304128862897727 4
664934606162062888801336519766771502177659249976406567931236181893378449401509015107932487000665931001997126213068291104847328533617833193390765523003540917491871161386473774630844113661396 3
662214442731894825317343980342374845119535340201691235977617021536241042848670950231198882270815697365514626990524287468736499557333654787280492988162335209874896200037883327520430332331765 3
363872848020557904123269643712985135003893147423063833490572363532181421657111857173419869821351673754270021705033600389599206220743429984311473790969403337004293372159155832327807779906457 0
412384283633735739937979798425764148502427421572964435417927777022473070322330642271559027295347657590476979308982588720419401755887162419888135464311950693368857416352224626656351454900982 52
968345172596724161407306975066791673641191727863329718148992243379251768813016247189749099651757129330466785552306104457307485679306598548798737379715552579852864167227025445231793864859227 7
153020203484281743775163572205893910697408565228174936421890250152323926881505672934027666946654271854013981495899957448169160259455848021579161542155712676329871568685628626584320780586900 1
897479906043134144701366197666038515534953511084704248098755313685059652720060066190294898776493172755182212046743248349529328185318236177080955511794487134448885180915543817075281787262793 0
609954725258998845363720824245861805300074134689361275367481351771807449080203928491214279676078012887283703752473697967004431766854790477081483788564169401801360581008540574144737447059503 40
405807287756797878727352752573536130434423242673140808729540318196054863242181834632740625859596250104304369280712022197865094845578179774675324227841715820873753851400000455426847479512589262
395436546146140035050324752971069756535922697320312153945963753663353838509563327625616609843695276187327734795885730600050538503883369929586269781267348671055742014205113429319304176568144234
310491669478349646422416797941124701006670625251165567891677407281400965116656640120816836766259729134506510014923386029173454126932906342102077393958857967687074011755025742611890034989411 5
980246961153977671232413302202568563247802693604261702744288016456218225347058933682855133789801505222600262625396732409699713451626618235106413765538148638688386192620907048843583540082211 6
830734809868586286200416543340406007334027471708403092368182726439872359782552782877262404468150359088106272436071141101275708021821982524083702067459425927566319574130322238932928057559666 7

[illegible]

[illegible]

[illegible]

[illegible]

[illegible]

[illegible]

69043631320607191238896468180119156394934037701454471128280375213179050181701719137506366845954724759028845417581455651824821137709374813601221750859993280190948772480668255164666885944259928
4993034719691526288255157548585435864783438161185640374355411847214940435634577221044967908694124914301415834473671478822601258075219701488532764316903585552041510519240926802072884571206168
1840766676282680789760650193425670944175393509507846685462264046387832593418524876334235744810063610102522973311605939565745427827436867920922248033536137394824848797354048404622718596866445
0956829595954697817274327356974916029239128862681376749826064360210632320445926108695266646762511845538439077097630927247086172716074763907538545492068572031005597665775660284049369063906458
4257924451720650373798440296859608067695156249478284642215468384002756692444203027509101933487198073231879230285757502334439952402981367221995764425677860958176495845828658332402569507476814
2753940015012287985095810933814656487567458103611180492924098875891103766282416469643440359800586908067061469751491720032136458295232347545869036378026627434736021382770760901300394541916192
2017911816163579608771409577057134245648127656271375565274407915608754986336724570612634315542476808525929932094906645967392954008935320245324271636716409029402305630995699003858772361455293
4330869610151632293636381506650385559819473998932257157821685331966711794224767103713763993493626338006523721020904116709922697627700530585303002565140528635806119815632164248530881544797315
2686206306326992978965322050144122129303290280564867740028167116571752712884127695128851260737094881225423786315548924619879241242362501856704591323820739227997611674323953908708625768668790
1280203009070261276109831231717029084690571911396199515092265524349310469192897682833035981323612748695136915594082474507725514538762628703927540201917580563606297147480630771204351472791171
8871297579972451683681533132335917541010914944893363074359403649328276419137062324280958767580960454701662806345070050924139410894607102601311525648770267105808772352739317877251163674263275
8033902820396101753054876651422501222143751247872075138229232931424213552749634240876438152662085622130656785132139061613699551656527431828447781899068979526681359868199948308796300162764789
9370885689713709027900724508638314965030402775041392274892526449894618041999839498228877628726493880277165919385058590158308819529294967592595509943060774429859189200369708550992517386265553
9130655397781304691310807482617414798412830575724580057882994710682645129905005533351405409913525621932217042498553534230706918359147074779234450758884509508577629108047219762919618346482901
6567331628676899433161654252321395612535752230826906647024206853394105101966589469175859364848597268274245212322182981978960278405960283813579569275036328413258145168768904296264096410096726
3405245038538823136798293731938758503348152464363255389997039411925572560634073002692714581496880995732742266384700609882022369297489608845868322851003649010820169465369233911522878001362381
7846563929753385458028611820358319755770746509057045065685023822501055491921241073037069321606669082801673736881506957591070292680946517401689761539553413397653969688213790677117701175538292
3884378387452034779376811775753623947426814625123268168349754875871907191259358379557185394712895388495320863624246192202802764219853704831006669295395155771395810754272442159830156885012765
0292848085048085107145630788413590619768713535163124020781065709737949842724669925095397741918581385665181265639781584053452013398174542250162580384035458095496569786372526267929385814562819
8879310400017698018000697412329675803267437689484075592063674683199689557175490133683325380807682239822145065518042455734180024741487268228586693985171659493355237659006213084356435497239360
36573315154580626455479429470055031393668523418124022146339508280541677182611666169871137798355746139249315628551879226557811568152881213124488496564503523485226338139492140599910337043336481
2359134011168581575375841917206378186815663411392585254808866934285251689494210488295607576558566209094202150185419619317912683666966090570649760343275629861692795326359248343097823240477601
3405478578970304515439382695023357083899090943943716088868674107387990472605222575393817810096454432557593911080662020581299345199756517385299277621583354208198415851456089913599752373345858
71184863206430983098919535718404628824463146570008004522473001516612075499705486962516318577079622775636108042153990624001376661570575860254325554574249173729170580299845184427245810354367203
8990710944161800148969012042643148386412182171777129541508056187026287406577262201503927711238876147864900040641437863436500965200224329202119549023386230858177227764142086678569590116971079
29877197777385196782136449616656387067960882593391171413044498172146002250834314762839351752868698490051142275598611941721313168807568145602792631598623296616134210629540390749203078938691782
9238615908788084889574871843674156926615712242135961351679472590174319331458409491027005492738649556180528460647584549272683846781894906187706662025053707687784899601237823689001703710201345
4653719360645411648356102744339739822966243978919596348232159266314214489461602576437018337995618334478649116255686512943210423020541836279503806768070326166685124615975141509740990116502633
5743756785828725642294348593919431489428529410343618810429862339137150379927656747509503487330311518414738042366293827535636674038945776710440663924127743501510806964262759276953910957768505
6581517697000176295905347394694060847067069539516906887023673386927687393824787938995809699041132956052683893642258220538873714299076802238185704370438140079559633797805799747768244565421471
7241179043122308768197309067227939682262289107267769004949895458094424834045132782343121518775135860505918551287477453040387085027943738716849064355981264673193608236302031005123484809817136
9399517663795971012546948405670372026790791380632862138244982096248682869878027705616832608531102768999090831840706815317480440334649657733228382478297252516638207742051079832349666066699871
6204528585032037919741646442665827622782869305421183180125675037566983264658865462568595165398911695377845608913875528113810985500303397066315619525034976683798686662260587714867478434547905
7230204261044859443138902619729142614492596860121882110712236844487807869112838803499892472348214947652179118878572991583211690019305833985353035413021271533039793640130615432615351162858136
2801464522396634085398227553731424036095821933958702437024635555083294902539984850447017862619295325693330210897417107766060780532547795952930061468620566971580375433631865721335789126487660
9828489010676253493977675498145033706950857638463798343404646511386576383198734597064326722689978432123628780563141176264090532888329618407133196710595717800798942643554078667768229014149897
6562305043040442029798984811578750821317573848501741050142202548227811468248542758188598426000075859339190269291092164638597333341692132104954670520823588837073401935306158883385664565439288
0755825987675513538761418115780019187057004939755538178824593035833415450140937268407886686207190627938000260937285343006242909232081284037908718026998899961975928322888805166314987546117641
2814453572620444565259546287584774505409173056089242830515798517708686793356591570884135399396731261088728524105041258551563325457073372964870038415311660209114345056746950636193108424092547
2478947391305891819992823479169667616104395635078196271834071074665618285637004199537892779636627920406468211168988956705748462615099006719025537903768907092528140864647311983610245904051052
9586711427897284793793984552411167840193030981629431802556758210381252467827807195531072173057489290562038889765069634274262998261220207935085812953502549686224495205837898129919417266731732
91668224494145159014464984341888084685748154037274908292834040840689862503537977522816481928781306696585741720180437165156037012050259837366543039646098671444327344888200349557450670719716148
8317350188842480784549128095755829586316566518110608793438779655698154397452731833512129981790714218379403051974340493981365047732343602415686677590050278873667196772861721213284850457619028
2526934579644087493571498570723542288675695755587844173495145806400630838202121328548881630079133554585732014651230999195767686836242451166369761560623907824856579721589609000370911744811286
2314683821317643324012819852446509017225849018971804025737545903549976291207058949109535586589489874919392423502075097130437873149111816571352648614622661796183809006524128514924245927870477
05902947992200139498792682977357353487618041427545291138927566049164960505563420526759230877909609859768386634775178286066686488891892525307121857770594672837772657677967828442419523955835 2
81913910137446782117348160030396827058057116952896954486821407458670811265752997106641361896822611464908994190940302661603343518490377194593393995671078642829811213314255739146891064991479 9
6489696640675632988330089565222580190417951608785074849474285173422668685424531651386245194032231039681717623502790418940205941621390518476854395696347401570522493728354796330458791300398709
9047426468195596546397607073981483489772597595271255500299201195820804032707770989383173215345799626689754781732827620775614817308235643810121231183545146332501193762135826647421996823654049
85921119382635399979783975499652856645590447956630661567395504034593227906065866067189740665150130241703238389719828735247246135192032313517411199624438760091586777270380936285306994406368 7
4937524263917544510975716003402516658469973229019036511254021267932353992631117240019696075207953758802590423226315398752771635148645466219554828871787804876510743660192721603878109553683936
2051854882335461576731691724248811027614474648794001474047601291202300489343034801358206414491299792777888909944298032088282919017289002347595363541605328876701342161024945121365821266967436
3402555650774708159318745721155069801040200796120168859377644366660113233143352196988136893377026150080106848426792750980201563982015970030872127413067897603297598269188409159201166156023918
3556573878264567520084164494858418829180444513127248473522163837450129802683571245376748197094294526693034949904219090567814219685061073476765901130890969324425274850212745915636021470255883
0398984716834876724418325164504197804784596863487602338684281520237071876813209683117141636868433641268430099988481811099162174892617325350410648941818693538718702833637678361814415383105105
17740399739356649904942876740862291946626290420471316376522648628561127883288831755712270183649489394630751590255645958515140907950784370959869025336962871150261595202199532312807986907267371
8637985778849651043710432345856394618721387234681083329710742550364059890914347812339302444428104000950748296155875099296393634345389596466955472730277929282023147713642032733509003155293655
9513222996175716888263458417963236321240691612443016680470388696819378694184084147366565892091030738938816727838498063163746501467858491391724693558130826551765703881996216540044504799449629
77724737998677196824192693050715449053968086353801407846343724653274181219851137950385286176650192737840364631033734015149670957080365649997730173579898415660748535661554409709545605011591
8218727833608339581558963197699377711377131982440171906449617816518098832217130085543240414386847350413394310552454802464359860892045296030380584113528781567105724852756130983955735170680024
7170428070771136801268653004646015256336460763501544362751322738853608905044757570838648114365642072794813369917511319815997780435209326767982491702607133528349025064568098970944142783768419
28718248362015360407345962026850292252618120118516464742423431329992488661353496024511345984894711654519193314404978633415028855281645428953188042267066840266525267686366964262396296209011620
0627965366045130191090332326725039032641239492045810596434703991354679947825042371415245567333427092969367456622710643829874107114597497704095025520064227968417811834721015374597427984446315
11103160546291561167702304808181998435623371554198764339287709080452541046263530506825229077104230455024928450381956721455159934391165685938943130519598603880252680914796561375925399566466 6
5312073640119749955711040575527092548827857259210145069132415622818489467826746990295430678820853041776879709909506066448608905019318337319111163672455595421380586703116266408997441919569184
9415579333140637393258610578443409218813460261444807169474382289517467878453299965640451795883180406042895356458400394580481018030058337562380602449292109958002169893761032131468979393865598
1923569293876722089482519158794115232714485865692655085388548052940012262312827994643656731317768805628105804224679827736006226923375921694382437224561426923201565655371465366145454329330870
95885254668671519753787797849421201893652213653193348678128659268416679909168040807121361694965563861059095254546742363608005879634817852207802577378389400166465309924543918051635780122644 4
2958681600471422035094509508456331231085445914719668861347317036690402296621278105036376785027270809225772663848440855971587888820952904052658171853585352698455659958818996365111474029995550
1107872834335601770213493540519768995664260710102007503100677595308697846188363931442505508018336190150529130762671429656908308054489521233471942342568155837607514511438603816727535990520994
65066440345674636284110581906035523420789794311139673159887840178737280720333025111589507799512973345496785852643236182174406092611763689039640663533132447464153443994203419911104878380405871
37519229784243746644599006602628057123353006255492165347356369691115827164862119513043381320392548501946046400228066483387049865178671789437362498870311778574381865636128415988586194127156080
4455205945614284987251559304740094307116506380585703532851102306868133700604176898633784005304880157097009427720545537045863809070694841198401151802644027972933895841648209669645861281310960
4510930581655934303779085472193125554447046504701972922799584952262098868297386949518132526916688750125380416518145736612402360325326928010429213736530589163197775327274742306055546786913720
8039648945868631277926838462111786569043627179053931969709356529834727346782396619717273826509731307972743462623384505870714488815732923026490430859475274021898907327934629011295289639058139
23416395600008909464057982299894688434846883542949747853936441792789193848301571328334501812805192216928461988801328512151255412634409593229126485319496087962090567305422939112763671297046 2
1985742774740978157759929779375785776650772388709441859839868762569265871824052756624882918857158052147491097460372130920906747762447828486365476462562177553771281863190321584401661851882403
30813480309119773010394193889670258998218895608948779567421008762500409015234032758394160406560707061865582656084815140542415179993965063956409096965675150980795285509370389625344766438825344 9
45050860404100073453414163220074769472062969385148177739659700579852590717625403369709530137377049203738459888500602192419294471160507768070558259946278566401462100992476941970336031366062847
8485322462204909166346547870478808805809893483852845554978960031178224905811156616978020859157298921943587389953449103378964202088736526037206616875411232653582989961058478741388117790125452
7723499438030944428260947515107055201815374200275315868127270436712433196744073842567924073061377794243498917159570010332273553918536803866292268563485679745962720823016208547874005260996589
3504953741084033038165219012015634889631285218054801711227058378911114568662023283011947659204067500863310372850998833188201476551678339822102058966785488708539141004673256019030912130126352
07957501692135416310307869617064707375420245026571681762036663872996603817871172763587759259737375767812260463647468898058263232800125627120997006753627474374276904657569793837717285996977 0
2302946983516661946564514313628235967339664618219868542934597748934090261407153789312389587195055052611290152942129329241790336231819160524583208599929177925985207560623874818243602569003162
0078755616867880757072612193906115981534303698200143349926821883534980173064278843130398417568515154570299017936420387447449723845736188661886969601362896762145026135961299594907281148186934
1963649151077008733571504332994494444269610876682008827352456990674764077875187620990043714372847419976650643763614492657891025946139475937524624837609048549849439131085687587088466874217965
72120728761686645992072469636983936953892380998732182852887180456212525961693293249981830015801573223608352920596619307162567053315386314397428704830930578978813130978331543381235363320175566
6592926428038792223320410742730836630302942553433119286774338275110400691239170649790676068653059355301982763939982053094914285254463688487942161798594542984795385926820155930054088031686679
08786219664354257110752942040038902600056957306984827551437494028705752638923952609600915397199642084629088422261214738167561443208761435466733832582816018351724878613047940209952148764447 5
5753689622607501076032880743396009212662963730617000076935884509632422401330917311973225776375180835297729820256791080133994058720751667233498074097018277814851493652001646737464657596577914
7977447770624925372639731510058861348097369678690635247199550145048929158763027334829637549162580784310939692546316121271948128940215739250806076210898640279094778089214577273863085246449659
24692771940203109540154406574641555470859484224928711133211515804376886205807624738237460139055797220737779761787529575039236427349503154596782413394543379161190731957078733827342488004302031
5314535531757509554053489038083995212344576057724029949911833396068696754318866821375648338828211126472778668876782456421072524383015210150900211056562495153018048065322374003564900616941807
4534620279876149062359330043223407176698961321218709335641029246788897521667004373822993265264473944771652704215111478136896609963988474549901824173977575983320284162553733748226732828749613
7056430100262734061078909681268722954169472553160298956238126162302473362052455876777774504069075562375302809269132806925964552318014081276765111896840287235300431316355532684898732718104500
96463702172604353187856321750302027398864419098587712360131507526764973444504952106259054056192938633932582474066666030991899707997456017006246069864924414462863632329381616983100173734818336
7200771966371185379545930730844867115157606484590363313589520430722887158646825959999242723794837619015748564743028813266870279656377706902890627691906380619588088912506014739626056025452977
7418736290025789386480218551457893979853651524796909143697417729877200981179180751360891016937668458687613611059636167083932528739810400393372454730251649842523494538766275854696148017727092
68581465269155743883438218046478072671427107740643382536264368226413252485192116332317738876485936917538268389919114481367715988105628018870973491581497401330119721370123271355725062305061965
1007352146120254911026821306724503270489237118773925362942716978401394876864387386060699687751811389778312511928982984080087960335370721286862099225479217696411379409901205615121732239945801
8485217336708106342061726599182117922598437527646174967466550780525923309122507526067548767791593175931241081034677395709276305944416655185956790618911834686173250001721393742293842196875586
61330259159646803721014690281342235739137653589013377578051927076698864716408007498431399804428110540609148596574665394281459926765182178647945563951898944186214269135195288890266494317457 1
4398031856618272325710267531491671270748709332775991677536189733092204575203794500358267913479155844596190730517314721660992060839364608755144715289186627755961369958380479385255397638126392
9028901373747849211264077651605389046822900812742425113783522152724799536860687618616019996162613051532822079972204490695007534710943180917255030842809215376983912023964038344692883241477186
45560419899944806724471269158713027204947309739726888085884769819428810774122428174043043339071317479138303114191716544589715901572256389941107054033958283038394738425072073392141467027788 1
0983883472759453767012768666558078218929474380434139391837435893497279692289234228175710994757518085678347797215671085542477338231841808427041107345013863116384942604245174136082730169262077
64271690561058967310266857598628833830365743891642518715796667504388630890994905521480479883563973844922246311100948069808247109791989924305869021313928377235907870236673331590278334127104 6
3660624954753742618171201656803154220676451638027620473771182875238250873398450211359771060081920942833691388179716625635122477274198133454941307865239605012664498100858575415437831756111425
86262308822192490555759573864741683916009161956739573700115706051144011033617350280142522102663307833223264055474248562254545962461165925169179616791976643468813151216951613964280417937527
5168704843479144165364713089582079954352367230885837639910858708512506145094230823068984842987909974621506934929029414078692300305026280104967745905183471189831536231737915204038171198022673
0188967755590628211541532625787935122968401724211918323545613830569649760427998790793310461775469593870478161006051733261594001753812316804324183534496106400007792893921515642824712711718762
87188125755166425361044941050501248078346968378525510166435476932889080191260077622125654572909328911813010090605799256978082330765584414622048267422122643914615491309406464885492267442562611
643376824860442715888897812747364702097895923884559775134198268080416778753875135049658851823044668806940187241234713639490212979483899773426349849909092633900850954912545395366792233402008537
0844315728411033370175836502474535622015062559318371105091969848850003201902665685421789249309106925636843174489533428640269409232079402986684587326593422156509311492245434684152393780577462
4054252921695336067538435520152316953030436202491852573750703074833218892970803969874060929294331063154238979854611481048896718658133574340021969017985298872088625952105816492178156531647095
3333607069702642075376822948847316776896850932743645062041177329362136761164676079434297969572938294681876487878234155633217954813577516682530149030883978231074787339286350799286092863292519
9184199635222948333303725668135373773114784190816977223591285515028994418479220986375859939786448938781031019159984246453799637520164902094838785968575322282529463963939300086001495059775842
1363745694481253913733163495282039495110676125673001338255171963569265100153985864966547127109297768662513150490134557329949856993604829884783261626032053239569815295602855118621585322610981
1496609723111186752021899722411572972495753639216594759835370523313526028380344290346294255326035786716868794033203868601999041119956831755867902508340340843862200571402561267724305851500558
0236295838301100978672828081033019100718467517285927837011398482119169049694748589221004785609758311524368565552853147099145776563259337315673306645356539362711863828949321533026662760917369
02097515146500396605920765246946090017800468071833340873843950942128903949929593841028999938929650644706892990569684587243693697354466258712864199644496963248546184264339798748171854985386481
1316939390466224413494807461526371645342781287431603405524785735725379823203667961458512673296714270774965241150076374420292058909106880260610285863280651557784675856095917017806767270049109
8095984808977448191944813812270526877369272143536725305524030517197547126827646095730259496113762271950733578978824876548046637074557232378480325691423553931430244692206370769150757083939730
87221918367228754258285206411924829105257589133916714039770355733604197470095106214802171389985420823708383074014180064738984845933080778033149240158433127650319417895154146524103530327909256
40755430512462874357624550318246527087554041548993084233960493695933518347266418176158823048754787958686927776054836518702636658942204338393282192853585475790562376949379768763714845407871 7
5690444889138974646208177341749929962086957726544728102736086857767304493299689465774058789321695972586514218262218408249689222278373423336315141524993648746102931589476283639311502002614171
3563994198192289754875247211164829565940311357279556268664122577441399841025030549885495388139051928168286447874524360807973139777929386983841963299816530615500920879561628812311984405499520
5171152582075588292092529165295129549769048329330906673196323419893014722621642658129937214306012345741062619558050470288170650253903505802363095338770485427035312741344188272015347428420281
8549215933678582262586956875713306787949347986610315595088936215923887765535234729939827617215899773333958301617776075634063414780891099487880953744937058996108214295940828663846657173175039
42395240839332041203902357932031433813039416576158008887024094602137204178451402292832589787410130730168657173680609869163284487432045148568611271189626243896491286060556986398993992307810229
6376588177699061017740065783062428435765078622019754557535760763721265163785717096057812883174123255156935328315355682260785196964621338978833628249165933659730783459249751601746475271709697
67710972465724419927293136608254134986551495252156564208618029646599911104503505383326639981260654127876404328337417772148647895029137830146241121294745875881608498024522988986985617833764467
2704234370128666581581805546343296121284882385452909354678190673995843942031382514814883435480104090401565889422668308047279231315563677459487848331796392513878467214957089840664260509596675
2100893049745282626463119004048654188703907914146322855270943651839982029381558221387367314087786954139372888721827476984253547087710949110914173597913062678037402299450874947141102217330957
2857892178550910870074510318365002854551603570223388602248264124086457989893500528675246782283129201264312460586716553756871222819833848543782788447889476340534684133151493768970048876421580
8101919119043875539958452241753457389457785235319456985188699186243347974967863739722165403750266592087709717693850200371050233102293267854608685482409220686917510844628480419702031904462211
6570190782164970479851819082566519626864864167257498952906922849880978030277619071520167985390003155492052923139132402344492898685166508166095771277517225849220057676981284962596490679594290
7343341317819078689370047359671304897471572111828275200402148533065667909150855228064059518634242669800082829990640841971247726988412930843004148868492453087532289441277372076441683305138914
6362506650567345080627997022430897330200693807012680201404867577471143198515681123499764363641290595205867376842041820511793689717537804620904441351090463885398432547993782960557907639867842
0361674168108076582629923349403304802377352499140450686797044547828176268588938839240973029931088665918117450858192465661992753827241976290547469940057941168056011812129547382952282054302036
5506631773682175372708875022847874228056705914273446838404395743825909131759888110467432181830264001627886400949673787589953278219458047129803620078717486819428018887924905072444997483634172
4786385212939960122172073362779025431126065079645225144817714034273258236176559355199165610440406986654885895876119332710712470613248657679426917775010331072562173922308813059451457898903705
4111626427958971559045637669395536825186043608124358733978306574385978779917065016291916334348693720068159816794250902321482624707235362005839254455258745788483712900091032456713070060482587
8740841415118436633838028413773619903156012954733708413218160461726227543400169842604470384164007216087207186909898236671559994550074486917017300930005967562494698733148361503972483039460428
3799690517948846058275065524731359597513473883124870887651090461332703617224434319414343212827714989299268723529082328022112744763642266283682687984863808062795818913094692843623123603631251
2261613747149973036547791935910060610709064811301890097502734557418060527554371570021037699298321019109499679593864445215872849029620325417855071958324777219431735838518102038793769861364102
3894676832972767297738111302300535968818770012564706196525274363234220771190847307745060797474348184177054872217232246649528149206516252232602724107363559449645054167192025082725142727821567
1757241025357770021322793297709257707915385677193718711545825220477520672670281310428622977085738239474383206998534828603654938136131767671471505193387121862621995364374901517033420383455151
8509498037711617095608884122459704286614396210567104061911230450421946194770263955774308969994419797050947553559104705011334671854800919682857703124960579053019571925523786820103880863714297
99046440949386882344586189467907670260301001225419726759681311193490536188578271311090663093311005351439726093353811074700839728043076925844217967455993507442638861442234759011134588796218372
5331024894032875264161936953473443483078960579415161201442087313490503161584784393326332924184294619402024334939328274393354763521415348689850193027449089032377005888787572437726828798252196
4801425421498470886941661793160277717816163282466900307631994180581264059289926625077457487597152503217830958297555405341808231805372904820651460503254063018086813871273224007873443051390228
0508139825840440401361481382594675684538352497576295132479679025362470628049232316007255036073566238282411047993541534594528702903684324468642872449679026178861156350290401585256210892460085
2525752860458604746768909072546603206304459915553104713778941829782017622099278368672582914720347441744326483400367225996611235628504604742174592920238892743397731548216575843075541601630327
9375459232129945859284178842458896980534001963576276446681751371823647847612404378561578166440436912458858238220084210412157832089934580115619852713459503457303275102932507416191960235150012
51968743180777177984485389608347150895945692053493949261675723003110334086451103706353193825566037762891877307843645335152031132467034011497321766568893315619866954377538025565836317725841073
9881793530620789785362898840144632221314479272552944812837750056933588012889166227118311893121852147149121836052693598551313037611524199384799629513979104792195715907416701237990157623693903
67802999114555852020272683067614269501440215177154761676503440953598664113547461436562487970166596246075112290535035846292915751906140553601546961976902951558746103826295591817852697569673362
6066385481396595561299003101706375712857407606761082366274172822822061383835391225462960634430498614263198191793884385414834345786843090349456277643469616509281805814426780732044736308389242
7744541222683773330244209135104579806387437713838996476852784261704233874711693958096522869607618845086136509261805484833753442314686883096297513827584939824914220462434316821107052248325634
4748447307848080624527176729488080654032254826675477200383542478933114915303809087304379846569946087084351112757346228591775790094068468009410205167493660883404190663060270554086375384216599
8904829531615582041788874683839487593861878296259925437955979709052392882259606027055212147269548375804047370182831041413351451069999867741939347680239076359619103081018617136410383443265324
2126797164518424816941002234044137936893086149410725264660778735002523853476859352403323390654164835891039999624465964500596896700811985137269189627441217674453148536387314812754690826309827
5400188391667260423624480254423331146325233975990599537625849159254838736789631454613105540906994769840011130666773957213898957477132013040486860557899122172020584608191709787844122947113943
7424088786521237586071370803397895610218635649271566265295239581622893563524666699890361892953216741943593219969781952364470162275648186351374920614429009978075852550639782239732113772104786
6346123709818510662142114627431624038924552020379335326228625804418458627625235205885725530106178633246989740361207549224090632922578795397311147682344806767460703559470886890785912636974591
5687001552719059542524530654863477492589399399270822797623992219123250000102031627413224600905359518482134973062886122232502277459011793057760317129454957943481651979857358996314256342308700
5053386780735025103700593580549258664819149582934830666024796033453539406914947936088266332560363227467196587159165042146712764792051413073201302917977843155533861203004093133826377400618320
3239197211077460404369809862801814141584115160341043994372298570982246533028879376573091618989474551273270217033925359397457478744216959264587299710880224562880430344155587856294470486618869
5814859521814392574964305348316005459676382562983160877751865017131813085386139173632331991170722294475509619228389363306979256525786596733599500857264742497847698892481178479604859321534317
24613462900996106706837304437199531881962141823637829120748170346797438948286816422150458274572328833705607284025021139608904096893200962005918550354033903660655734784697114331604363768776
4685142000290497627879494074334137455123480163121682964995921297827436960470437994225225831050263466276778715147950603086919610113388834819927610456269638943239631907416080625449380017881590
1771242030717856182558906985431329061950044497333269762963998393463622788135725877642895569329224380944942259063052196640040809088119764537114455518814016200748033128864820620577292410352246
912388541617970190016400347387038676210420994908567687505561850636472566432169134790147044738722893075152625687921643452211866320711272433133522115472478772238397049832197456086762629080272
2687360631467260706545003834472158553952224568414438766989747814757433889629404218970811645113041577088170752217061310302414089430739229206553302001518215322754832946679829874376064307631351
37085159677076154599397055790335590586121734088133181990473782244594365132887951737377690285198768383000719090683440103715080873243813415442468516581186852932076029825322767499292555331474596
02197865280327347063948321370936042065984870170172064320843842934085222221372049051492065190187688240203853103057411165525768885446898696464414249466685960522377732907405898038648175761637731
9359412878078548453008060225432516574206818438087658544754261601896319180338962429457664490542054263788227409618130029296740017654832770993382320606667768468326818823633959082099465172461955
6575648701639711683276343291031114500582532810955079278261537891423315103232975747323598752181224135545517282491102178014332814335209185864807964899677165141966560283768077083608111614422194
795794279093044674553842256506478407277663764431423831955580888282414708336203333561783496213960957812826032616955298618958698201814538022922354001968756074808512566694305037028054355493712361
769984676936757223756486793319248552691453135226040754030844561613977206224159264761435155854298504554670044215152063008138799710209209399121562727289257319233845236946847166 15
435248314367622369278090566351056423718421891611273983207463368838331704138797433309770451484496225363254785088816006716440553728065559606608049247762862444583082244448216238115342711465473
1979104134598637023866930106046992899655724010760174466903384379925939182186578465689967529520668914980452899900900083957427934714562431195705311074057475837249574108966861760755496797928985

[illegible]

[illegible]

[illegible]

[illegible]

[illegible]

[illegible]

[illegible]

[illegible]

[illegible]

[illegible]

[illegible]

[illegible]

[illegible]

[illegible]

[illegible]

[illegible]

[illegible]

[illegible]

[illegible]

[illegible]

35996077943513581494189622608885757767554555786827428209374937597645030396677734389005919501175705474174305216042096209799499864876689471894997318959202503721538004268185308284927296787981 59
5770336530112508828623407187806894138582352850824838321577062670483309625907938040069352335161138749049811561763252710150581337779646335293616211862663378765004473629995723995161728805807376
24638143838560462762928183579204884142605166430724311483320075937646479987185884936918324094416064382295416336095523750570201849261302533994889883731650008792103561075784050659410948367195 90
4038627554057753238718395243741448791644562998082471469119342137389689320597936708113431381297108765474472691287513528705341679217731552939726176071760440479811072343795706418502001985745182
4362987033434077493782767570106963434177787547142418177978252638758562855979637043516901895560149928554406090370228780159456736271931376059315890804262169137685528669894255092146979834133386
3398088100451523931087944100577023445930837798513355495003586239369300656411043267537410683622744620351867935525756890467388469702150297656431001107399425075862092887223497229880198615586051
79714817485305996441274534308303827165862386227612464870038950273822486220094983070239556269828920631956035938938638886479281995975720507134934945459064756039247110524583669735489607354194158
2697746991473855827747433561670288978437071398799322079283145313991665742338132975579875791638916865088252024644855165141050356738538954531806401274222563616307048342784132723359962661739247
3060481567916534521758795653494976378175252976722571819538209356720624799350417528005095940724534185797878076040204166199861692526378744029799749406379798314963885814930068126545026376617832
6775966346485717010081130383784638977825166288276451088501382854299794254689194636437107794165742426004854629776818045654157789439180672141897075998970746721420836186724764464555494863913598
52253685219296527855913345635547761879974330587487452265583155089658720045312280736224043497520958623484806176626566106089157340607718028537692218516388842835522845351455841891398255204709480
4616545658190485514145470188462716434548978323875078664996529076002537323734402283122438040733441487504640231063331440255031512883103400547279260657591052293635610053279733464550453343060050
5646455354568853941574125299118307991478488862724557506947203340824039590162057037405533796148726791514946480165050329785543637020795228746059598464333240679046571327778215236164093877964966
0446926985935149316272326649088533136229155871045084027213598350130953796500149596642336547615542303279131321656523942032868226830600158494436859475956855346535674287108955200904134224559751
5872078743150670429850798505638454355090632230641893290854500613187106219227368409242073408862804644209557505420453405151597676485873508461033969446121661484818086495354445956720698296631198
4097525442704751895945552401535688460879598444937152544912122374560365943851846256675915340797028083109888062395591586938098781926181936645453620810848554327237282417681852002642818747226349
9287005829594279065508414815789893405680370016050913825262892797168258920668027176647190762035345355796315235478630602432541676566955100752732244955315483911322638853759468196776628766747238
5464039505725838402603478409755536828498099088948542977810349440188770984005780269927102571305792210357499005865070695059457635966221266884865643888038914315547791974839415735381689847940717
5033398809266077506441303556473178367324261773893976543060964636437093175619631018571874544194943911979007238721925142892535460877126640369086387019600190911076854072611040838850162502138277
31554190183070250028538084458343811856843724330363734176206749548642201112737587359750397335605995921366268823866688170639435907740883351951556384936176276924159660947941496830765870161848660
8990341443743813543207698908891552861398891989059434673423345504935041054276616820494073487359816938511312609680442815820190327795231232232724777964969826362256734534284085385598014657234837
2627018822668836024890886351374645656736601628957583667853010528455221007576886634685610822143092337870097030297774473693687707972580518675375835810610349997111550913849326747608949681111552
2433840861848371725666649531545888448922933165111298477896024775938812207867974356142510443342950477908600593660972174505204441378268454634561734296607338230379881779558383699302575191864269
1822393082046390843844603806491096622380826132454068280429579057818048565960191481764856226505192292054772301584251024933579278793651006189202673536169306444920482932962304502465366254780826
2275333814117981039122463577491639196956754729864916321161337033465454471557663284481706501185819110195055190854142079413020683490315539342951621145590300925505745676627184682403788456197704
2074358829859375008314896579504159633275972433897509755216068493919751992806595319306136058646207907474125428157204048864473209703696889329821802620401674448461491668987802996113811126932429
7244404100106946380934868115966730612706458742445838447010682626446758074182349718602568300281049611681664279165891251704069826626198365958050382940152166738090259146413910419616006349803899
[illegible]

[illegible]

8172463997159008181238670055830128342493751028170079057494576117730847948173959437391550830419761385326252753426223802619480358802265993740179811880258922693053666430549990408403015329359987
2087280159217800599836912682485940619983495299488102557915236884724037803728353285016110579553539156959379264740020296798884297522279672522242453451096540644986519469660486146275984385456795
8250094260310850461944209389634927769020438674625669641534758125332614316886982905092561413311509555532355046982917522068694337185184204313362555603971379374163840221297469487796890418111516
1993385585615061354711746866729301193256372064454359541136718267312648022763101162286853177117210678275531612441154360694900488715785349579343361184300478491061029752671137824412287300509122
3876014048786296064173246131288938776270709379440629694902508409185510453425693927041757030635128582778415277450930145867988246274801536037546663853820885578046500391888757917806030223938568
5530464448997388572597007500899566879456194542021717463982801731221490964288299027907950265366649727291956922597363701130712667625410992261513881438152874582632485263281653635268826883358407
2741010149745744295438469530360158822066066635848720404787069200504410567408647673983488027134595612772382756742561491042322344216112485881153582793321895350453272815622685398916184587597457
2438227303558432516428936623667304334144985208992771790759060350416317679077698916552095627433164638201381992548080380068503628827581561686458346700284681459732741611569762035763359116752299
4111087082216613819187550057070327608337059158970684959796949194199954179478080069753537336298637759024063420576735559861803713809975530717177511931237090878658072309954912208624097052745522
8655752947769460737373958608578941248539910820685908279308705109469552719447992647816899528017660194684681719773451731704566632475912007736340759124574507213793305390411557218212925823314697
1352388209592942687870500036690254829933594526856944270230549604754141088282041206541562386511416248801880831393128981835033121619001658175181942666387181612648769960187220660304077989587342
3426794456062837762523334568434146603759568968994899694274644174982430894160772328113037092520315757988003136800652900192559861827830368691543618694642792226057168522762346467925520231266277
2183787501158997230943732491408668914537266349401842465586668703633985960102798126047011770273392780838289806149727198484495860409922174584097540071459606577762347253294628654024828431742243
5609030393054729030231078443333508864467575506010942797577792166284561269153547282090471119629152907575761629261045547864436149077445782459657579203561487093634277662419164450516609899641939
[illegible]

- 1007 -

7802148146333019222917857078688719925906643677782061672441817784259230390645959617929020186684006033116584128964828885024790247196793521434730154649172759002266997135667660667858521347397010 8
7016610810782088413097920349222577321538051492426685177046883332872866176211515512424758525643450604358580273686103484202118986617337366093846225242085739965758241939198282763071532665739088
3494675496122585563098212706612763083124781407966721246792773971021135351360745723148588383338936545906113980074335435522187395741684483496241352923315250501860154360772946427994838059015188 4
1716610519854543253117128024387928561675276841686900562690532957424530931786457687795737756707643281126425256928763937059997540607644864126202289748803214142380859834444129345064287672977946
5910844444846080754317358210533955823971606902475963208404773750313019359773326347546313896233971826865619309505817111899003166250997998801944102961124976248544495717227559410500531201475369
0681772488668704124508301006692716994991789635041484649279623378937247957487874498823642145980738193273011339027531326052155327463877320357976024918413506028326457022852076792289727694127451
9426070829109724003143542571255136158190109130363302856878117008824869477804538473394115511504246387907928551511245821294316965155522290035748016458931086523454840579496824505506111708861941 6
9757613726719561907189631681578124279298632703794365644188343742502890681078846145928821287346480020727737646648274259243637423897234621768791762198743294101346226578018252644551469026520731
7845237392476102698132272017640398692900604354066895105314658031628466169231486095191334134830808503764322966528995410912384600109823557696312481053826227599384282525426450282149067985587490
1360242974066570365578787413118325944250009925429339006623504768382131852002625756060998657518115824345619952000096918997600897874446646326785671273915782155652460505088586189541451138946182
1783989131227257719309464171248298955564509611699551797493655195053849520947459931280249433567400976636488952514547522063009337986537890871462001179317690302363052873722218196102479278056223
3077366609251536311689137428120332829065500726161385076799357846852102444918152187104724257372227879359570691322755488831863705065425986872800775910678385459867851418724523289370634586449116
1049925074984421327782302951467577684155979105003580911023283865443307820005359559380612090908776779434490013405067730732414340528509815288229536128627702178085995500705320349699839884599559
4706747217056418195519946584133183066361866117601543279976644120910262856060988793403653568758038384803661986852388559473873171473025752182495773092193804394059189782278977506064776421749665
7600853135813701162652260766521669399075912869332333281956839068739129079996011757949776144269279281992388673041023063155923980424415625106500349176086155200465099178163753052583668096239734
3044305536923473687324776583767922563762584060850209142325137525873723605081886480524163994900615181354786534627475911722563039363931653102404890398623719071622310724292570526173478372052204
3605921274445115334639904531909459613389661287701322384230344999124152420195747756376275258799908913767357778625927540714605410077871480424110076239389915017881527411889468152714886539245 2
6278536577581087500033841428371309721035309376374186798170871441090955677479129014867104358137447300573952496272319867069963175908692546325396382143176997972379223472658723450447932843323065
2195087129280467271201993293211666153625442910393274629849866878003060477568936904496781413435531815666349564961204079819407893547737910668240432289913895967533739490281835592872237419546522
2967390658392205430013588928797958310153129701261363662476183387354120735675736427806371275275272745194078393461377298470429114329099519938583211541392189757829105683726220982093375265581617
1369585177524481200398038712603410321856043038230650570997249090870462913688218820684504149656756947797209568216615465462653127050069213866625386734384860097102067854579836401284945199587804
4754916211992871141480077567580110353464646382946692724635378749729652640332214733087717606896011186110691052956062921822606401911752378672861574849427267950697972616068553520518613398994521
1417362252815361997132958791214638028555980322524829026785598285026504923683279491288906663781549290245772833127599553557953295509501923215311838290143683028780457424624690366520505457291244
4911495599640613924670642274346523150524510997012248858822486519216411562065276377035321631914950002127052928526737388351557627134622865890200099399049269334285221888439167383534355329161425
6685069307168027947070024141995078324012990160890464377517455423748456679229426014394351149113081917257252327136837873395648274713696707861240041109493131608425788539462753162671079069093779
8906381483687550848397111393380316177828612798848983645266245899039748825316371450198795949166758628131894648907606662435137057021744884562288949741706084688747830953482911688644681616441010
0455491267414142754177546646620179648121517515953894573368007578537333944390120961870284570902602261192615669410683162740029050908669910829175406293323330672173578648972394466496850549562703
7614498447828640141711134588195455599881652362160527575613151755998574641575957263253934729304484561922559394232567125431816829133308514514996832476910082991087824291737521651867458475225704
9220764523358821032861140378254896701350957289882894909638234418247005097238219718638664993971966098134317710538778010883870198589113440120455749863316899235702983237509817867289595314800795
7896852884916915473051369740876995996832440347515103694483537929675944474862118095163107778744735351035144775301770331970628758398944776134829104614836254931262159050668895787048035513765479
7862979699481754729616594404665882602949499329529681462595044748225795569443505952988949144112808349018485416817381299798434194626759736466231720537346933517257734307280484805305729682522647
7553903804583141729824988886347668850489214026371236445868435231226158005965166169878143502277992149528468498742617820511934948173876777837695050279387139540108886526805740452894195880613409
3378395732695643209345754018144936885231339950980944006162045409000944511602101400922003271975999601309377085122437677141498115434327603745185571478983651463466906852570483352940690389707140
1211751154434989261326351956954066882845095980673056192494076873462041843324846356394744136115762622298617315692171870570230388397020671970937371725869030437803376251748910793085341957814405
6813969139624167460621855047602673350542708696025151768896750473990486173551131247163197032940021113065804345411487304095800350390882379653482414063222365562253837186792284913802303103527482
8067394795152540825911631986099279598966629088421472522027634733811735788201546743936000300828646212020123747383830984374833889056086847690889764727176461137931335461974195483912918059410111
8576304173166589059374990441275362732278617921709989623074882068864486850104050472922608184017120103462066438325217430780920894763208199962052328395045967989144888810777082551691288708977042
4568301507213145167263276833881644547742765856677264185521565550650013929329856495988702636218513603097240537840475086109579377192625999904102973912546147415452645524581000011694479621357876 4
8780525494799033404258487456085764359122208168940009147933019030136009262327220191665600513891863843760187782452244094092078294724777571036087931270533417766507533604999780966645682135639277
3044542325797566822707412111684265958812403857863263988887475549433117195142868500708774432788352874987516867700459107244741239036687462637648864825973267592778733638392915141371672644392711
1198342025367254921465705964671804786226896649073193787725810790879068359622022717783483865293343970766377090724391570003232956988883559837982805699865971468832681997907993026342841304342983
9966688572826316895738124618113702314647738046159851813101445072417860246581688776170819654147130162934853739448232347592880104574213228328800374129263380694416205369257871263855575575692217
0135162278769432508375058137257320256451249487472603870356436679482451988238258616434920202198281607907547807453718785145431837600909206910319157506607489311879232360159903953499757211120595
1130890182379677776181117449786588322821516138413382251391646963061668448089749259662312264594091328106339553150731211996795644489308159591726861698737265245649864014681695643493920044491984
5075760462188702454867027676627029646685249345139400493053625955520110549728415088731851602717645793377881503481981553589452221624677634719109110591729820785214218024220659701834453385080468
8974566074835508471635901647693089125159756578304521650510362189982830627818912165433839034819644627643350066716584842462459363306857529473697110406805629296377122628172374782899042906046990
1866066267369086199708315368518693028886555417070367708131164147025237136939562498749013171192955725042111970659152548102636167140524082343726836952638399874771763765548096227939123013719437 8
5774000689303306481477467827611476241601194724545830072410344213220956270737835079532902537266302766672743818366210551666635749238187137741522888737757778901491318434772328713605110865891637
8208057729985865613407729090989125946292211577615688393899725615701228658198584074675717181483479772011525530827338205170973976550041390786711919175408422814574921697023363608535323714779833
2115224608510220072667723553049096678593814112716161965441378966199924166196151488862605233684701906686395616348822291462818695198139288957291735287717314594467287509483271144719007143421963
3847794380383823840564286768133243600370536368516985496790039849145321990984646366014489170432343324782126480727330633969567530674033826432436444805581549586022996398180810447361093284312790
9367698301933451638595606689729219190678993008217214207143385681780494256046906150025868063039497525680599612690398776276794332695707765566384162979381435602543839458265213838755922356810532
6302774428980255758236179211785948162736303673202907775343136271714109592061051318557738176654333195600769460962986152399970723308519799917739012689657726023106848649893487813049669665785910
5849373077417469374112307542928663008547694268365341170224909202832504013391495487682266166347570360043356550042491415377775711496498531070087362048641574333594998328631123666768214415109288
4376298406458012539257426616853321686327360634154549531589580243582660787961267948710870295639490847328288040772610473906368930169618780191308360560400196495493869708413153494892515759061802
7029671419877510504046739178638026690572284340151824722573209034419851414294433988307211874531845589089457999029310842408840378866440697023698282472067549180038474148851957567081402112279204
7298178396845786580543769017322663123206978757299716817356252592527980226979628556220651262486731799510989082204376189357969428452237228791713504430000599686767600114940285002566094749324 92
3368365213014192033203984287599792435672595454721887201784583862928081798684130823085696466672135146796327195350858522737875960808926769156769918088346553941902211451594714254146308214773873 2
3682420906974072841937207265698682975023201218721582256355332239228881846423637490304998823568249095163411932822238370716895448842591716731963567344387078098128000530161648945057347151010274
8177468937702959560124070129512023240413066337607990892940735555541090098264997664754087190170831246455627435474985220835268585350449700896628513863614614877857411312198019156004933920054653
7212640278871243182292245711762695993268101737728479636454105632371324365678955412480257972615864934592137971278530533938278624985874044045221112993451198541263626767707263604250019059025033
0598204999741524163184721083666233865712376279405330868014288165925564746538662724277494485393291398761454241101108360993837475400562337853043353634608246533642369184764180458075213663654841
8090315995266428794646309107374842253501588859641296312205855615199433076868193906819474740334805260508045210155973860976734021920813358533888496004371787814492081963461808043018110982193426
0912185960624480448685587169135623691629648594038195367248309480988000501121942137152695162423183153780476139836285304619481477809823952041517771785224737608310691924244525178203774845841936
4088155397091300278297814111024767582391949035411298850995625677707003046707087971305448796194274976725729563118012791319013734795510238627911222336414889323989508998695204234392445439018019
1317220838035452946976712945858660523412383679404451879241145935126518713426901832269550173113104029522460564842091622952493666396048331285161924929254013376146446333992793473444506571754291
4779067301258337533605921135548137506196756424391347214473720452808009175197601811878030124268107877912313032435928331381784772096118076842590294695421429532306302147076858014471262736663303
8783661584134792984491796878608175644283670674300652585372262132088264234037959967040734619668775297753783469115546483372382029573389246452999283293891985765429524830638577870477474419478 66
0375306229121266716281188508594983386279909174103856697748881235024019917943172025784491438750143293394496827853099374663035891042820198332346178492995308283404426977842348513221931130214925
2642967438272210103236205870788657355577795226852493091607263304797542100239540915180056185031579909491326717148746933179976049179093366502706273645241706009940215794440513776961599833998683
9285974523733079180096343800741615109907088454801672610458414090664573178586250278774056113239120631098343190444761319693659986708837170748357517525717235601950448585880850715679985702242752
1254968179827488017026108764929658966051230759943332320644461428364534185720637763431762080083936164599465169990958622067028883012176378108038547708973377034657121824241449636720101519157509
3125357921009985770155912952961010062522425657378119359002618929451967586458150856675270565234236226281675233736004259473209719164721281277188953993574342643254222827497810320980847511635112
6781649582169022032132742100426668821196034157090794264764032759347794777812582744742193791665315031999661772556919539680522733270049708792370970777653960679418825005961119780415946778094707 2
8537766576367085558332368067241983306895730859421053876819820797326865705853085531331904482562991668884881450109085573481063323381216527778883699041768181047423048277922515930184269688487894
1057820052796313237339363026463913196633356598607136410097398456290488425066994966254728940163434348977005185012859648708893680246065193715895435079768337388357263514473672323219106540473046
5668259991326824678475992218690837718530827502923069985052494558330466682876334696219891160164730919144419012332774420216874866031745087201832472557274487881881980091179031746590739244513419
1643934193348506861134386941967548929491743781030097612481384012432923361137449659974961574052886323810938286104572480116948093367032660477216279785681157224082136416162168352290202274618677
6173846173537212558480142754518838277025295852989129650390486140136559098282108884196854511636195517642881394484673911853745458617119787663838589707908268031080934354958720533703380088520231
5621959178008582267278952460999576972985880728315611024725557014068344210425033541297897263130823279753427365298937250391170304914700855845527711324990563877349997511517502822531553160470746
3459260737466928469505308900178736847516657079742590893815184058288271162377574391230379994987518686841465850288246728110673741197401748690740822457271480605088170609748098003974965923723447
1852185175970900028484268467544166504702414703689558342399779295877140429318379529158770481283438804265919671108952923565341063470406617153304874834766898445706445481803225779774569926616761
8401460819127281239415831178422026668860699973616286166917014892740948383051976089730516738297961819588075051721161281382950482926501007296983401192442488274033820922806025440621466670770754
4992279736221309693504124826031307514053673213509380453861563840634681289242348465756898839947599047286269840068615486156917392409273646672230926718903074710952773241610298784091799803271720
3323627898277324701456173614589283846655540174135060960073052816683216442580084589405746185124103109035820066109485068051547865315643369882809378824946039624874209309575742536870706278584059
0484350114016383244855442110600668812160625105729959523333395561546071285678379410574903372958211973003552825396994403115426685177644249919815441061623568461601276135689731466587397869190739
5197330085198501870021294563140464610326603287810807516055091288445495809487592187167484332718494900782092811273582591438429134296160122250025184222045050439187262377258224953884919595897406
5481111438782346849738217762982319868964269519717809942595673575882568097727187317860591975534601925712203817559505969599813555806455768548461284943394670826309935916962000050324865684495981 5
2596992038470834030535608284851488424897833500593156336708646557824098519604871516823827821714455588603743209799621430430782362195950172900111039603038591751177772765001110681570547862876099
7029333338165363899707410469885001640436314082035466248308491055272717698781250637986785095325164994816205165032659271994416189560125767795681091952411349338981005174985132670961184973581870
0823498212195548322208572233746815126810044223141369045189297038867806805123473797267718174012135688492760957108032951500418813071982087979939018340991717122460885402162696650843039199244082
8270891213957655666063274881753061460936131717247198146371274023910776197214662624471198990687692094691529692436296584654846952886620812710132177328413895928233444452744782277691000111779936
6615199659386246598195660516695917584718297083654513117193982830774313762769446691698446993784068159075547194222459730491446324587729493743518923710743075581313798725545512084956610137926304
0156518467182636758165839604050225973586020055201173409334230255799724172605695096209804273331891230812694766336661695758456440812551203166839345201233255726559598015340291400260039202615623
0221822748798811435531717254304388095617363150513892346201276799133549570605898508847304252172675704840683612230397419319252127977729324292087837384394592822172640146156420536667064414207976
1173867922137638323883036705169383166980206091741954241253645038412635989098902495476492115457803133173072767684750196753724710395856043117490942029836343361598132505256657425200697007817934
3536056555151740743714805724283817200920515907961313198863665742198476152619628442584451295101549468591965732706793030036066785003725223393372422182514999275405095109302778569249240801969919 6
1074796004487434410617773352624390410248445146963757324706578560209970137501545540833669291688339113576475453035962452517280833637750628686313529767684591992271075167942931667857242542319463
0449567400705362792713232059028515615755038716697129146173472939415389010436420981624795601606207306083687784984623739186978126640342107540172928237706546994478724841384707211860635132000099
6991185518804714284570343758843370646826855087179424174675006555226561650205303110589215371288003595557263470493930989335223450426729566235900869274574083065028793781265167343152782158685538
1482738708383867136950709745661394040930671215540117602517135579851712333076744382402896612178893948415505503467233995109359371839529156506208436359342905335081994625345717598617513375857929
6033645759374794315224315056395835613244398679126647800386586867222994166306846155802556818893126933176463273455529639088263004233118005139289320385554199079596870396468950012726914352639853
6023202187725300112882752633435810951937805737147528865344397366312595605017731742973984526799436873649534592876851928070552731937599006887201891269081325146251986977419614465092970414634384
8968608615915638365821337390781180250604763044726861343466597234804146232066862209050410945046659682360919336802630072315795830393469295073354990482448669772781432181106423459509837223380007
2186150302020579888710050259389642160382025274433971253173421668818021634028415776278844853807088469969924210709754408708964321204144297534564073870844908884521282980173742559722190254706500
3929579138480529488681206451803279905334194932931033406531522551357415298887384852951175133114701859054467589394269953011299968153871838725479747560135061707239129702991249768289437655604679
2335570076542794502096412101278468443097339826751740479599632155028213434056771430206045920279839442853175116347984641032442859420934866257280276857286677710044921998006043435878877101182799
5923790165257299652150811987131306613913350947578858053591539004519329917727138569073467290403665960791169872949978802467248120947854952969331929887508653209747524669871169998452799939534768
1813256538954413386829361250950220714629774560940872771418326684997274605007290699480771210055788995195070419515549275968409850297375627882999211745587253724045132743889362509024800857750324
0382788857869933215534447494684683775010591585894496134154671377396886279353595905665460725574825905419007661969613730055360868400839901312477201622806036722664250090798911435567988522000257
3982835554045770355609509359415646084909311562364622900843697517221394170210602529493184993130169272487301359946185830631519944605204616100764682404401445134102717010492528228722252899198321
5697254594702277049940872418701942386763983837730256908141440817732451075285856628009340944741656364792839623208244677196929703525938272734768329620619788116054494998018901025867323983013337
0127533253762486116886519896894655020653599523383599859838640461948150607423813018152734118263524106492048241284635581690608237190434859371292627776801279679292766484555250017691320025048278
2020360745033750899778179135483122973555189782338160633502507552455206978309367899104788632368967407804462977024452450642020049350931664124316268797386905737930776058021789160942638764469491
4362800668112322646810533966749916714247243496454641513560905203512177089831456058005038250820928945994541502767355951727805282593431299271290746916527521197074339356695448711773187531648922
7603521133944879077236364819036726833801549737315003615154610519514681745862221131023491533436563217151478505673017640753929871452460618405088001068788619937292086799090961882502579579373422
4356664187751384231422405163400604361340628989359557531241950055242589277719212854746079391813475918095684033588410144097408828130102494833636949284876994364427054778931273573166751331275632
0967506653952458920401824577958091056754893923190085810585566855312489263481162690221801627630353477073142002245052055667312575120778105326408550632066428601765482869178231993725009061963803
8002898965675503020542981285387674906269337736072121013170815693518829272175098594475289114393702334526496098899785616464502680760853128997246137503904739679681708474412291807870544305741488
0537060318885543266194204595308069359805190752731625194568266303729317511321555858043498122509677425750951147569872559560151125899664363108596743710449083341757178813125931547036637912693484
2730615367014750012730521336393724294308213363882509359614928776972483251057971112390848201705331800264691292892704072357699082456638330501705885261327500173411734214378458832061430334082375
2576587939540089948014956438444769581573609824445580757497107442234413560249329959051695176895725338114111992857445877039729227700007947080483565602832672040880984976445163808134960394705760
3004071677046959839173722079441341442232173888971121460332796933124983051269424359286265125491182301403688759427971009854370520208597170421032100176381169903299986317206615396650099436403730
0922359569208020022026389150837643842314412702577293530215132252626616686233932865150567639283728115293672702296364726513301115461097058892976424055560473157870301854259908890325624854794377
2841801057271474206714913587311976812283573249479618090132042751303134466393845040509166481049077180115737414019522258244190188471935499255875358717309821049438782510448273453805110331736008
9544538282957474194481241541359734492122858183548241345760893773127550797974474370303757167828943560696300069763337286980069105668061697259779982531018537565215108523666557160206813395308336
1911459602132311772445694715274704732612685134466942741255203062646653417140544492304139956061441296452522387903651360114147472559435682767906911204630310998566283679837158535051231520144485
0988198657229252613534686333630977991405131529807559834663831753619266297289298759342769644185566099772387824060571249431466662814628824922231069557761766690918275594994632661056836153366987
4216189649508022705347994258074117047214372384318502180344611995954656273451339255849305966350501009936629405569846895525649452768906765921093206517446996505618002559292144023324773357533837
8022257210112717704614052033545466671401301593776401665786128735361613462384946682650429894853622811572382268965361631900263615127031393818718557199138680598188809159247092808264006962977059
6383318652854446835540606663870192614336909752059217189807738635308507432215240531687380474662406890796701284268488621916408501825241234847378529661018760063925182902726363123767974370150643
6028159154336753795529401764299268448965759685108361552853534034940630544373018967400523420758052115154624785311834832641978187540449028496223401657502484108739944337648375413944153291436317
8604220830987367150190351175864125769900758088561994181181183560769687686725499528370432885271598171263683793589357791103567625115146444142304140242585122997380003006831533007117006601695861 6
1996537815966993855012495347022647386151137531647944551957144713062819535660386543577051271853056887083576108485111805895705786655545742272098105024957809020302000461177550338317732337553375
0232237998310528031025920517013094063465544639166455615027203957348140567733444370745427023614535931343563905600664064131653954922142527859180194354598064425589789496996514653419236534971772
2827702568732388220319669547446814801686479097651665936129324097719730828869271266929816545061885951690986208183263295762981369041587248016632128840684917832814681151799193768167448126528686
3882935380539454128020786033164396978180660050338647754478649485305167998584436104802813292773210463264103617754094529779232107100387614297773578297559381674043925959329744301897709060658419
1882401133741307122141513832621271866617403559980200143390726614931341444283740622059312116908869208009161613158718987715747877662436846545293552686681352318745784359961489718742952595425770
3320405198609188561271877083918620880981330379734565132156729896723606067008236891672591737779825431895011754069597726930838493466663362226231162469179182257258499108839121245608920092444600
3813790268299801497604169505814074067120387922971989731507837023951043054355052279141765333265943298502787561621800454795697047594863536068212253725683170915128033368518381520266969657305249
1547081168923800867617283006124630066569239655780508432522253017382914144338384304021032915243475594108426020042120193855861975871236862374347010900150976232576643769333297781646670686851870
0061585797753996544850205115530896643666953473037154750930240578375497905015390765850177417526625624097629164052560470211373996344283771721483858048483380144600190031335806194452084973283886
2123948612733814844351146606580614737870953298848972786347154560316694371946686650462300443498529140754900828774845668545673648606699348159312319470762959930200818105282825045686825089195387
7624675771237698922249893577106024494439819891034090390256849885290316119128370372760982727377232041130497919536416661071911110672523544213711457989689142116634142278069983167359709137882403
7787705726847627894545910160490703031451644295449888893111435884337513390888181562122024320105623100223326665510785820856539376415653119027530624333275109008461136183213187036098972772527244 7
8680470961608351507438855394844044433955424019150791158070474571624240626784935208259836675463754298716195722361077979884031952334924717188642951178153568381840505701212910420371750896567499
9285986871443468092971082909670503530232900925636523248246251821303210201045508682116137930817743760458605135084166906342084254477226258902020779985845960012431856814847961880575800185077748
8436456883873616793906302532837089216741822362284621628110043769489467210096745113325640583077702129517977151420159110647618320817831881496325698046062534045669237566678088017981699609829364
7879230901905548076424310188240734893074061358209013333958207357889571099008502819360052960931646929845507888236047419064928055169828706750423253964863737257405980408507448949847293033431363
3740774805402418299823362909534738687537100468857286892410587005220315487930560904396612980544624125781951305846769554016455456354999831127034801459406437678031992351751028487086647736474063
8352205120845861027721506377710120571373185471613775625930848491441497432004803061779565708794347806995867347952704772654560296907180939093472071776502334982510028378941868800038128066165549
6362976202509871751204964596314383957801365946281332336159095054568047364386731300718648516303757330160847712206983586326003242162738499353866921621089778593000564028523462594853499245370326
5098325707806452785772334715603331632151188794910624570646340121057262266476500981091077734059976538540324708768176931227179438037764333305106868884016998575754622747855891685290515442601170
9009263138640205976605484167500475546873798213380708534736295769482323322326420798389663156643252527733866114447643422207745028912245314093727249049876040417843932070054561870035441070048995
3801541410449336953622183183055110887588000292334576565217505537386887572186853780871826379961958944476329516222765105100369194470026098608457604896550764988026758757186640513518025700796668
4451033489266827334672185707296924542528921049551896137376851242357991176447156480138804245311450047436341449772210705740889472573923786276466368972848615780022264600799096555029194949815877
6984798652831079861825893542231104978640229910515547861480389227196814007382828389752324809871475675767590268889532410080652721570831849985016188096234628428528261408136585428139693044639396
9853913677018389526373661380764720118191534140193909558354771387264027635476533962986994375058256332445287093398026200432348022768026843706557160902394751977040937935620538978356324130524167
3806418866011961357419593148948127582309801496396210189256139592494699200940033901321280455401877885440375913331483324553435115006531103420718150644794385266877623081028427725427619763943091
5152021612832854456211843917927541812840210953271294760740544666793287531292143196521416329592652163872459548799065355682267593712637086317049961702692892534302454722446025384696404756511148
5926894269138197115382210353428631509324350101803691448370945461007822286209887927560055400313933248944625929601087034245550325617902092434456203761683553056615464351138215110022956693695111
4516853098912995053683195063158014398964315066146236566967876150476725716350716893892969453966080689197262371785184896502282140972711862310685596870959213464434059511390107804934642922390537
8022082536242343918102607019592754072912112062201710459664496531502750292184852736354392437555817005500869050789324932104713959741200334569391672966724143463055873472015638468392388515261036
9874484624631631197097784667017512498107901948526201695887715685781375549447747810900698580285481185124910269330519519439832042385105762871208863505853550709488483877137294063500684550431209
0779986628550596282307867057872122118203298947747848374240419821822491108947523757018977351251950945413357449689396491342391761546649206574600946082322217221558184951503440769364366762482139
2682551168383010190358535639455929663220358585313138385675155239242895593809721423574693760593147642190164651015815594940046532027077806989976369090719352674501987948267833312563894309981918
0039314738373367340242119679612787973337752191496342346269949161949113361612726968285730222645062293407231336273695091359684654853624371705620291764736221523021800943187150803342049929606774
4027867219567365053580521561208649785943267418094479443217772002509027437009207630868550623509891968631257114885520401487465079238448224156000788280749319739606182555448370126689824754655625
8405650969364668985975846072798595073541300375734061523576762632076420264470172288448648063664969619034134497405486418918732729396778599417533978742786872596578320724123671817733143315781301
3996617162134266775970868323481366072600973986618644004550554354136055919446712131742606931563883635748435862566127341727127158495572540838966854559775979039168188290058357354994066899267088
8121242208173997937675376472882664899849794831628037913834778221062487369619842511759307130361000927792327657294711297677151526281572092097563220635426944087831122968910564591645467953568482
1498174101924458876877116277485930542794509685828901016097002637545792302599117775644396743729259765391765205704763861700557424436961106410300359727524216525287234543197597681309586111709683
6488551922072515964835295894124371895146296220857885501101768580767687272803214974163120844246971785604489482811666073267585472519787901775088169794771250433587199195384796303312636406920913
7649718614639587681834796686245094754564150441810816619972961519970991123094413829633800614248344053759834918793720768809901386054576185376462003761980261455011079438469389949455369314609213
7320768267593912165556838412003139672369227739378177482977412232924639624724550226687757181746273410018104167196915908473573338451684048958465372494916448612628657066297579686226307354010901
7917890179558153339311005397651912734982007313577138760546688475181441696358467988497802119543632113495792686514267874630078365698140677356265643133396484778294840030051067894367426357626885 3
5218191001696888477909708957376623925937591001573627357665946627689442588893761162484026146679156517993166223206392113274694108757882299623063503548973949229776591747953982238164560108678154
1273447915261706478311008132044822279600427164972732775078254594168341624131487279539726445023469553745592863197051883357225862695817668010509233751169323225707801797036469262725062634246514
2829098527719296893476297613315502714669415599187878998037555172131654646697866506767196567051210183470263040685800731917964140562938354767676243333101731886997701807559374111432506954591081
7053966121408731048279426381266746675136144891095145704101071609774338276635166738834701944690138393242481563666215201999584732033338199510573015198382998704950256576031546232538072275977335
1181332167513368194854395019597849115853958603958797518494761912231524429006230865509439362573261064459193207457530985561049169490944211307612183833184548838221680743644793212336247491124128
5508408863284203139312425028462743053351748850606805638272239100334629795340505999395901339423291137187754903399047784759661693084682002752721505441963076702258606850521577624615724600368588
2683272676508657367557651044155518053708787522194003220776412465815297693105700890865646937445960828667411682533452956859428774634664084647974068324606481769825949342638973837462892407570181

3666706896413442588654912142601486771120164213907456339001794501487311314978444
2914282487397116518913002911983002247756282742675996625994536166354276689371269
3781319302551341216325207783598304073975346269559347246035706158761890419044682
5368809426221933315654779660718228336158512820680405882090549842097227539718875
5555506956376287649363953135764145817605936762630966142654001509365394567511505
9857588911243649496664440362242702596970110730578867085014737657747425812144522
4491778475091305522947719097849644059031275950692622033045339366930793885680778
5839226602582453494729577083806318691925166043601040998162380442147659859186093
3250685071045808830131699953363055953277489057384872421729986880688007790444279
0531350049964925691606013811263400880865763234602388392215841021560445761817126
2345415653316571379813168513845720776042334909655664834103567470069291466601209
5024964804648359478404990996996174429443002011902808851167751205952979238051416
8312754782771633107133739841249686612820826369844919564168280065305037050732761
3610611417780302117226660793622238501795030707804738940608760647648804434635706
5376732311542988991404806133711201970331694496068131964139553700414000594306894
2848990541671269701592297044831987382533855694027436924367766274025184219211507
8410968741641398478595400078829087239896039967418173105699557172513097398228093
2541760503662989574193605678320979869389953926781585784695585214119625077463584
2094254039007344763288078260783815929865970297705769369865211704755314953363965
8039801840322815203496257404497903256164971445686839397841263762117549011468531

- 1012 -

4602748740149408448203740885838742554674366393671320623570379042434216288249641177493336531960175385911199499642705178190400227028533035487660836311220259734749682195512725003788405926960585
3638888777502740185985842370086440529018328698752148060585872845408323519196644248432559733433039869040144931135955598383506288712880887189067595739877413466945710150090613292017092213961336
1009885269977340479142661147200586560388938475964044681462658954059303850184519677096845603564801196371023165940461435427086285145380124054910379054442516753843131684462426997246732711004513
2237212796559494007066932485324296908966173543877160642347312129221218723800484935371915751286634007796319944980901449444739675310293461632560448962452445547247255862041622301305918025676252
1740860256669175906724099549899450019333941681735148715124877357130056534846612828333781150085547083181935270281039340727391292909567443658878735342241171120787982118977823135194083072343293
5429925545165573908613416162351036491208637978840748081137483201566683176578587391301350424616044798983583620665043072565181656177128287349016328842392342920570429668155853897890863226281352
4564689218983537308245187796317411120761675893790357988856222870619495956527685351298176916314616021024739823851921215164822252631817985108828107879561072413386604415270031145956455531879800
4311003195285381868026405912693317911722683839031394650942707913696801946361681696398689813953423168042890071573656413516095727988873722663990193288518700853816005950993607332174649088286367
0436794323856956030296235676240793538744981171040641013131204246248375078346572403811665377958821199949403578568919741644934426579298682979547609769224291939960014441893690061840048925878647
0003146212808632028546341559913905061047631556201151974729823509119651167841503070589684566259405728080467027527937433010095783111193115725783265895216010534476016020837065094443872828384888
2383432170554105776126570341258645102815177982360962232534534375650488368816044090209785727574526330947309805341925817041607240742539993887339879713802238311270966043190322984205703185197042
0673151655161298273087670957679032821046144485915717531755205196538884578084677829631158056217153724468694233229931154647423869377308602630738615589346250779277273035474724425448895510589929
3314539292214185948856285408789947935881282842955019258437265931573698492449138785658239025821099519190753129030988230265769482052010402118376254580213740067553624666662060191210177821168995
4957068488854697040983323882877066977030859886028022868861385433532923587557874026998470589284400575358953982533483642538907342650182825311355293139009061730054310067322994540770422034688854
4244110429776917912702474039317152002195029261028848175878360300749632124055544869375563761585447049931271861649331315443936535861994880750601710594774457327577806625426931494152742496080245
1901208357340547190493574816386083642073312084914429446817296920143335575413709104536165816044909584415083579843958132043781586542998407004860684488216661581423697483702733126971264929780605
5405633570724316665010329818098173499866370445563925045619816847653580150911264323434940977888804012623566940307939697919223868175103896251089709623239866662426370745752757669971194664211530
0743143501137461852474480509412045081878048789273441295360175391487164080072164612062227321869124014818081308506956616491080019322642652580972980663104635439119656648134707271069544884630447
5173782478451958189287316359579359995167103295556427196650578834420931874935411912774296660359226588466926850129095944219297947819329011649099735384782675178374773794788959671162485533632088
7597055115635204654202895209525628595342902947871941462889885458102702306182332730618315845844840537715231971027251494033686691919193875978359668038402955636380322829315542570567428210782393
6073537914482127918579081436381130028698028753751887541528941503590081816377256118716994608676769035675777376087839824277691723632360006557014619382528281037771798788951400218631840163131644
5453062660976830292846253184469598676154496009154888814354234764859892643277003230045212831716168057158322065164267436016255131265757305093203543812058701814043718490388131516221815837688136
2563195757822805405172707998513446759858514144770916778790880874439604400251614640897902740728771665133280376913481053566107567513491973225617555859473335015256124761701807150758889290171362
3748352479877754808696770539483643822003402786362642057315419570171359513106101740288308968332237533711163566922791159443583309138471559020268803801083960356713903325041696796728858185129281
5959921001512174277760261567167612703668035679022880406931086767318394107891256716590249379655500258388378708480478287679913950262922575817570021171283150593366663151403222907851971395
2718688953014939223899867028533706253627726658782796662746574678660342735710432923161712744351368459779586227934286092405706505291471329630044672878245345126220844372170604676471360310245217417
9949550020493409324155164269171490117550494321433552650901421589032315707650918965349907317326769988026213197593977039210622175013461568117588767729856254906268163286660163179411203618858
3627427912817355798220864208034704261988861906673501689123364181891995307160531261957341237986289663823437805896826315769030001746833114097859187570598760304204060066432342475152947828247005348
5909750100718808224283432894964013733571488090738662155393655744313429102137351469738782729615803121472520565837462422052164637144070049833340467385589135435452224875968003191948262001234
3671686717766321999706344151660239319853919116379907858650768000364479024450968259966113239317610811121178529155694879855826793223037403049648484385523167119531353469128808730477199828236
0592388403395990802095351092081261213294714512910050100689200317704236805603773569020803762172360901345512348561640326928126028781873635773696325533437 ...

[illegible]

[illegible]

[illegible]

[illegible]

[illegible]

[illegible]

[illegible]

[illegible]

[illegible]

[illegible]

[illegible]

[illegible]

[illegible]

[illegible]

2287235857789467430279350931362136891919684244403580743949709822995076514502382980958217006891424726421704446758410267484035724992157740877954450703809514326110353191295130939176277952741052
2342809972371150512692316246491955312957886421505576114375958596146327143754767610607133356587899937871794065737479624748478936083327254845809024940557212178533720972528140389541026111898535
25172983611220529658110456431070392036805733663745873521896373388143956317398683280241679402504262801337090968503931481119198408470191253500999742698759925716719695753558659517991043231601066
2617664519462434567511146635587985501492683626631321106321899891145254929067164950036110056844902175396080037074373392113568062002578633072692746370938007329686833255333030794074129022583060
8889323573446418052195089537593779292149367718056146123308965039547809761990515281277575993344655673772786342842355668102162027091962096737984621431171393698596219276959668322288338674913108
2084364931664038713134185067851087606551784814019176999296645431572401420986555786054910537581492153529352576947197162956524144179136037938402174436501854092626447881908587438332216971469046
9450018701118540646597348370460512752138625492124805598958122664054028595200299014124981726622511418529289121103992661294580560902119446160987857313354498300728972946519659314376191368640490
073830399232518785564367170533499447305879127402773155578087956965506726669226426641885452077388929987493929646433959711217325166197759084030401936612516626315975059819850207229530946014722
5141212258866105218689206462832870250591188618561638701130954441055245410194654267431546463043033626161471932084046193298138115115927696084887658392938493049409119408467791080557824400329296
1627353471470545903084974002669635403120488145822791592834007959359793372243654929770680312471513791203304100635994343662468114620198526321772654696715680628858401480542343446249581702430869
3830532900451595527268075465223528792505346970073825486606185013893064943459305175950543382212182150732052917689111859413686863606299117295688012170300975314997721319178419904654594819138473
88529656946668618948794251282300096305388050102780132446329301996697415699059840897264962660138276418383972448010675890726758634449527634049677722733417911077592892321303137414815601942047484
024948824339744400801201181085572786437349097635232771373946211045358651031710903955237004845203587807955088983383741720051076057897618549053102304859319183656407496747431922082192539090044
7098480685496297383127512434147846834363485301474653538244577914301297566699993122686085716495336541236108914993374715745730277644994779536014210426668476877007107918971134831795997518122944
3470983471694576787053714321960765872794541139834536031628647907372119698655092562776002330693999494830695613168527346334579805600425555930724608973885367214526481319359754595452134891714219
7509733829299471579000455585129007431632900800401010719948543397110294029575182696858709483368741835933269368343553640092462198067246506882775573477536457046207837851409964304357622198923848
1075844518937230870696663985005558333932743984626952400629113429025171983485908737873360244266923914793108977510496863537681323229057086520181531429579008576889253198805467733260031125109262
160338276414779722639480242818135963326654417801359998324829353980350201949603872413143717508681084890758345223942982285183852224855567152400368326417510288913990529311846841828235188063457
73214169603117266258843312695849766121389819340916453316798050718435292146976840555831059365469501876251324956050702742403070586222076150955631221344452176639657386135200034003972274787862357
2813303446198399138785810762178433597614059524122592837121428418781488207464569714839588745952655429788131094167778532781497193118234790475409391990195856248502711160577097685049812021524789
6127665699440217688646720826520482191585676649848731103419853685329589118427526440866519841175355403012885535511912663895896229808994259225170083472218879659975546419525395939972821587610486
5203608252863853613582553446861272256785769824408092980638398215144385609296243194237081344922803680186051874276326976303716798805178623582453941094146381712359607809227296396227075759506855
2373472624827878588720126433361104478044779347328316858883426432655458766466315190956027713536048163594538181990779485374117711077017978929596194803336350230390702715917045110885763955156369
9284986379458765076612361190986434952187527335938380863166947163492263799909296858929379326821260691153823234320810960282006032037434066662110044168768082311022982839732328448225331390705181
8845951473391567873091501526693187381542797959101283553137769867395869191959395186730984844178697902473154516681357056852675808505448455143470646142713525276187591177460241201219495845624243
2100523116327933236262284706165011070660832785902224628301991911149525625806021423050951532640398889043037730773893440474070910639377221445943034234067812938964552882961028682421360706248552
1866407971027251357928270895735875403093514957454523953058303987183210531741574942476396701897394581220334678928512116290767282215317403834464189785012699636699832488911972945759555782615705
325612071607129476757073713377084714391307755777787811056232089042460518388085451601393987777287152439347903593391933982138193551586320271918342029196067100858840000655019488783578622593971
6512437072265138153880739776145286940909643893228760241211926970870907171619992003786777674012921275917780919795707538778223653030450023680779566779260489660134408732969072047034970440339246
4691293981730006775665144612630831100813035242797162174491370965061374336314757272045601079523707191648359357585354054100364164568310654326673964738130940565126464750634678105796485321799050
3842112088624159326617688608047172864873408640975644215151122476241631385116771935056930711077691079753919430984036303434168948735524792378915933072295022630416943873523953526190806272357633
5970736042717744256153955905398993939988253083813981679839206938000415718467031812984018637457901530255931522624701480332540108835896405491262426233453262927614481634419478078129655718487067
1733594921687918679736078052958732802781131412139670419950980424577469780695347355698122690782495355861100396210779964467145089437710878495447041143136649768299752004121915490136055927647165
0867015817636618976904111764260075783806637970133408328279211961183315728609159790021853674852251344572244451127724931481475190956787014080764443426844516362902166018304806704460646027822740
98209426049612836592685668128478040366724845089320350115989906192505514537677770178129932547065195115157440518617938311089910044255591527733006068516523208028736349454552970511347957160730798
4377441607775421892493780521515228529618824398733561786706042109144208105304627210473889692999329084811262858546089713871113204673746583137603345291400618935937449751761003632425184710684917
95161534653472009841742417900339336602094536361446368004971950811230893868524693683185127990899850843164736266201738224244348018972949191779825950471685213088660070485920567581847907484836430
95272880832190178964217084514755626106004599511191696152434269322393839724022158901547420088028417758676765358026431714438934137015620213772869575691273399630499345113604749372791719562607701
39056325725886333811480059662790707548939851961641187259674693638830741325113365026329998306179583369213200924556837377429081242340923092809706860454901770231340772868191536278357769154656 0
74447443724154197104007859778262758764052500938598605507876149061536733924160154359934390732408871680835671472458739714349492055575762106478404170556024037455832086275127442577713037537413989
27717791114164835024810272165343461018267155576936242748342355926515105254212709554058812269153479300970569411688928331287436630657548801073216872826742660774688667185172024127220636663199227
0569261151190127628081353360627107883862110795500344048709629859277902315801740821169158937350738127335992074747179336754815917146931607528624872162835059047228298801687947264085055218863044
6568593524595326379251033616498138174881631119601774537060268585873002716854646017972451607870139103548574652232189077525078079232979472455669162021511287250679004673845476395733984011517447
65606463889434703527495578615949943069650003795283259199562284460838357193650108476775322763869406584994067834310370548154292458108901512433207504953284262758386320999536177175156677997186866
4760843430152950705956934406232542765538444369644700625494331422639934661930135282439392454182009118088078374568927061077022182514624121968379570505326878791413303973924134557882315448169699
1022841876456255532835732727417765024517691305964914003090090492964066181415323454525532032343608486942564971438200172057486387831163132442464172720776879592319690380351206859552019432937585
0848398016180514062374916698582393242755542516551245701772817411118752031824823733206375319581917761037524770894385433257283781097775021223262970607104617312698633981148134321545469854372367
3385605266733548769982842562475764379161226706004949517854464606754180742348709711279669891335938292674056474372006912900374401205697027152361533431994971124128437537643267150360598257561045
82293611685068833239626001754213113492529753675988898842234022129489775340266632365092388242979482610334852323550428829177357408943205683341993757145721317501731698626327190018309105081770297
1592608126834067960147164835409606983306117484594973881463419785258568662425548975785038018432293412041454735940774577121546724827293646949911366864470817513548570046416355873269905534822191
86471915105864661083734298048425788722467670897067180982370967594167841770837007927876908439345843150328879508484964022041040352817814151070343556073339130705159201413163014323123969743359272
4596403167812222596771720366690941501728366675719225440805504865327343411734101217319492640835316967474565487172168438872921627345329791967786008338289698654725981975994078657800536912733934
6124782142949397503811619410332998392618083592248493834632060553439647617835604010399647012935712687206799270046286104065716498805687804750774872486087522003827818746498737901465336043177013
556378224570731025654198839796876473378948567926818725640808228817912103842346623938886875583505309535129526341040320385808472504512026847913439247807491526502308033530669491731571957349341
4485044726599922393887094247396037990386976789094556571270759181450313764234941750167927789627376360323383649351536979542027962767259123619157941996382406770117338745750643688909197539189573
7871480957075632608473589681601609604743036955803487925640131105585085525726745551362449824571281358242295823249297432605470475365944869283600281024984378491092115851153710748043796610340838
3780343557498333778833258379001194332211288049324684185470080082203200246580320668942671983942796168829341955045762650750253225382264536351085067449943600221511193415469664397588843115912213
71470405505199735028925108206208084950584128293935045813635177320979199163110537293073115116886996253619211826138259299197127176075838939812026362581482529274093589140679613867744694522829236
25779962378923771116638596674539703597807438618295667856167880664681533396473796491188987752391894811204992161029452240679254781853789085911785349572997899949401428333204120445299012519111453
8567432383815722666485080520411000721143151390075073529070285172961533737095030130415900610411232917949643005583012039477883344512578326590225642101929581289061705434010381026324525161747294
34056866326999021438695216710016124685054314550554549278092904670169224999207587786664244839130313003448132691192815069173240703174055335179262171586712765656361950516129881853623742471328200
72756811752261067250202732582274182990259834310478919908166558170059510001530546577159778560938137022718727660241044409483970102693815695564406763531090481466628963492280461267781199195623585
45269892906448609044201462587843415133328861497222383754138070168437971590768128121790145307152582435876456666641651261129521498896254664796716038121138578166322006234132389478458023977149958
745815194026018832890320283192007015422047934440164475283161357700186864529729262599522648529524534771325886861424004729126607460450454413464109046089476734022115631722898206160747120482011
8264372105504653693700397931143715970530635767790836247678494268308173017863952879974700391686136249660408260311495792458839956513746021909352336140458383706816535220062209462925422348307855
3005961433208006885436732357837779900531510320350075464724018435700545911858435095409028505326435996294670822678103374357828089427859584082025829324398670898873740638948077961955364455396676
9842593804179686845130312588197076271980939073221356903770091999671331646583743614224044397540000664721157194133784127726376498994841067385508311658192968783578270297399322640924877906662871
182150599318737622545999307527908057358168899861509052526768336665436376251607108139688801686957567367323569534374503097268962058288226248079942506452536834278596629389623113269789742715349
0411630465263535615954673636030174163020431839496764535851896455718975856818131314889577228416653925138164954379405095596532985874190979699107221404075704530294653608490817154999522424961972
2852718577309709133273305969650056627811715584940717482426040013267561387306303324870536133563663630395407720572322166334259916058831824157690385193234536076733606248639093862112958733942758
7039599921324095211997523927642005908581684824690938577173784378611484229982808206503461021178491731059437776333461798834027633098750136955311043865592226492489926462228060160366353441857867
6806099480686904252727889224961512865325538028254982802001931796443586586338315623186080994569788964121667667097956797002682876973286887987680911430534896957094961406274155691859263574384081
22315805802450423404848927756531181665702339519093497178403766915719621005242413616583815085286752380914493545184969590777850474355544588934937783850861476456686199404911431527976958389803647
72768972054291866906405398491747311346581690224743473755717634633028834742925675222902729776232690395283292946027689874075179566616288609912726277885017516526346695944432028400488301331988256
6343949045850379299263116162416700522172489043537216040091858109989461143579501513576154883200776688557974296053382262497375620899230814858324299956677621037060314327635552
39097107403435336087919943602879089474888221161548597840221976582095336852978810957122690182168664690232441637697320101022742169714429392434040671046627826590210751408283331439511371918898753
6163342229984153879613052879941318464564660089873064142643209298296878851073363757684644390621920516365878023082957592627505273646114379152428574958220956562004689502544804056914720225502828
5814043979059568968044291384055974072236251926026439257454122879212253049270926510377420250882972353219524321977506475904826750613411949739250618897192887165709637610885487344630105870302339
6843904431887787125432942725981298023536908004941391059067758382271865355058651215828425184550140466962919136231506738234227276215120062386590621319308209968311043707702060384158280802593973
458246282786547294026040855400503007776999522790263058060177354744978913428878321750609875450785159279845364300707460583225532629333535003865008431182244731314005692854227813776559170256378
104299091633442389065672985141620036056693963380478796466019503371219128010698718981039144993058288779690337801068733794934465206854702538461217672524647085287625910177903208798610575997495
831031147231599542020324078977477882399826131694057415161762806488423222393336539775018154102196179024351370635497601009903293791130494657819092784719020054345332758786882706393977168948892 2
3536871983756252714877846587696603990947038340892189623149634591900994762401955070349558916154022250145197253192500315532502503613092747377133760952334430373252687882205608873917176490020818
5326990222136171760150816133521714588689377360759719979237450275305919551198074912250798030475137459252069412029241338613753813067413600759041395152158362008757312059810503343809350555978901
3365952473988280711689977209172125436398627427363757355742168915765479597605539876536580601166081299828036911586645887373145990857396606722128896194521384142835339553487287053906664107227
66056698132182367104276749661734483394044832716908754714096322365790049749847208415018050980076385447015569189960538177751955305168768505018161447801415494501720932626400130631120371310850 20
7580555637736565771535224295397504910338555179365280029638282234202954060508919815771448072360679665338571825532614713865587765981350440476616564808269673430818046773802920175714522500404821
2119306032165560852051957277097756029637574619022630289821293815970215193209612417121483814493990432360554769470618413939508205614786495899723683988619008941654220720676052507511350
4242056429557789291854179089935399235589630128518938637800689002957562735574909948273704097837336433168292079372133705655180155581597095749623477201304956932922347289168271000357993281279687
2703226296306368660230787393990801789449865431098918773643387269303613717591308170658567916612270154933299680567514567348234500563411559236093897288633273766679426274680538496908608958344098
8251125044272995822612969231986067173952233030947090805986641057380401052640780070144695227709802847680082273078557858472788580877060278486364287455449225323896584742800250211391816119031203
8086166136669739590714490357007991705817861500783772918124222636636207907995672333378844603783110583213439336781352939272304467927718733471661485653212051947480028874459104270453668501404644
1013877348791998582252083971335076684489403716224482024315518574242522953642189757342186455583097425484728326784197150913636461305810941429514381382904522371843404564851104677222803555594682
5049892356139760808027927689528828491269463494863796253255542867653202615121613651777179876579557343310488760053821305188790515015487919589403127900686219225598200955731510175366080603196682
5963037837296609063894520363995722697660614110206852148627052482876219545099996760389083349148444429431026768810805686672500731682809430120086741086137137054520464521051508586281198392844920
1144141720802038814530688096351810170495261327510303797677528466266178159393144407566330341494812764656026112975852272571366733391072930687934502203461385315391643760174396984931824955024055
1318108064525764447831936144180304968372423451775351334300070971770955995709962165205448669939223717775427307180219867104282417627989730295058710471142019494251220732576407027432237694768699
420742979145784046181147426061853799417954752409916316951413504760127412464578179778209178507853108219366451036298411030635605384141306031209407458280721775624212105954625054067022566151366
2916987976005400204683844298514117163500039951823159317107565691493361309908030552177400604868757125251278101031643737395435870768232451094336932703798060602326744322963758519874083550271172
4239276764959617585716754080716851673288234733926430312664419983605599347943482778633387460719621252856948194705088309806896747208377119788571200074427173500338718554888664968315426641556006
10280905993355646472463010971397125099907005329537310007117300350100792234543686283228993470684854065588396064470545566010673739917938075745348622915588573316777712540433699587563604887779909
3600446179458237299966788359491463499652737491100338413481236094551946691767956663231013710540757708821347570133719479686430739312818742644784546199246115880045875738716199946038430601296489
4961074301346919051723784557509641260411689003362901787196038711538994372795439296761749591345808934932723656552755302615674834865541995700690061692876976121062712697935079872444257447047039
0412991152406713563138348245145954300365493224256218651781658064041575752257005252635104996662801420238904430795056625726420272922714051175683520380111990913940661088493216866223563619364429
96753240201109333491417812898489965893014296795246715736734496440336907917341872812404861197463015499292827117826909082379745417968412549097728743606974426415436761898929710795056973716797389
18238345053409313858979676087897918680604407225531638150079083900340547241560062124798060107055631589714400195190975008343749440915030432123396810385810027680502247919051471597162981571456155
3887430563722592773504144078520097148509086983271078953844670382760537219724499428275150478391654934655406271558340871261079708373060369367355075980650045927832295777499627490948415445262720
3978962886969218935890524738243351772114304587735743218088629983730019491105936079236016520940435050361804868832176413855301155709410506813318472264888347836632832519063620732182693349586530
6383792138261050768722657824195553749955852922956925261744770762831509350057648440479402011722228576854299507083522203212072931179383204274072288028512178395674946892899980657913124308795047
0142188312125391562713698366908278088855597470796979821776959732347900485246995972832870701897325125438130069442853490955430802984264523633389819784818668284370475732821731332620372964419536
583397259389073294082669325982559220130539236544467086856187325671682542966713164596588459891868549755995018989610041424857554306204448351310728019657075202287545566339771008527414633247780
5760051737703756336647399517831170139708606891610261740501700340977349227362448446160106836012346291806970953282825755857014320689699978364193939463572315951906221829551918598002377288060879
8598469951006517432297361951918412504631199085105478839632148492768661592440742611175059450131629693843422553770008219240508874258583544225177990335196995363394878943444752994065778075420403
9601052371699351651396754642571182892174580477368705373378046990377806603602379669281867389555646733377430743490831698204697089323798826196448514400866596556054483912974630195020711007107341
5495178712389889881981541499224677962135129369043616360688618797895701892131571049313226486050066901928120970787514733735048101317759660492196383783671181716540038510862687642234657448852577
067219912796158657672292996476986151999380715133124724650233656706906910123586607150705016794199679693919996061503737194511228880078949091523533568552013646532166746501650877888863715981707
5581207839069480187725768334134212357073222694677431819002594985164895329904208823002942644471323686595238130684976535274840857412174189824310731768201488319239003879786004555298820585635503
0177526083155150278280742708095219553454370270917616655729681607651457633500001473878725365035622064177498726057337137105797289337047365680147051653444215495945100650736876064752412199367096
5675960103600284621905572404507461774746808484804028230439074610422593629862731421310655501917132134732510125488020351628946781783973330283477204873650168855278292604022732776815199888144396
56765800014220367702700880105747706727011072841333749236985092983675106524129139061719833685855343529873034616613675394717622553786400364747744129510244714079975036722792529628235381538425997
6245780839822628894596914916486410106463359598571123400397062311045696530014564843062866550517452456848831177397148327011988977901715441398842110406659497190809759225052560743095953097351480
5250744688747264561404165871340764928093799088230568602105593868198536758140391359258358587317381053670569486560675521877596274027780974071989489819506644032805383599041351236283156476769657
45706980689031259639906430302677288213660669698810705445428824223398025090069887688529420956253328278966656977086485089794628220684432723570035397748909847303788223781169180429875499458952
87553651884663591444545551082305802695382509136697250371896262339816921003781203084233645410317559484915514223947640364444598793120462496495507856635511260229792476845753728145540209994565
3192564020664663666657707443712567062624358130449302348944891327413068434581421415105591239140156299451033602790305374694323265909744765256398215378379691676245316353419416967877389428618969
4761453995496007766720983974121274784951849936272119192469468019799810867439666090344367967493635472746310549574560233552538132674190513977888552226327060397778751617820327631916818864286995
1930849298905373829541202320444576823422507262311004749491456777520863905250437834799403470923152291196694314106523809547435323712757402707995232922115963974928514341238262718689692595483733
741626375642370370886359691896475122653308816065315818198096693831285953027190981771197528827305296642214727981777488824142957090228789780521874711942747512417092106263256672104302615587303
7596334077207640298999666078420290971741486193325254501893061499084690152850697603596615143340239259019463368564176371818456434236404697143578346714970363039884414155692946262596005095757790
8691501157876030949020016561532389080635176872388577960832145247451308630376081198974784738342153351398180448589224238253158321103586973096739425109196924965727282395461251010071172067045010
9551819258634666484324225243343865536034425932839396338825893948190304761223292275034664164969517547241419890178789966420081944643783407054833865617301768636318983178003509372498099254561324
1618044631333097932796353045021895054522772595445199238046036947715712249636034382209979122538370029122368578984987307203615387703715707008847125118325800616478703010155486229156102492417665
632857609853193869443250360137516050248818418688656374756438598641507325049439025605944105935200002619740763889439510988798168833166628447215383425348523566419017360717207921705285116215043
1006842874488590353483647992038340276383193921042055355898421928400555213416584807065988202464382539374898409248777605518965264175878489452081471381450900459098197033030889254401451404948481
1282401803382502179602931973560585176768902502370201474682350241537887691540667696661447345397899334644591994058109318508142725389794249580974225696859718189202750419962516068406967839235243
4877612312562772834928859558589347821037765192602240602972739559301467853626102564190573328011562869850439921304956761495303915394217386731714318459908925685846374194891957847364997347580058
4520273328701089139894317009935282159760028568571190760910232726883236613807289561767663836277457305506500942319101672057657230961085157014450699255865624753329493347529649992908861524971858
5764817892036302524565877826491055422434279029356876911844514913075308093478412651787947261299109124597028157816981577651653949933142367895100888739562494081119704307581720906119254131238253
2387495713124975154852731148679959211085049558164968796452578318701205084373280796492634834063749008576515482702553818843798416982808988542193622003678244178537780068337811289968224578646382
7681991274167832872172593531957998013384885626009627672619434338519498269970747094884281477895688716647093696884472888349234280643186774056532668642381270278474623339395780213690430130804716
26471781876844290846658393292242001784728822522217029257465759896881448911350902003879065955220694300595279595094105933960122274006248781792343060962460909745061515545655200636589481759580
6624166808230476240133505839964671391898537455642048751526351702908604633795511472805746722475900273171957815855507910911982526171243591940225532530885246389423613397445134932838339106805279
91447461989760002032805699977470594679984798166257732636646909882494409145611552564463995677249149574934157142497161723621509118775594036578411433610995643121200348489537263588864018766034627
6009028182343201657064747853325493225223418369939383114885193870321646365362231014760611221967991686285346791321501477309841592636985173333785138586949218511624067419391792331962240601207489
8601145021744043725950145675928591162834816484728477859404073849697485011657912385840560006925817238837058279138874147993107603985719233120114755369961815179972904235493260557211416744856279
7833561695519601617775047174159207823611524688573694035807681275120565722149816398933299491132263427390616663920340953478091785155322772239323282190023361398949318292111697352014509777693091
77424259852583647072491369745843850288396057323484192623780775608158411097610935114751454598799633041087866705810956782850598412414928810100388656063656746592085375729219162863744962415806969
2608577454352466321419914151889210982157110956547150304237509662732057797537606836449826518186539165426669818179208454466405373282036220911727476559634782354388495774569699570133305059315953
84026977867762093370845761501255265458597428245053895994745243718035334003267480827176447707819279592409551155479532509607097084745504250678500145259432361211711668375992283901729295156693 6
90860213324296936956401314271744019069015996810937528793396948794345152318071654093668979651206749292997347395426714211177011157723427703242680444769903187829710035042584979345277786668364
0938767421135162441549611687529382212509517498682268167981107173160437767848165929204716991602858179883533632614142641326178567752165932489108740620352300589771098385317532989981330324229723
0907208076753656832621564368127773530619299227281131283841945755421227004673061786673335967956791175697414103260692091917134521309060084785879064694286018167799590465330517111433746911976337
46698059400475967278890825075163214914302794286932098190540806501209879661605913437392593633775955174582347311083714820656620602131532053357207124884069737175617130662427182908779346048694033
3823783172585985620838361754829232564406207988588034216941370848960719676291508018067137721456907495929316724613176261487798512449312551959953645048860089053443728357865483889786704678811533
0505050697385876192827686630806921479940037773752811762182373016008913946632032600238990548634069465354365143619307107311505006497686861765551835905165013449079744906690937345059070288062357
2496844316134697852468227993866396572807424151092940828063682688187129953414601707373925050803578803667486552714633341669515771730258394064270410240330015960518400155885202720833379119785404
3883850957473871074409893589069020999685970663848716858867332443924570534943313042016015094068324204471717277882252239999833518878566816572359630371953904787191107276391498868675184939618740
1568071380266171672284576790858260794012651422703447819055699017241122268558275013336345411192662585164335888892596649788842780784852633215489755315349302593829813533888059165126910680436826
6541928069355540418752022946593359700615598856655625747607580172779399370809208494186220219221650506185629256602225410234726435765796790061619235798946051192902935661708938580879769616832311
1245061898342642944386197448231637859310851475562284662792108609365650639580358986171931871154092672246724634007953150172321405573091668216022037179396738294191744037935743064379418238321756
97485538874901940799078001369859130945971664789981650656501221552380267760505193006035454347600515652015794430197104330315371215570269206611282200660554078998840800197958368798064910993885614
1230433906015725893652946185660756796549312830825086146967609222387518561480291443610048618967255058179429978089893285792859078273594389833201953569592474042865323165417676771665234691473586
6243607716038345652759712132762746199392512586951678855791108721814998839078170570887587894026250330252563195494941937184735369368802708182463755655425669727435342149150048673660323859617
64389290575016157998520627711701584280556251778798873801619345834629454846424328742884173859353187439532404262752419735255585216629264529031799318738050102694807470309148696960883 8252
1537934837357194708020264197390982956771869065340176048447043542407091756690197396593846574770359783101549659586215134903523210501614555031340305988856019455235885604642668873248998551502580
60017742105523231008293867502001017351953199089849116684366530680004223220256364905136918473374197643655038067191218571529347454901650418646738077796406719584689044016952822927887718671367267
2876686675136427981700426263382066555359815038120077926955530144506172820515316499993784505499249610137765521575688059974308731895500084121454283120059232571488181694984061217267275262070723
416731934861063680833111740828329925787353346328857610398744765197622552705433683370014389948482053128327329626465116467246546817018029441825082984720352022653967351666757779520987661671414742
39983578581828737131368321637570705979900119631906352349092428034448483529526572359225917776854605171023130655478753220678301472156683295154212877986239664927518052029981470660974358154424032
8865961010628242001998317160951764812570790523098050945020554039482839529683629172961357332039483617212483599919124180115996158528352468210093127267506692208905947411394384845713059894753225
3137264017177913002452175254077316358876822939633845624675477413239027601921073347514841676721830861431694604589477788842076467744796002698714454377228130049662982813218701075280736474331042
0701468334350787025134130453057467719281468265204512361704150469131821542544298955171673760254568916037326168665751202784327696896881325919210181573473102874305600931740319741732778027080420
1757874810945183239945089499713959528459966349420516032940260653510850284540464127801092008816530716597487411714757548949177789535035444887082944746230708902298765957286404948600156318703340
6277212160609760753879244224537873735811737023493080465763068762809783278656615553104024638552782697129940538388881855842489982983305935645286922400802328471199969639014069293651918258942839
5883883115765370584932734836400872528647106297087900416395155593209382993769981434425181567465547559476463634503478614537325957021466994754749241054975156596206854397050116182479447070641932
0700197341574682952495272527272550836710315405135851541883369833854252989381792104640511114844642821080877673005803545841685169160670980156984637811951383926989055099932245885509704520396761
0439799575938319093213821658833426679991492272382813460461093626309947023887181435969812009782641602278818761959961651391068681842352240163621703643413690345925110852205252109787599761605357
33339861699218651422718342745158485067410543908587659804811122615953545929766530450320986962451517784436300214737931119936733000358358829866248115943294169660621478633842451233164487830012982
9721323115468058630073810200665127901039330166814041291100912178405972406734166873269346558553331980811574367502810816015332702704755803769844041781593900018806753693221375118681540836723171

[illegible]

[illegible]

[illegible]

[illegible]

5443871670035856457949035328099805070596119103794928817042648677375437536629917227746657353290930851182738921981281182489205840478590101071018996564376426738026369864447422867123539677796389
5250234210900391729563526901297308901306517628207176962408239489039693317501373592377215756103577829663776250592776134612313304081669730147995251312572093802271081536789862424289437252225245
1623540816754901819176729404325402557995220106646015143125175983927446916912646373226314442454322197132564289289702934840946789339428253910812696086060728333932949931399211848616940701472094
9408728015704619761100671562223837467381904849443787866166440889762744925846418103433730562549353983548132107179004074848306030049151746363636650885964441041246468740241252637022098669634388
6410181872054254920163254698933557168247817945167658944906344646008826881561968670666628263810024957907119512588128793243311718714722937327662290252204907793598894272344616077697582670227109
1542735409768689290164742642060329543852310955403883254878628509452537462654747853838086085326247031612534114446375825626456875498184008875414849984901358813932457875007422991622154733027975
7753096714777809216251934178538786552736189871401081830956001928581970631874194725942362344660308635983217600635605182769484149106537511336233665686137137679491515196765596413924664617610434
1669396400734103769822490780329298812225195413416380139014398621901506575083587272006826940433840780792688184319699075042407308328806485037981149499341125926872066893685329767905297294469678
9542811720811673574286435309821062430193276113400510828548795862740199192305181750794346431871409769697381888505243667606508158607855612804885676027034698944810532647503781542770097384029400
8943503341048292177437608981849371777413427503260037678986560184584137029266203653785548888964477774102598396487991961222520184029645477826480450292422198449542401541261339830095422381393571
8583386454325060067526109022453844263892404485616259176775265875511511692817379960224380983777536084421846048623264387863689130971235828371743536960317134503076781908794251761684900990079458
2068943495473518504730840893103959054490083402978734648392059093433107654426313855876725005892675990974510325957801648572174484579815354152777832834610764113107559666787747896643600666263264
4124001407868812514634100791354914287918610816641187992916251042810410752985813790745950509234200690760872266660649275372918421865740154192959969544560788709518885644368451573511981506207250
8736470505116842363834879116892548884536936799465358561410289526380178449218084311088992783800148375996962278064842770420041066546865041557231325359915782913151812241058582022401907411642646 6
1232744890741237716100293722475344191732608365069292101723578934206466295564740790331035478929226089256972769914667166513949035046504300129937441743798596835476036177027738111742957871596129
1091103582434077446212727532878545446278042929709676506264582420368640062014420266018080169245106410918206077507778245300319845590858683535295823979309097699885277600020634118873932251618907
4525629243895947442998914624628503515590824720579638014987974447516642907721519423410145142234028962637502280868805567683258919530856987608283591887533070726825771788039923498539990514478546

[illegible]

[illegible]

9291252435319743090050027172554904066361806912765513538247161711721030883930541487565550208003913846083199046487595547581844536536416808340871323934632111343855180303259506123059644081999868
3671649255495683693074774418907042228061563458506263870383925278462048655973021750595390480019232972560166991871239792391350868323272435977917597738677249974230357949429175744340787747837934
2697665117864886633045577586365010041060645363713659897893893223853269784035762364937793033033986918594789939342853322697942248372808592863879143870451365656836335580394949347866805820095302
9505387367962435587340739667560156233351031925899031968582169673466670392808377500536406989501249708469650461729039166324843512411020490687698176373831330186030402810843985431085908325988278
2504267613688664980588453880829508548552376948054136169159852608715232810075734577614661895155053348959073447120636679850832050026016059162173854719248571531419406346455259177765530682706614
3639071938872701526649387815616327564006683118043072167002943016678722266500946297259123646161218357866479831324282973060682996791877997577588702817950736948273637567665533159957744565083671
5006226971803242983918862095803262461739522988402586057484328856407249940124446262140942349157547246701708944970717754541597754241450443287429369307267336464566240120570946289631474503163789
0322591401266295412208863991889903684511662122525265402262304268084157708142981610801287535430051602867445383432316233471272731910287727820388759778706182938210364583048721886852402752734063
9073747328177850702302477525671469139944531345436551425105685825210567806586528393129418135093113125061738379002210988902549144411524982866032222063093045748167832183239459583359091361159607
5848517763506422289362693324207157981801706922492669640941073949652184035569780512098730470390393517335196459056020802192182198507824340156859547763520234724990247746809050573846357079501621
1171798596270994903677871274494839178434259410803175204789244499843936949200339060453695835010697487956993577527589344155036880563751594246969391305617569455189304689269085411608877553296256
6699910388098775118112636700045522561740033360675977487406687313115550899762065632669906977137587465512157899610601372369406289905336352354720585648842598381329493089865966164767387658740877
1906613959667075262959363851420431582938254105154859728843046156296216112581102881384622938160359687968558622440258568311553479974562587545962483589535766567906876946929792343167527123836658
6967712757640643642913091285297126365783194935683305273049705247596721111386208927786953352481962296623324317749959252881679460226913856812130537806857505907884350001487878825726716740997626 3
2001679927176164808387659676729317538092846587183315677589627877269970469312013033073411302488085954474915048313889203919162082821120904953247795262721238587759298366916829947653485602491825
6172214166663811836374930209266244119761744297975939888982666389386345146417030022854977825622399295212246430739564794039482197777498661624569454704875395844744665886361023318088559623794364
7950469349322054849822756449156217607036487747290983025294515980951748283857433551874266189454055557185462794637354962364134721979494549621608630594813645588520954546727044562118201129243030
6011937273658292044422360922032774875398179451603676941081919721676614478417979264657583131816717771705196065001714035125347618754022487432865458056159121885752262878744860456997714554825813
1476110658907315811458285889735694481773232500855314047799658386993327706499633356793069532109205679780234930791300631282098033055995248583692986422270046586055747877053443884508226141383813
3635971002020800517356366580818756446674508053917047037617392314190545017796888868120072770889073968990266358440759363874924880969062907043460642480843869222181125271563136479241027788238535
95170903399607994595932550595143001581377477901093658161518359534671769763719255602158495603087530207963581910452700046993979403440245867646514235193475482384180918305282626606451795157119 14
4023932904191680292097695074572798367631396628776212553120196176382018921711259318954406672674417788924324901625594888711224371657570150602189944174101780814095395953724117230812472917031509
4926008730595985576318689561284608168583426480240609697149386556601951377058038731996545476847178726463161072281235430178042605790437356283258621199949465315947524021860453098901241336169225
6225388428726703436256849064959148396470466775855751962880201046855306012918412291251866461594281491900167995406216256117696729988431298703742895214835974573534596909583562892601743907089805
2164156698231745285028842276946002858533368613546041163865912103687565749237162085563879586012896848648801028299100157399136916687253262674149609652472957554501161594146976107376546184912512
6617688112882907238153512732066374997940386217555935439246065564350156685143651949284294049655719564981108824893488572192133368251937715566674312967930544196539078285931775783778378623031769
2562464474920402123912621751806051495346646991246091850942708998300917361420155464384595885393130091700775661217813362856026879459956646464004994095873215119737490803158324527075079875887975
0783020924928681666811748051731422565517022110052902242110717820962822032970130749640046547281158370369617062881036644723691378849530486002669693478627928076797319708261178991689295765360406
8430776494333464942670104328697598885178560074255061519449238412711413631032982452412692534281527469135657405740529182799909340308654074303517392294103426474568683872474635571781868929663588
2222490207239080610622222167038441364441712562668290054987309052855295581946025140136064887152925290859814264989637988442336069442629333977836381277272371586669320452783019739765103551553468
4640424755805533869364858666292353563405090074939647277685656535047156809469153068560711089980310665993039995018449489445311873541661234568934961306989769848624500821568487240707986964015160
4353296962459437000393356028994868846307025775474963680526259305389807210093226875937514857640050649930781481564884682192684641630006130926243580444265215227289747879653010135874761373115175
1377286457936108464574047847933128074834590708103037958912740283854260135303088156955603714286449354221620426371692819083558942649651380944351046648739294973745320817598129649046635057581315
3564893768093300274600187818784194664491463851732068389137212174700509528619924175599030281694811157631560622056119920043870665058856746126326905565797354295363440986132276206312246026828633
1019177155409874978626005855159030442562355538705722041886375884921569106881899757797360588484487095153723546892988825388231396298474586533457533772811821022635052348717406040040750398838795
8646751651268613601521466386773389885412629131492296646207514692377391863341410348527619657025854942606501675918197348995817834269883661458744124342217134087690564959123982194732038345324175
1625475191881822916483704137980027467608616822062850036099919955188816473574212853203759726342855995664491693796291734980132114154972117012518361397251376978621894573901191394896462299100 50
9057619809145464114112773591405517627298696684460441105352112051049635744330927433556003736543569690126577970192018893798995119828913341282228261150567205744891344091192259930845991309051487 6
5437349423483195870128900430442767491870732176361811711637753474483499080525770366971124982791296661604608903643541579269404003821342505853685397297141275938316298856360072859979768856917734
1930585193931883538749745250993388539647959831132020567439711584558043815386988366628056725836970491545625109345448994800117473550423628548591522646590277378409807844776475697268249526348365
4330354029869154499053531863205350724916150096275682393320923307022373554728647768980999465931332082229184002553793121594189817069698983687425049048675585527408468827669661494645449570671128
8516563312572961228238506713044692766068400066851257558351936361808173607124630247511389241790785838763771684413479659153021899655400750044664950310850184437976261127635190842728119306376780
7462415069041324281886116388706840713941184567133754670876127508197607001692366210219432139387667540774666991678536176850507799558277280293211600745359017979058041349352220403100225918401 6
1515531188962843777698739485156189686982946045745505306360150652363256111962300188282457022143427236595788911460514236430917966415095229773867362559778949559993293218875828475262193435840092
4298159387656190626412006152313256547275117944279754352419950852868044210495804354157580970960393357114962305236350931487915902724358739046452686123627338838050129810530318714654067752263885
6013262236371438882375019452038273998482170942692424712348132085281974416774730863883143932593862710831838754068996205625874584877311247204749710891197476020764339585543207796446615019521696
0768186340307218621371774126790002954356741241643648261182130276980779020509096154719092375873726329186352717895135370296742937703573896872588777687377576580073647993401863717619272125959810
8640413648572563184546594699699831169482831004052285271916868891256492629423794339209878764011324308725043991571237893129291458070039812649696119684865163387089693604729773069415424931165808
1982883773438908893007423504375145721992790203369312030791574906596148123088964333760729603384834465774593345897205925711892137675105862299457397505180306585920669946239131962816713022007588
2057851799189899768840693543494696633237195486672359068995847795743943476408083270780733674953049251109539536328889132193705267715699332157683274583629997336147269463935484682378896277422137
9201707799933530780381796443504571277436681088614407005190351412005489102319990695034578524382000924276680545808596439239282331966205397611910020840835952078824574665988763194342016264481410
4662238615104493296965428325121269211303587024269630938709627863878216221319216748796320021531890148750535224250701112450386546041049565971838905831248344878038147344311687165385084103900173
0056403017017133894175761510447261870154199149146000177325765306461128143983905712015770552588623571937408542022556119735162637957390072748331803993025416842953231135398491578303175203996049
1173076988265066039303076708321707668292181530675030006023824155782469631335269387982759454843374027903682969672489473548566207252342527067505990144506009859872685835100442539779100435068584
1756029190214582384915289033293926910329672709227632731692296814046034209543340968549864077872105731436584897034134239142937234410633207000847097309479672863768813092047554818305734904251086
8531663518589201888436613464159524759853259333100913717821106907355431118944981864077826397459806410271843185743465546546381038968873867052050659856023017942780020305453931311983389000237477
3803699279561110368574388989364711426280024211961406329101371236882606794185825560422163303962876941466459154479653728134722155192528925894424731281514110856526120677514708861752128423370161
2913463372644887622415229279707070110658535880133044966662212264935541602348884806494268192182407716948294462980917286398879486610202790029192191585928096606756629008857707602605969802596548
9402318153610950444713165758081417573884528805756300343230902799597480281919604747020480164246613862966497201460284536379667384533987516046259518577981318482869651671871444036588753360612974
1156495301945779224161120735896766631754558696434901196959810648081169485446867030121022513478146723882498990470011395543192872788306184904001152907946351556857211280005540033513896097080794
3841542562562410299828013732174122979293213924916190275222290310895135544687094537483135159974233404286669177830341027284631714731335256743942243748140691275748377800472494780084560246021136 8
8921757822772157725164938127473004263356682133185019073331975599787631455335009953264917432966949179649779990688292847688263555829576272692175270410637506241441425949463550716139703902143161 2
5191615385564066977815734525532974187670070724458170031846742418091979895222005152568527884957898367690137796528971744124957012483338352716125838762156478163650888268035649157635914195641461 26
1725236552200222648408377096996276405764437376054317791826002942334466107139947216221971072242689097487947027049401699711584041543904800270012477547194103809153964473216431161547805601625865
9328692540788974972341197958372442208542480844259560363537133296630586182184320956483367641690408524311380332332763180224308681884204875249047131122575003335566303336138410589150023397503826
0392635034397714234858750986414007546060587832121980159357069337831012197566468261559928237884380102011517377662903160718025793249775703559478547087440798415353106173977360487584042800961154
0233026162909873201807762006337168205023456653475306981962822881835008498237373444333452885663192726963904445294281744351034368200183942629550162182511827805695281450252890551619371097683120
9160137442629369903570006970070723303377401429180907283749927095668739247855960645139073356910906407150168845325192065843357848494880927515567006050533437664140782772401037887089361519673891 1
0302748854295587304701882247051724854945379440822106521182898266917522258081847561377269784173846910557753967275313773008680310306936392434955164970166146127484400839420367997187708478772 26
7966460582149622646449416608172620112333842765425332589110044488199002709993746972957754922368120601310808171149519074964965207470280924909211664387589347230826179023412217857028392006415377
2246466120265979826421976473242136568860706969961271915168404534936447525045461179628877141884604204546043561867752498754248066218128153406863799861960377815320447268668389712809322321186 26
18184001619453488544955733880654269950228409087862175095655991923513943779871481464393377480765741412590407096694571952518348438372648726424276034060330270403351438338287485216703822159236287 00
2914048169847112308833168213577453844589699205887997559414523838163750689209405349486448393984988774154346151163459948113313033324111079437225768050702652893495376001623489270674484528130492
2682710324138795426630565913379660018090232605848990087531170185818540884471258666814307743945440778222757074994358810236888684896767084359138531320439553425973785009596348772646652413234342
0331015675275934621916843370914317760920670895955275347685189956769554879337966847534043443136915438419356411515088034907276261857464727973221420349616598225178233721267907172013216297645800
6238635898150936348031285290182643954962485271107065920255063492686246877264041939086215577938885330876870574592635328557144364959239099839282918208118191969587836979018231856245459529070217
7942515267290422493763705770156202780384124662806892364502811081898266491284861781629433324255384638043289506187934560207149047371149001974695577109863110900201999376541888184754167662857414
0884593963494963653811428111074577350445649448625522399141668125307650098916941753380448853231178159059988068906847052721850317833085089300612802663610979897076176281168772787134544730518381
8278435953172971565805095330519564500321112858635056883262234194956673004925275194721649011851905321004991937594470554246450773967144754698769161245639591988081436277226597365911139784716650
6250206957075878723185616104098438565673731480411075784860574008481998724545753491537462188559298267905691699770253866993428509366620802786465832997859039948070105536574541969241533882857180
9996837856138446937441909820085583166403739628666184598661782427910294359118471286019689221287476701526886224529383271518659184993780275622520670633369124970672845396492997381955637863098343
7765880085409114749049513910803427312373675181276570992456146577475437895930064891324878070415658642855019604319056812004330539993277635892934551532897525581763476800490900506526451487827115
1698079063937705911205974019479809115129310756562613913022107947382741705617790713363004053102911320089586565656266829282016413838840001433108155266543059761377908483013717650713420053251368
0797755026309440500504245793150357022649215201589924843784400897799754266936294074073183167380572489872919553623474837923147513281368466688528770795865083313240604288382497219427578481915660
2874113524149124082348161228641960194450443418139396311026694378281263888626369732112842897343058277593110279146668966331257696765172992747766737666048412799826280753309890780916416586477002
4347798867196608097777398977846144784383847531806628377205645543710849641188624445215200134455030149420953061798281134167108898753454600558258080018815426311040734462044308721270142308390987
8745509817689951540046485677642532635489380896917417146398773706674156017360956308850952669757865597768981792155412379860388783231212638601887841031122553332143464802491488993805999897686109
9043969391778063497113051493238676404334589493013466929769273147208816655146828018506487873284292875756540723304920054398199262428652006449360003955094089255422261847618932780664008852965716
8173417672430228573301133616451517652813892510542121590756330146139167320893444353364626481465877289592370008372112963070325809904263840197754459838631071301037726866626485781358073613636739
7672016431900641359671915006287933825922756541564362353195014027618835246086994316560503540366208136085140442649126546605014291048484275864085432817691806073087325225897042160690355668203975
1981134784113397001259107797419467007314330252757894290184260237894124507401074733845714428490316762563215130696785313542062169787956405981009336473344795822600885211231231909512133038113454
7108990027059483359846031465906166360690134245783824396882198153766927686683035415535514678513710280196664394499174488624889683759971950365209137865181560024223931721305182777348854236810240
5938319725106619622957424756124189508176862927163840573671263422274238337716210130628635022382952565571522112325962348578079169169940667223273028090133564991207932850770778008841507509246901
3849968753821366448430370143900356686525473017919003262633486158067091064224001347636278502195344799501084822489884403328567335371077661559216528977649602314641303189419751664762011663758676
9118737719286068059334821955252981936432184117768241020442077038118271601080960744558918218126143695804469909248716682650511151910934273389659211040288727607031963160871297617184446004127148
2023355229325666139662544827473485840082266055390471245203766056588100724798240204135784453485731081708901615469259942283222570098576477187208449007140950125195204514799145633779991472453145
7857085490329249396740059102402025354286631804633578579795399001925405767277588003421575064388342590703984048852059339154672908157046623699090578853352198052520160572904851396776635741853 1
7283973550544187652965408091846227176303422815030392576331696826176586737181111975303218260455340417307984174696078442906329078826438729318031572581804007652589288850066464320112248238831355
1284126337700127215539458564248993856377340016003242620665817845468961323361570293962513021964324808961890010367200826006405978583933325223388084593908067048583509193883522631702354294039839
1411071036033902920069893530344064072795129989916983122909048325072931599978301478771963704718704225417380588302891598978355208505636162210331340944768181158335475897486626645722778187937592 6
3286637363772967248745169821443995025483765386047507848415076132720970603929159014539729496053449906233240684255820889178727823802265896859124812122207472137920194880535027469074504068152588
9135270319330653409356223846495984456342372665021599908923436750101588692033847131431764900956798095139492836573226701057275705988617570380874601964878017634245171342488983491748733479582011
0022654106121747109783310183612799659893214886766982385827737704734106766950727614639911009207047902855046859516346849898939119942052289283650797707042270185109267689078295889715245680184212
8759550261177553080841577260558459954031624941574726538200286871957164602737000869064816075548023225831867642373352710616019091241827341614704196029630914450197708538474953605679857669095262 1
3883576048848892485206982346479394960365078682980792604375632329952279562948696560474440316870202806606319259087747625623597849305966220980690937689969614069788467960456015285660318460771572 9
7275826232217811389214081025014065310507817004822378676797505539072744973452136294838006269999993212195601552275670950055861978486246765162264791552567894549356787495173870369743501418477481
0233574013035369868399554348911882696500192957132541787392740585230075395313254886000748538059949115613020440015576249590636864714967476126369402163564883960533961123413913098858839404252038
2897761874775731504680157548828457122927544167382336924330939780260253478613859580046293973392716342227447151032125724518235019515812833573779164854015656666412970652094155510184220618986670
4882617385145573718379998160691586684316974209034063477915975582977862440562923032902245978344109445992847287531701063919111709013711322848962485789481937096316128099636242190063743421637200
2713075087829390230193335937183401997990795196743333665777644035778413037210035446772072216578270495705496561214766240544652629954534019664256628065033667157951045008543253606420354104768342
0878067389370007797551909410215952379273225529630695553276006169669483818686968543956515543120472990207302795587994878368747771670989811390642275286346678271989380096365020071814879131338956
1592336358661932614624879351345782812580909155953269631773228776902414506841119571375871672090280286580014375329730974903275765820097176870179046147476671958912287835101941618822609931236921
4250659059497740612818178760959861684933102587718963841007362710071030140876191820764062915337498436780891728657794062531350709051200586857357833781830312853183670243787102761236456410075156
7641875131076536702507212616053633109277708080804467420600077091126607888037679968438849410964907264179189278680803949582935597585609319238565947029009220482110692201584454504184733356002008
3505840264806952708305905168063805369002503768276472132378380639279147372285302779848827220881391432623954948033493092850045942111140513148983479496282849451890845284857007666804634708281089
6424841885108564045352979857434224673475557188971320044645939985967490131856030822049929304742768023967641274619370102581845152973830969412595435784955212446028084949236482809025424727141577
5899782990720634535295746159174597703458451953512647469338307853839819210567471903966311360142502507085597734757492288291054209812660956146201905936241137190605491217727632241441788552403644
5083295367644260589830050077266405209239908600178590836904428299963787567665878921983367828150809590662835327389101552569076916882952098612206772817559534518391046620688594068134525090513856
0896714520808493643229593474620652393111545826753154094217121449049188296873808060519874041994308883013298811711874202188460818427046980460709429449957470058961283527436438923511358355955231
3151581568291653165669154742095447775544928266219180808191330096161973292675809319844220215197093968844350309194046522479218636894310926269993663464097573699608541915795901302447499165763177
2095323370501578027790198267303322842709353739635856151336052944810904004505529527425261205159932562521423192801283689117571338770811833532190584273206668090858496201483090553267435639329507 2
4119245696599407194048499697496813266626055531719032415532537673686705085575697333378671484125102323947274983937623201786394549337502741047267832965769800818434876666374641956670353335516054
8485792242860617220512593239871397310634866042928566636832169114771114469184858727076185887054971742172380385705814436336693735501641973894429727536704366408295642889303790040281287254313841
9586159291196380226243528965648400752008549066325856144504209662819569369776555904306497971090482254869851874387433614255236913251121219029272804714152374711780032472835208162759537669316419
7133866025319175686594073173170160279186890876687702894155147645474423786337607874530020983506989632991482749138692908330895967161547075574343598603319148090961439065895172704605275731241526
6496448148585430646509161090868226324487745437866972191002429834424885013287210933919700275929965761004517954727000047667137208802921211098523962069498758870630837802116015124829035685283 28
3812208687581746385365433248414324849367094032305617437999176920150635260025851336813814170505356822694082988158175735846777990513537045153770905372784937370698994214000170447211099546333327
9965340655409437668745844714275109357486969476665126706469156447012062121701224913336345210248519839509281152605878303435800099859346362030045753645074922965511626726800825513862888062836550 5
0481085967870373359968461710291749457193791024664810723595352594000106509429475305863559914278259759877546023622715622566960563186282510861584968805886416443571704705863360274596830495611 39
2783924911388577869730613198752416185924570238278206013162006399104428776684521029011854947520338164505775317453544897508633645900489314574475605565293676963900984580258643991428645967872272
0077633078724758095047728845353671604434318922699331045286144378964135739296505781716838866112611772956336172624676231905172053103858312588815616708185850441869431063855568318194296218431819
4060994409550466593196146362061179701821435190741218111000568054146037877871245861494652698282733724733495391840637058481264208917515966950160099467469345152340421455983098576072233349949508
9743095680797838194061970548694655120841132435157737286420870803355337764240325922289072075749848690293912758623848236459051567195967991199846683105269398475081616995133482257566751928367664
4255233496457551324697028989903824030515355355490278876341388734290294942292020951094265433536340386355491026933588595535743067475707002376520164996714788539681997741748523721709615480170 09
6445487525859976931190425908096596173680796549083930997020742507944305028813816944775735786314630437706698206899183777620004988475242307958274956548643391650288557034404160741893751104749979
9252960632271098280879871273936702464429075216565507322570534763742115974280722767460406273798867059909404508979117152510336713943896307929802691962681663168131093950369266169854233272144345
4385105210831877059656367020082099830063607545649569997315036377495374042823002217324708274715253787073507857727869421306138548217258105398671975439901106684322337671573096227856150126312443
2246668177756535504680467680315331300918944440344820639968437121054427945066935913167905024904147703957203204422048352397184657130799022090604939875574735939089300422079395599762970840076636
2496117395024628488500843455857581657650179677699977118124710519440999318038472401747916542226836485404716927955725100335969508414183814806145644639649963459528585149996411332526403734957780 3
1275961420147192765522949187213955789516769179275815757947139282003452606832482884929660699020011935869216471120303076418169718896576356485434780189644988321689385473230679094399529440073267
3385124511066586804798188746022125035367944208253592863900567736744048300228752918412899697934706195472976896616356451121001320493676559586302710915774642642862313994817599397551911043565815
3958541281662628373186234525138657297909549560446414145614023785388818301198294312080490373664730355577199769179431841384886117835856957549690640578221007487949074419389399796146770829335667
7747635078851814515708563496263779362303811492642165802144048963088228922628791478447887019595183118418291156611905069496091928381156169390200041120173613157956349160925833881433025625648240
7173554859814000566279140426669761515350425166727854767496171731298944030738164859036144013059773509523117635695304137930032868317076015344433874690387258863895639018062784623775039662863855
2325284493777253486916993761624891428380663545830112457147375783719762462171545790870721976423565224595793009964343129045868318195681908632153275210567352763450045920062173124195030455283580
9824806509156417342400918498349878164375304990537203037992315929009434743074475687355767378736413643839782100334365961910958910649317610150337946981435575498730071958386297148814787614845302
0966713741227591577784220410538042524457980353798449084933050288010749867849282317633091102006442331472646006269461481410102659079403111751126902526463793087830926864442302037024023519262 05
1546357423344357783231328141700433926459349423558278128790184456595819736261290653905983937901744434911720768587251803690023357417603945694880137564809955499881888314884528085288710010156994 1
5105772419137293239022398447656381493136371370963260647885982494214402007951947099043960967525237841385793680315457407288713242079271433501992069637248916393731144749085707186793546670874024
8609838975230807054083057943983644454878481631276887105202672808513737522938345275915194374017795613893319382069818095595074144427473215524713996484427460220771892143953508803305583043618154
2665585134734000900465645629306062851469853523322977956036270330964800872345687135999131155558787385020803016208369909619528108453072553116817619111596356517942068523633928496363661607067 3
5631552880987804576761972816932759143821987018925825029054940069675393530133922749818429739145148394254347505485996128044398861542111577296684051758271255055891494484881845294533767048613 4
9961116064082987994255919738415443803254223671779191169095113096873889850611091600291773617981997772497004484906999720967673595487302107603260221059140460252640547860462669484628677403212 45
3359388846700079137834479785302654259522472541493833863199563802719975672623382192087932725258319944695909864861191408871955860812804172086312501451083086106103098126524520074041872693444130
8454291821961393859171736121614393303498729895306252930358256205149657356678853381346101045174253376404440427902484136827706281534254272503786963576585122636056253874607182045047787340581086
6214660434502587907299496983927341191738799463013800842833895484940625657492084511068390010059296214537727330861170242489809066015007670066833991854951678464928311744787780741509834430129411
8650806688421376533153851072640890446347168244985120209843866632494788642758646509636389224959312537424350350404055402867011583769844677178218933281470671401963436948046995906875997676721570
3779359216003865161978686421495961207029651533637828081740250437651741373687368635464052312968859096965018221717360994281047899835073782428824357419551286185615977670510535606985821123084838
5781306339708077776832746944853163799559775692819433938570045543742761821628540244447844796424545721374354074827761285294158667423976278842972943144667309295484303273725563872671715845194118
4328720307672545945273382114517823615186924361201581414320500796381959925756541803511178412991820806721513811710377968603862740788240957326377227740411412715276196740162274960281081195891378
5124061065954873546418045213835258773378231338843271400414465849381676534342051875273282253987219497562625910940351047692717455880998208323527359041534447803655321254766420236475339051606 78
1373408896729999505898217457476489378194960575124160469661418355389800760491573182999935332437119331384672790668819962877589455282557211866849850332562724133045256982653692629757847212991180
9782937638000585489984750516947188061168472243772291463080969127736165884109214886362979177349986979144469236459016700003273335886594481368756489747069003092501450750416860661858969661341900 6
6403575816489443708008122231474452071709359598724258368475549195609771573327122110180874379388841894331189963017110913367578974039120855405157693911564533483420158334837378771720137358565976
41578695741396220655964435440832306607079819221351810548972302462342610125088915846575378122702833384542856964896626510663598903913710828110390000461746876780858071931243092779489841342532 86
6198355440762448359188823587128721125716981340232000269811104948663544828648106314997712704680500121547424797529673574995088555282474070026403803273751523235478423490879638122169131296533501
0526580282677745328724004341169032594391664303209295574259726982376346847941055815625958588036453045011466432797156811799554700085942708890676630776433508367116891929337131746927447004269315
5753450075023798882961199937997648437981591094258835893014387136381656801771647411267035364189390041865772700134154466957122852799962942774508601705279318533771012220006836749199380949733721
5184061500390818993538631941738586172171416539086459453011928778180490745791098927459570446488986342754445030240538422714149048303105010368416451212087084884824566651897786367630540335780911
1091013976816499585281573642931571084625313268839529160419732423344618324450174072780960994787413726561425351970686832582205488933052450312948878872804379366285635776974879864970360725833096
2888224946658648127427543812223996408409375627105828322144739154102025441347110368498285251788012945449972863312050903171532776324636679955355435699226399262683812620655903354309872514241683
6849800879358344316331378240074358313945913452155158625648879080243445211357553837150109922814680471717239255758195294231831184251576728057778939973220885975742904818286087015618087025183862
9510068383135887936814779737908052470183324098414291372162550306380705072413012328023218862638049510044071212316044807363675222414757437349767690144002647684666394246698788181460575494079584
8546476876338381787872991346277082972779148009689583350790876005518750566095802441754494355327205049385032825266156616211841010349120346903111146024830787859156679270672239250973334056324528 6
2441566010799990604931222158304843429392373149368356122201861292708830973510280446331339438310275986207723172066177787500777218936056352230811483071958152104491874664265753019372692465630994 1
5246585921320783789593702886632223641722470600686505139599513980468739830619196797329049370055448321524495019356504090474002571094275606005316222724661342223763826990070595479736598644926284
8958330995605154316940610478995937606667471012743907617639612019517861336683419077808949118532874365991251186118914678517498894026668318884114892702793020006247567880694557368444492351937161
4841437288659491592060571193114556300018941108347127762052332339626030162729381679152995625335116952147820977970239057849081682381903420090451866523502746352971009979545659503659894654203226
8794417865493845352242050050313319856133724934916725817425770253663086656032367962308333635586474624729571366444672120091860652999945191334156379716100119719900366488297907562830777484511851
5711135689617997063378155363810964991453016133594060996619086099384914534334113472960830639808060687419290728341128461466819845080602951771466746111033595349694081315945178138463185325038121
0453559762232821305787946866462356762772108189642769801116011207939162303768584194748374748749709482210953682748757139553221248068770505893642943516864032355710696733410815802782176505525340
7393108258599281668403160716600958107155754483347348505840101980699803552661435301735515429498888133096778162610678648210691001991618626670835072619697417361019663734744149563157642889144416 5
5029758192513614053345792933995853771429445280861685934087283401126497847779292319178728287076040601684911991490198048641164550413869291380170112538680097524545633095007739409616183887467295

[illegible]

[illegible]

[illegible]

[illegible]

[illegible]

[illegible]

[illegible]

[illegible]

[illegible]

[illegible]

[illegible]

[illegible]

[illegible]

[illegible]

[illegible]

[illegible]

[illegible]

[illegible]

[illegible]

[illegible]

[illegible]

[illegible]

[illegible]

[illegible]

[illegible]

[illegible]

[illegible]

[illegible]

[illegible]

[illegible]

[illegible]

8579286215215602257949743231920156768129256468703212737457616980589556825795106033733059020053470088209376300693966184412058189606338996863128776176203296085999733761082041510745296054403199
2376669248388256412422492059031552762119828608961110935872346951340639970384105576247593029254680989887122190125690640017580558690688308116882204153613924907628122639120910479262410811321331
1029751641928273434741217988713193986705497191856859305280760604999592567013993056926785832061028978621869009772457462085243303527450629541844231398883832171993694525070186318050769937266020
0480362226758172673089917006170094050568000246162763537328665789577095058049142468388224642744501917761452578335897234260459523322161965882105926391589855716934992560156930265656602767272 0819
9234037427417387235258278194188780950223922881758029165973457335986380724860276732582920362365654037710834973877329291060647459495867361160877249624896386563300240821504461149771756455825947
4533833588709340616838738531948698633943372111897098849306733155993270704864934715746770549080427397938929245663453203776142184881209249246818314607835057784035092320515627204895227146281883
6363956984020239163063043960569244140983280996468600974159413916223015452356008705672777918676161046010671094811687089225533411571875092396642911467485667230199771745550285377001392411425496
7457253047982970909307028287741498015174540700664069683808496655816419364252463751294648015945001789949470652940987240521901841661564688336894707976189766922276677260927639567711348162617289
1315617382207812245215974380918335385799354916661400605891300152726509134934598332597426199819996116777633479727073655021342393153695721798573585986705120889777167129854629129475031256002198
7248882130250944015322088758508047738073513179093264593545901251430950017085186482214092589568427691669100338291458549074848178389286915153101324356247117563122749042728625719122066364897703
1595107158809223546305384347954362048390272218319844519489846110490955883073706975240626821856325804541213380740866904393562232945222168444436874940369269776078452792430642655640536812334182
5548708709230885948924418909293731588683232843867922650011224936716493479448442486549794031166918028511883319149246938795568666089950778546142888942829983425516982979658212074636412598038270
0298967939437621987979177191161961658980943791327951692873702866509150941523499804489734597734567988070249921657153130036644359043028468321558594093547654131473277265970314642030507803891037
8402376413028746069143258615876230681524456300458525981525640169311138040732788116802938459216063175901206704768069024679635695536987684984322062781473450411902050323380362716325246464434983
3242046395326640464006821666499756743165961201859687835293006682104010391111193638706067065245337163939242805011790352949059927808086912119348089157847324263289810684098761222166426941069021
8581112601646791727499884271320621796809145752708299725747532547285503294031982434125112241142529715664161550863175176552739032360743847083795597841835073384151187888175025760642780260185423
7692617727793532297634269995063076859284034238921852374713731373499755732391133802552868215740687878181424395190152004528470409790131321012851066746756316219160585819826936514828177121636939
97618413581842959085960883071798807226532864165525507967905406046485328112721188854541042856994150627734197376253185091132981896486463311380762856718267675827520246271094917968421777306566987
189325044008482777370369259081096670520157169647399971138162875544027720501345062136949204563685886110998285513501458227827977755921819311805279643648143451451727810315386721143020251012238 0

[illegible]

[illegible]

[illegible]

[illegible]

0463322828756603340257505030678732860270878794490999676450954146149627670736567138056158484101832585877921530901965420026344412110168273940671878551511646290733046146608577564256111729859538
5751210148897351121287800031644013741544099524005978332024186891850130739474735770783606854926018036402367042885758939457327526251360294361235274078789632403354220651114458936994654016271741
3623061969174166348380079996181491193272970891033396365550146751189646429594481006452776027998323907646323796594404197450180481554900369948221204902680704964573978036015391160949493595123613
3338148710809670801868787939385386002237817574000852087669514642801834423622756441145452128196839147453110757579800728793640448866291468211085587012466551642538679675879450903798510552315736
8811957582579149433690821247627554458983845806992241815309164112504077068876634794147196342507522543693127080032479815371805410865799439050331656058176956517996019768305455561552531732438246
7879649868716379058032203425374724302510219041945016961379738049827130792660920171612971020659198502822426677358725175700111388058524309024899955608593632230989533832125231850461468744064931
7894453386545123426171942079853122205291654560116874718838531598646010178981019232311590436739389155012933558576348586185632163312520501958518072501913996894773740157849543958126946314800158
2571829628172920405191777647853508311363815931614419941358433822098659496668879033577264409487286346011520649928579149212147082039450402062501821270367883440116171217997864185558836813721444
4492355694681845341144546149058210265637591462998782704611678220174941205490390350084645234867318253820028001435141291670261928152946872545182910646233415221242375081605639908475347328305067
5180246658548284692845080114913299861653653927103401951963624149784995738830092922911583129554112671383469572006820559721981396230021124917865543479580622302708783386937839382757008194279588
5514524603049478919291662923715079875372661541917513832271814866724442485301974777064298010898326879731374652033998597992935824156785956246680751082520770284659423694343261618759290049600782
1773719245430176921847246043921380722881022790982197448439203236792386245698511016262506441810104199153896259525213978417749655991997577975187133759316382075123177280432451054766670957364092
2222297746205009067825617554125365418717219527352737633097983656697425087045368185492951051758444392990108280114731384383489312754195717420033624662147470571386745529590432864836114562246953
8238235916314975779500208582079680622229420709190664431607678493973041278747862981990380258955277348527402938224672651777176135938813817577506506706915429323541398828583662126237019384467089
5826846693831016858074075989280940056521073708289702570798658697409132958099093829867553495051512551837488005518094351344599881589185689963394437841086152873386286316730084177485989790181498
9971504596262587844197955188838825803123250949829332957770928239299200479480463017247153344226797822948683183164233933578265851840709473235115406966514690636610124842660107598352466301794281
3778209724245113935906455278194976430402739979656162532595058031295608984518735648051959781960651001645740071534501121414335703207136936465263919076922297292742286616137817879662503990907795
7480959570299786947035396645500071820426040881742734217945160961058820113750272137730454740958445725298849334079748660230470581044371337278160939832425624510562660183509745295361369764441826
4901112136986278459551833984061237579460701381034244816123859789512094122098719173826702776896536310958672742795447336521690624122828867141600937025023106157314143273401031150418138177192698
8472919883142009085996344195372456050438752888929045112222534998625519667425703947055234383510801171036659463631463869477842025997687863659197357139236619722784093559966405140958744079351988
3853898795743407996510625723421030269132295696697373905224653199117374006961570934034686415105888315019725179935140959764885931708757826932469639979934588387595224135127671225035196103769794
5422640146436913957359412976311342072745205409323517198338028033539659269538387108386197226203282705333838330940681677392707789838975867705118392461228443251231668798050868670952057227196675
3256888377990649887740830484889107010305121630310543408533615615608313639062662434468344117511145849822595947468007433181432046179456039750789694246694778718004801625257802625930654760654976
069240349036589304639341864745022467901616937946146187587539586177867422102426383124378467598687039518495102312612643467661760114906514209027997008429008065030039847733065477767333965452168 5
4682498988905090185958249587099938880118038994762812356494603381251342413483982349393091377737377997736812781431752937597383735291739819392512380429431381698931880239895573522781164652170473
1562258201523289925892620494875363221095427160326510998958319088317102434780498848755663681795153577922235734563871782655035679953704089314036778256070978544960179646343635642178812476501799
8289004015316781852349196234511693187764888666743111003091210049557598920551204564240103916496038568888659182382596891815217759045350608362878147295587296889576761658246100590088153360155784 9
8741598363999934731605655395530878342873948867056230132495123902269923460254665770477773642479957971539034591579198246701547992850155941542349324040645933340059882945355624871323782653184161
8993740736637043945754992799630559745757662384838758877700701763548584082384330112224013844447107825004826499861354637766558442178216843561988589098220522413707786618257303904615940829528919
3664041501498279283092102445579027621341793099636671675508825461835861005500188789244435279915624172510855376409564067332651707885595588376411820314959863188918068198408633103439341227450650
1321025479570075440562463130167355297751728931755931677230688342104088261096175951746850462126238648250376534033742848948398148056709346684661092165553926073964919854023846445832821653103777
246868993968419445393177966774101875547415105513559082228245824355763309115682258056298043388382228899513953168054090388220353763193546662159168687039691346635714110878842705239044495894427965
8227361870964345445844911892080008190118379913877725768444447375072004332092084904292251337374576537059396683148755745232389514545655689635008140214698946125394084916780059255254353449826830 2
8389290765785633005143580779557082823399899069981966742443314549975929615982230201042306641662207080632496743115699770393447961197810370473398286108596108031582830161239761746056311316432206
8731565166518479312148825962388208956596525216933946253123628872159094075935416917785602490428591831235423415304907411763903502133973587141676999927436267093583226966824742410905696314855 2
494965880391351208331339964138791948417215580320893458348293207019968616363522846008732713910260796742480203276129716906572384229392682864789217222924181154497613397138539358622372256632696
65822130033965495692205649724226307256979389701939023921014592874150558259800049802127606783295076754184194993488687886955738754594065671175013589886547074340546075923708101962390762699511718
31008565558823076427741023039311898607465784210791748433425698794665959551876175601857046198443463526281571661879035221051370792622558831971984299286433151879321943849411847965533170090218875
06031087435152879212191159018897646221538627489311049108594443051396424784088180522637176665791199107244097021350630282696556748121272703935004893572468010044159094104383383074751160130962084
3012065632621857099461316925594380703846867675727668939048148924309818201488504184823521638073933032965996057483299071451270862834799014480729497016832546379776472867700786764540057696534917
9300117271021476940983366080333517198218925673304480821384798258725568304204206025116111918304034453401156536690042291131177936441384206261779084596948470205928537399144194007078131995792819
5965678521311609235485422357256585641055496555871279694781827495472406420159054010500815597172608085861241261402397734322056259801893032734134879698937219468251875466960342443868906133856356
983807826443876156918142387016040615630664818930669898439421823357933176726483080794708736238802459220672840188137261637650717413601758125512581285506629058358152816441552226254637733322121
57400718987196889819188715441224744936444999644614884489659373649778187051337153495535503398776861138198333247635579524360678838728400341864787654239381856441313534335368639071520591998145
29176943453213250514853642045949959913537242320845818592008979694492233878717737412388947445429189260174304781461949196785236133735094916088761204746274806219597094180395951514151654884544152
231431767303361293042548613210770286287366006364858134563437749515268614095345157762646466572536631920688076400175221713127152149341291412929324683063849674173851402371424579304608116034196 1
2580394664967027768048749796699047616461014427576913594802974085811902540334788787667548322123042319772825008596800526700357397609129030996423823314065216249969002333827392534057876596725586
957382095548064105440750584610343384997666870851437474847862799344386336569024430353659692197781494479970382749306073398915828842573222687115712221532468326436168507244086708182173017801413
9516493204469144485760216705131792546623688643410222152978661206246449483290910000546770117278955315795310365394271754210000468670691280036777115341561580001989813607866459320402756189478091
70587619729357994542883839035459313332263310571419608936318890841755938815441847072658018773155832362675102468926311669156182148799477896789275926391015628496438988809095941380874066070619 5
3846649488071336708066282309875658871967548384287996305796236413205678037518807273713095127858709508469474751859356745280995863007129432070102039707811322501712894665092180747875675723563991
5986102476779278992937967046852400997488111799860308220862654739545559595433074762637299069567753305590655975273621202175233707446314777202892436205453791101321672693138580264516611532992378
582341617483803072228512833258732469665264849315279884171945450710944164309690000257794918142763733548247606051715562652828986647311083889468611198051511616895897338340437235263967390404460
213338932755644717301499719542586134213769970253583718412011649712074274016355741459361176834387303810082744254838877124394757029454834540106371394766500594283974107169058458033163150414619
5298922493818518164976940920974481875394402361741023448497102220512400566384496854082028495216821536973026710796364884276233108808348201441680126851591370744520998795005559910793683816248007
021884990785412491516107023807221152203874955290796255599131194958769098630377003147761627132175175807073682805245498880778292879265690550067549149608191786489338775858869562489738975101219
538250303142679469032653436754481214456046356116370914010712779557398988172879550110296550658740420185951009601830898220109995972134886471528693470251359341158157395577508223274555046637123
9611228218596956131931219604237793024793695825713740801546763730451681299591692201270704780678554077569946946077600871162849959666202963443966265047088972388165489734574656133207657662669599
023134184721490409248882354785449778549249449643897054304600084005967013056535625053776769370932586480278007825429180929839427570204753558396439615159596116063361636161870655239960653581549 39
3789055362062190651458999152256079415229975671293970826719410381369523422251597337035670506585468994250209714018639659838919891982742865646918018584794440820661932941014112048223143471761849
5300881186431061117792523471598650640667738918225690024185554873784814999188750357851553977542959578340980145451532166027478094431587802702987221067761081202539716801567548946161637577012 6
4477948774072222627271531778951190801829759616771434019277191155772082232281748200390649910056419093704972505545638900700890287379618795413903822754318275448732913938928052442724486590876981
1698527742692825771348743531215599769558031926027883888789705200094425610766557846164763941193979928995968541581661195536762035406665958379910143104499886967439818553846433202452596258943057
2060667319466159574761290038799992704346429545259345726610736347144781907591511060239756019962515421053206729259434585179565954351049675704500548844006086446415663933874168101276641925827182 1
3473112599586162016521973655969413389912427758063982184381465896233320962705704397292261109280855561285136357082346985101666188578543891256864456734659226590767601622305581853817722958999436
1544370701105396278528426232625848884330215220582291319403085499435866834752475681589537882403749793014957882750809224220976347201457783944290717860947200867186893507314234679443168544844379
5231113180895473364968675190875181040896290193155768277326644570498566381105665815230383765862697617957420452960622834680624690303269767539765106792641216404987626753115772725345966706960549 7
2773390620925722286992740711899222650279576567302227111676258943062489231696336853050263333489915115140113864370281271706933407904909459857872209020785806738258727552745343226796104083778525
8181071655727762329123156586560540414112098105561836960152455672610463285850542123418959439783579457539011324861329826905919343190039437423974922156263928983435912747644685061772116468283439
9548030785970016086719331538420133002245375424194441415474549617894069979381977201360922703143221794920638394447372755034789999450853011799758839247531742877847379302802386848061772836377126 0
9942744579194177142179044770577610411955092037155149462414246733824772186183787406215473983020139895809988241260187033646531640475457287589546005382643015746888205608006584810426972176884121
7848574383279176734952025228687107442230535909231186300931995501425750445424697376238237265223677785580228882422934851407680817122313399577217375238955268226513123813249101688320156784943536
2266396042235169830019304797700020329942530386682904058844082243596021179813144880729150965027802040881001813729414879290226589566404966418446654922430685755231224654033752721465033640572241
4113650874891169381473959645912691152361458960571250407603069183990234958947683917454988344154640285093436456982121607518821046496558705251626144390725488655527554323551057951388078747187558
6751066243959043823848617245346669042195441448539015864757771661699536592433214575712734107666804583602136679534431886513895736730084797114835091394342484717017879490628212821161459415040162 2
3078232584574484902042237918476255734564791042360577747282812170644704093161332317513495654899239789166975442840574473395413876444287666327792805711973619701632641532553385413996944793901091
3500602600055552048190391530422900474193120691644384105631948159715656864645283618937468641571562266645032552815112705996964077164595095291586105300488272644111829848934987199203759945641 0
3291329699476368580051807622019865685071004055976165575294602971152305562238229285733340878226601998580963935109258784416707695964736815284586023794027439776024101043546036713416392036839199
0357248943360438584828462213677390321603556148598722861855093408401120175675611093501669101308205057942806874205095761121165316788903683558423126759427896772962185799725439245430020294929254
247758485124717678022949410410075208659529332367788496329753034223845699432598232012738553567826378409464020071301059824614272081703364793087825947564768827296021459943334120825619384593313384
444399573183518852391368995267572134367923608306996562509252719729001619841817873509882723676832359729533902503717868041698125488825015225492978847553328849377710684672429183176970152543632 1
7374482474769518288015835414866892036328667072608193476544696447162877597575325140023743805453236172134857020131282105267028224901038545043918270278527091144629799133827912311388054861637 81
5185336886520896139764103885067105400359506634091470552106795161231770019066027995519392863481565451496388489899239595949231690188554997167669411398899606672989858944136696092575650218879136
8633179083185101502197207444926993774489505734694398554154315184853091921621262381560487462611470116776882656485712165947674482310297320765779633967799847567948688556741090987983780248774820
486091280267881470528929553325491257227789288419971104172300910824457414838787579191718620156505837459350099600280137479892075658116496851712458519752469428648184197631925935236237670513920
457511812702791550467416323507424852918487076781964286091951351714982406456282533579735475005155313774191155904320078048992649760138823347066118691301415680763923888707245962618177721558100
6716436577082378698162893956117568632706125890191738090851949922827045189074544803043598884847921978555645135719079895533705835762601647001612336065930684191098316352839959665892063245600255
0578366691960891294770483212554739045506058438917013247190476142850246950913854011471849612085848237305027419190523371194074556960146921230077885366602397563406671374801124644670848187097502
6258832715721321397121588358131321082325258851172429787967003361788221694777817249978740081072238277993853065623631235703948258830672203220139277242270289364542186295571705892916587960324295
0425147071274185533470884479309310524292642322426878041172992839592008802417317290807179485771404375763445502938275383534461832926152132838973334725745050063802546507802231902345635349232352
2555068268176490950356363441094386164330200344208071895875518546357551069877714463384549489098552528614921056313194859533459635897121912090830201656674942521878753546394436131222141785953791
7655143919972571568325500174147706653348216144445435653437339198294935666901428639239225116063623968862317566149561432360881121715105647785214226285737068827917068735047439459193830814946473
6576216376006134684778366996536185607164916498612545922891685156860867465201074189427164909773159224132304525529877891221138671874338433963289336105869229359421918329786218936016493924632019
0373438990441741629197668086234031452879620469710155543250576299259301694330241313040468702967024979265617104262306792751102951470615342310289025976807924090238023061125213474161689937700689
7439209944241115106746934028156115397619456395773861016177418600391855907175543829762248489191347847679099746899626498456053827866644097067673321804329610767404643798592127500355120467427213
741754646621691772291827898530929541385525697546063613732486796253508237116977836845492504352217700437008044737716827401012328333107721720114720338149135529700443467387908473386575590021651
371719861181401638975217714596902647456269353263784101942826972045114814696400983028370968873502967917116522955583477632326041752707622559781925859329255938343412746921378386567559309726 62
672971224295141768986484626014332344882302566285447535367029609960626985429661323431297866559978357716875739569994169932254988300611689928742762174468234138805648029017171440596880455327950
7617919358128058537732790393823815405781535903057674558294963770630065796118026298306185593931925254718033933903856643287486956515593952365081137190434771132270625073546709991266102612816794
259895108098509733919618270688399624938650518679409584158002796211864276347753425166372132197546133332678797253521032463149670157569489951222154459514551659559229343857742478650385765132547
6500395864238521369294470440655021406844751440833188250397641798035455255632461727879728014137633560887168950001148327799445722746674962247330429519168380968749031690147650763188623128354078
52495029545263565888999040023034473559739176921251083585054483348303125313889182720705863745783471524267586992434969008112513799908869863594136839691340438141012029258423879948575643825587 33
8066349102796831914447142480725297641709658556423164497235004368620480730784725649372190255174167489516315301953088165184186065543940157055268297776884805906930073069261455416764325666220285
3927204379123954903227736992230032315731076345351082448179225361077932729879262906356745366633917237767558338815078899053227705322947503961152586657898688785845388931627379533202157718869842
083364954138955033573579837373219664879942124579022905714342137724747586741908625145823376757707363298867882295649363703164002736984057643304545388086355069575916252173739284154077301061587 3
8893122387747267899210341901320793785565692355557661419422510302896012355913070436536163463091458387177559684630203394234791399479494078701344153064495687262373714824472991779005689604792946
420949314973674133933727519642595663045545968992726320329056895531494641559113574991449677311421542700427298621508237391844245476793298245524287896832572598370276786392962730311800032802793
956750510966222151363189376266938417267304522008771278991008823731801639661720144975654991584648666116762953574857470484902864356797272105875256881193685372410887860548361518747676121275047 99
4443626333307916228322409533975611298053119170804408533400593392572928197298803306379354963171823897451268404249470323233599158159724003117633717502884826646307743703969610790033209353553244
1330242149188347763369193822312416742971968536225705654696227906633876320379789426604102871171294056527518707662164672361207560913380283807338011829097922550921124166119268696068577919949965
0988075605938516875769332326249360375039639134609943712038609401462319829772898785211209917257745928141903478213518890917939674173916884181042890779250712934831899934967905279192512789215375
4084749701788657505751558394049433717015037309319796448051476045416454847115376240826803654396647650880553706927408665857512747261123587108572822676458016275001289070164240779245754025298059
319764694751100339949183564772432925675062401179966887304720828784286066813385345252765513909030380959009071369535891615489156959805523899518063965297614790067995878840556347989921600097693 07
5774349669664922894773795217817194714325245303799116922515925579750298286498247364791603173483955188519152529972367454573490705820961442102281588431714026900463309387401763464419607792524466
8070465670598844141516336704993453822086100212554493551180792871513411679417400375363282790855316498147546850606507019691379354874653335454297658618244450170772455922444198280283981884688216
8478091075475316158190307829629762261803765633139794580804055685484781099046307942450521705469793798190822365997215636961622988413049786604020493449031398256347723742510927158308652386170233
085083288239531271923837586334882933521010717793366814877892803653740050935820499957322171503740544789122297183434411055985898434861659555251003315381736000373908360803732884359546600838903 5
003281655589233433898923461325313832464030835610968426896372878401694488176719425667451734459993264893847320896668604127488989107594766939811175860995443130437025974856899743525918966838742684
4645267973765355007672062379574058464618569638451924717643020892335854511939407466314570033525595616949140269210108624383304583099846349174910339458093490589513271359377346612630182854254757
5552227907545508197104284431693805965661499311469261450359145251191220000279373474733917678275773146152434485483406500809136180619007837619552613918052709071432846400387642070338639224512084
4608064470563231597997752952685282261119242255283064982122457752858839238777090182687432838303587790236687026260973518092967929402767827505118456931282496248257378602355446831177395990356961
296030700155141556288471685174082993731824804697678646024101492692192673523696547033699888078335502252372022425276147002290191237424210487951761123195348997996938484495448671321413410589 35
0996954132585430398461021019419331657461537643572078577380381098195103416953298166965718451642824375699891054347407292028213673575224185187244489802123419305741720371799903433362459102638207
3829504768722950441455759122710688246666557795590106634710484145525709498896440699754572381870303242271610609966643477833922893475099044915128853506576030026954078970143602894041006577873373
7483557135142144345883026487567482170738059090036467723806895998693594904976340535508972112016674272079547222049343723262952548455194974537655381834273541530884345171911450533085956811251169
9163718285577140789633455455033212206426653545954563041674566344241407159791539414407034207629687367694282930080054088087121073919432451292932143038358891986734137775569570319424951075815370
7168186839248605080930714376872907343167184208680692182672122685042633837768466522599163933261434370332287872258159832275014128489062028642477940027626894548545501300392950572753523299738094
0616873366144766976270883732469759560104491144610104588088152561013611295913353072479991276329784655837493783247043097730376092496220046411948675780772029394861321032169452717778990120492072
8224766088069945286869616597966156272665105885110969349832392521260451343360631333592199216015406306340162559573619523170924556892946665363195198738360522203869147002363886689849274219187007
2942936474192233609979582827254984895624482005084348484305774002128223471482101274911281325420783800401722914550347286118080205435958080803137826249148612224536461973783062592764902377217178
0176728662216009313764170319054670348238425087528566508641207422790066938464341077727416562273460217010835754271606822529996948503469565263900326593297954109932854462489681618543412423251326
8492598450187479637655345500016655927317962987161898890080707192916026022458273716560280050481088326462769398002475404597765748244672371567187085443856766061220594114439290070009216068350323
4641221584958001384924825534005566015535142552782748430852818157062734761081666331302777951965969950304917230684848944460467397552667533762141833630878603678311707280087039027444049379377024
6182001757632955184046995574624920608185557950232802277223529733171502002354887412547071406055904247304732855072468181736180807142848316055599767709424934896166636706113952139401006119786409
3664048231991720515698253231216008619268720647279386837782957692152482562558477587501365486262259600227356000637430907311246706336304023519710037113680430683620562308847973387864936549296233
1718331359162680366006700591761759302234374569124064455016191713533146233351097105215432535593928105799437311306330771887935406922310924808880419309920320656794521273485789812530256239034490
1711891881988034970964650910750497309698934446166464882355080796731765375094261611458022712426430997011460376920583946840817940582031719954827519551049381778602332487848020810821965497526963
6048964635591145836020167680463291283772320274259134547973018305083117251090403324272783867926236212556734745503510710467441276485968948268482323895483365169995789770995988067706389990778811
3203380491574121023352045524669069268002753962102779676991423576047808301283024518092056497801332559019726307193898475651267528180644390325889772499570725037387425716459408431825463348103097
7323892721165698362682059703167722011858321914356827099742278449109941992368009065516618885620406021273457016930857023187193663110128217523330274213128406179826264267132776206888918883609191
2896689218764575442533441891883624173720546829588206497159247449467805872808362323186381030489697536325396909407545554532467644238286660961990127064191628506770260685737574190290626942202203
6730195082622321729282183432720810723663625153064323630721510626081167102331057067030500553889785943224200921400513794310073404160672025640023793564436581835256645143244313891868401358555300
268992150101285987728151616462797813451884806220377565527318336436814245462603261117174328703669904200237312665504509633262138442310726761752552310862389646489212160693105572898693974999014 6
5782613637833008292832765687260808065740385699775135749184093162414732933736129798948549167757550887144681750615292616600506355154665600058169131789365276316163378364906451172937230900985406
3821072605258276556553547472563797224402529090624556613596453799333716013620958391090631596041329303528726655896062141904394162539289750107093998966826490703079147623865262573023343538601553
7457265688026424210205995556581678450483022062434641490828185886404408499113423143371313896953278532313287308680130387813859408909922762040390804376909189633130428882188404474615193722735544
4058726631439352640796042094551244682096388708047271629940079180251119264546776959327832280504626235284753168190716413074275204590763388801122780610429937703950757458299554501169988296983917
911901825117798080936545092543601534307306411137275065196607318644624541065301234136073896224295458459455027480428672941449998673365337262848212685103133783498989632839523619606012499478858 52
5416139457505806603425878641886815280641119628051356830561321342441001042024703776239958244033050930181389754801294324044887780238812508515551905516361777257168991563956921077373622387996647
3819900448793887305360612479481779883210375843276572824281216554243948294608790806096087601046183123206665063960054740860479022741707255227115546903545326288251442667285182848767081483466629
6308949642971488235797732080965125261299314383135242455625441465145345052977792691854971921203254423813397389292615104317714162467202278269111594919634530098380690219118584738792604354481243
408733289901249529862455674226434663398534298375432942192284758829209206012414442822301075576131669835547936652540650337684211201117127961370787243195158165432715565810183171128586529325116 6
3744782829443314982773311122268976454905622982219209237890517824214597877497391162321785604992660243319963864845927308137966023826142021909044663779119608679417716105382052580434280628159144
3120515450368061686139064664951481975865803451785763070683573555884012991642679338442550795092752310018658592913324006196029267248471345282456898888422275489145715668487417373281769267514596
9450451955647402808944183861181189783932562504556591219137580764502833974369781641776386548525093458536655651830197883931588979441058902003424885526580430344246645264962127155579381970841547
4403771423650975536367089925503983459650969070189987916805279740178950741261782675433932155788452669974326070572879899609777504834958153085532206738203732844738702079471719678606666395622918
0274260071888409326226867564281301684601664886730739396468766577808832474845958166208685198653613665738499747043265231522593117035442492668244220146489246900838647927221518301477964107857239
3986088408755096154467522927516548230441645782035554373601570764447622940194133836706938758543268128520411808367791274688908773655451634053530551922312330448763071658829011577467429447097045
5484335340397276003569926200037134888803097919373476177711659711806319576907150861734224774467648677942797021463017506085770028091893116443591507505890661858404153395554017729374055622132267
9204834060735578623277192744004816895940260260557163449933110376740823811070976526163913596685240788740492538364160064102895606989039509470980338082166907679905715247049570075243618594288617
4599762568021620421313220212709348480488160668144107758378996013541534140814095854974538974364801971873606342365973704100650430315127774100724253412750180868513627410495343968771431332300924
3045118372792214527504459844676792287218003899404865034755215868123985132592088970703989280541904729126445826338189121112979529930450425093181880956960745092337157154382679740526939043483169
246370212479695410024992102951838015197179816548344880473366451923156604007491342852543782469321323982290833229843871254517516455191130704314232770164326165362006808167134197457073268658031
9228124864211462012571602698895657372432844237640611640246613290887551217588872197157769927004335840113108084627946149983857295697879481776256003205082702383305859580624934056649602774462929
8195577516827325760858923231196221528925147213440494063610393246203126123219031349521800444566754872798149123255448827732330808350497778666289040989595743879157541664970169422819597509579931
1045654202180486148816791284693802557400052795890174464121537545109129709732218687767630724037591005269813451747366544176993977882461821907698229948734842393342616656737253383543528460202400
5414932317225094554090354999019059720629982627655174843890372221069146470777737738767254903744693620742328825308050312808810707381495530252021575366545963406972631794074402933750682070495729
3867178549403244419818178250865032532754509588988926500835562349180033424947028501293873919933621652016650378150070645684912289613018332600104912959471757097575394160619976991860266437407425
2519606553983694974190339357252752721990054923516427082101692108522698283717286458775458770171481624956898189117858382641175219028298091310111454562251008473482957183292240114256656024620829
0108248395271015304461650932170162757559948493391629889643657002823020712852843366746200542463410241053132247046861440023467149676860058128234637485399041125212065073653280116551080023738204
638725323319900525661013480129329301240482294723988746714669293545889901827668903957023027704253520880480278530174419646308849951643740338702880616630893297974973160997408865457355495825471 17
198367348332525282805822469724525534773859307702771681862200960709162427498710517790864321983723784752304177014621005462871912851896933344486548275153578598655158572799957338341462057271 429
5286666744979307081298131988283230198272842817179018465068344363497385316601252128562481631561870050748416235332382862957891748581138758923305087496186178718642299876974970938755786137893684
5486425847371493540928031704103044238646880900179106465010421390709524066862502746981768295560339984833316161514112627537060681419084003463284196291618877826587869962126388471216635192009061
8371801089905085809997445587359771191489423739429987837600198896961918408191780921495406539029681744653674287020125315790755098809252523914626760363784449262134539993302516516016675512812172
4478537988673186063234842876048372499302880628980616276447381733262066739463832527735791132863804944057871948986973580756187264708309052752589935298915033122066598287745535628568020874007233
9621316441203355851211261157712229079372229525793680062385934343882793907761702812995470327186051748423342904412692137096381928541051380092847726745637686359184508533049209144273427128294013
2347151321455332443437098768367639689506891512377704227106164656011881763347247781482427569697338494652949058934761802612756243230191080061794650819377726264163635576514706495102041758720458
3630912186536101440704919481262797393343931917384392183003157729637296125294867065659417911589970142569089894069094802127742491450735772083936193944204925080337940211172778619418647567171359
1524116111684642798815549705216179211900693659038044554463317877044669243471634579575462907757950973065276830011574315312709352710185621703591767647158715231980199054585493077319416576130081
5569174567128890627860933902998824875902708979938648360370297733269730593594333763010531943270679565980443574537105983752427406525319032553488178919720493604457683460986148100140029039642048
0547934466731406572470246857654918355327325852468292910958820654418372593121859344693588989953100550334567739459544935605510434462320928168342491762050149124186664965929839213614189079102033
8323931835644588767657827257085506596618898976791883031311384903513058705035774583273543832336153162625614971714769566754561580968202410356870788883944577007624818758628425446210734933918755

[illegible]

9158782994534655629732545104302794599140653243050495801517033905214035575218906477017424572758827056700849329147069763992549546862005335405656529773998418626526954586414925244010875874708239
5834961612479850195207828092916858745728042766414877791306728618688397998274759246707662886534086676864532942075569481955165646868043287499736029127053309661727201701094286537022267476741176
5569695883494620506598323807116382037665599172712583578543862995288112785004460250695208041876045442747798538816265016070807095674828135663690038332687212528149770641559965734807545612347801
2179169022120167515654066241840282651928334689235300897294483299676605962085700802324937575441318390088304031118138352013040734561636103289167761950658316739688094044889150232378802258175666
5180207387112501351433619504773250302811652880362012579686361035027516224281268249897382019942291685482551489993430693625950306752142048578571825654561263111692746580713289371058942187323567
8090437880375964808193915165091820634303229347034679178137733474664030912444458103781508615758998828719506900519181530460312556549457607964318955800895909282693227656968393824655039119183992
3245265458163705788442641029606882528776532044477115967789600524238623781528739742046470730206652788664683868269995221399721041388957405430898069903365975881219788375107975493812793370944212
7906443716830108922964158071578218995775201973450871107579735171074022010444904143749983567777270693386649469152962583555024457441863538574539367144535672189716758299302106546833121818557096
4294652471436478459015580381794644549896670119900057349221766149084351591035443740508925447108347859096028683110468337258853118508902215543869768813503265426485789020123481361499042280881724
0466762816404963523433656052263146047819009189990339693630997270157296344472579577591312901216912720086173719934039527309176600185639255284419162193339032921136835614501200072401773030423787 7
3828674163731630614400289613394801217200271428183929541233092053231858743401142088363045086423943599143483417359404582174502502894485979191424313079843314586588730816883458643594881502009268
0406832960478002674039772312320489680199401434666647539156352076572773577180176903991029123987882167811033279369189015546223672143996121309296412002758895182806559405409548571930519119361521 12
0383960663312866707563909337344962269833357358168061192604747702506642936649112388798222761834179217132880287188958357505193981904266085558097031598450069195434967516894580115817445321603297
4457697817315456545737370136483667666887304862873348722998932980378734739412384626217512238044911892870438481552031447578607657431063587961345033553262495763720462015170323847416726670750710
8507939478876732305113596447219434731015928528008733026745395329118049455180252916834914004281521177657120336019290759488764275698030365821534010950872719311274314735233310459700955825821065
4266377745333390006706107924056482769564603535928320958569040676347068305517378028722525410089423718668321895993439637429695509946892683893128525553619191402457257991406032773791432332595468
9311659344011453365999746891178434892638367986564489126420789955493581245137828837066165481944824286378630330164527108894576314008146295447900080978624505603950256012587529126872342129297825 8
7572223882648591351637047112004544259585141782371247583980203070894067264613589870385851507839493245419500197069753383155457983415440012381860529668581506728422239003252027125373875969869427 6
9699120845967699767900059253062949466458830629998748893340865337921682521027109675926496625538073671147929962129971564169413612822480199939936524271050432982512416358402800416738457634248581
4724309566774015634382851673580654937442382117917438648387758253883485340647541038475030309773017220459513226180448778091082533926350620692130273619630756218880730945278676764859405337063

[illegible]

[illegible]

[illegible]

[illegible]

[illegible]

[illegible]

[illegible]

[illegible]

0367803573106623195928127754358541291829315592727925522684511643305630632893269902636859707587884374627382117001192638367013643783065524539093950306199007945055667305905407876501915266435557
6381583831804795358829794585508790863338105106522271666872341757337101472548585230948769809018657873102771991537789999829918444871130713402833876539720266124434834199228328617716387832103419963
81357288795057540972076543444477020176619845860313456618604620718483410457149308007971631652576340137589202009046191109940142811291222254521178806159269550139540206323769757262110593113 60967
6005521825804383317257980350165310886416577481538086554734411354372336932841296225052425995261021432548076175872258672784886572055460568595727298701420494468759497125994501763217281390551009
3322867542243491295147443242024521576086059513568178873960338482870510987556448100316084739019418109953076107617832083144728856878156697576805668337006792532423449977196001740333793837596857
0559042004335616666816774778096857883318756281084658506135984998525896453171710358617912415684811178140891770655082230739889723395299273145794656135366331325477930539939843680702133769757521 6
8777701030756166395887288999926890876709245407528603563796010757937606332696894780543517776191760072162153547849700192003880834019147730006140056691718924336512533491038399561268848607802300
5739104626416485114755656002128429835352634383285700453250262073366293596574522999760627631377272752363271862563670062906321131390809616997365393236343615537673960803463431872507545429604527
5653336378398947649961453342864065343830321399829372477874403228477584505553128387783171655629464081996009441246708777782179667907132404595985592744461399587093132287418365134472234475140146
5416232433634949368479256071636229734557589056842659648204534589306284137770988926013257648549193495547934903693373628448763394440575362809767162531982516019424507724300485439035264922935849
8760202839217453098737202220259037254435630698671784996343167144678787533836896540192448993612080624862315937159614546125327840802404027171290821415099205526755826339655827073348497547672812
0571544630567071458860675229606378179388079689783214162553564984618686221721405830881280602890847798825266425274239111718523671977837226694009691151396886419665853481847543557768828335424480
8106095867365824875620937382372950224257932248315001773024957096531430972426304340368135772180042397179558336561963564377115169539568523578408432553267399355773392084903992416562993676555936
5670075843655796975003897657113508769355347720873393336269671342871225467317505216590129965397838500512423861635209540433907164387928464149232911745751010133719479559986550626916476162742604
4490626380109652003036575219903693913122309142868319740507533730241933634431825471765379018211942594087731519995359265344117059534325619113580615702919582865898867235618498652717138078579 58
4315612345664294942651183508229456573818282021943508496153496478753734354832582841237874258507142993260166624781053931623822163031249103562650446087927727689238158955412690643428672520748485
6399248588897945951637297108342726990033025647201494905758854954397076277498499176464932664051404935383171996092006776098990781115208824367516693699376928777097989892686572763380272225721700 4
8629811920360385089089754316590846227248256071156196932070247003835580633465381847489370781696915047407828465433241629536039210622909033790979762211599911511196466732690700995360475881852651
0119859944902279757903066165100687509183112683836035390140152363175945157297104312526080517850503318036459297369046636742842710175713074901588138697671438710985247974399010080111876526935082
3864748831287502283996405123355933771104933617954267544569903141005681922401862409008405674955356693023231678229876323978762120368398640888984451347824798235378493119450117064430797208055281

[illegible]

[illegible]

[illegible]

[illegible]

[illegible]

[illegible]

83975618464987437884777459099423260729034744370978294164084276795378507894709000772831173473578538539600812181227991294359254760537545605261365697324062154785653475750439074298959583270027 62
53361206149661340618890653575246706897501877356450715361335595666054090085075680404367487531946201450829099715767057244379899560663326669631274805737027644359651236863885992521717878395318 12
91796464946850873934466180500398782312030078249385174132554418621664742383239803792129063568489378100500396767240572831433370970419310416487633000417387479352072458536469829628382526743731 13
28489636774964121396385701470341375072600092390265518736171556309162236120840587306174752220626201938337862064349636772854988410262391599173575244387851846119395896622667836294430136012707 87
76104562692818940533562763115425141788969329889836470106234552333134367797324990967118319314205192201287974749453534704605752206758939397667083185628294264730851174355776891807102667816923 28
0810117215600667389021905699149626298284358672190000726990218163791110474905172953218157344612751382700499589408277669067439118837075075944286756846048329743714801971796652542381578965098141
50949507375598616038197646698385501681896732930153449066571383828058177136796283343267359684242670065930844352122620293207776067081885593463437698886938304571856121166438950173203291273393 85
17974335810795542612684172378535594707219570677510507400881041041252992247315938231374546466124248045606939613695241979256957239313283810547393362115710622015072783352365914265978648763162 84
3533105852653520705246502999696263996144892261672547519844022654335135983391397707711782837652674075407235169437997326367669475062856190148768428187330773364271096176532217776807450826023670
68409216535640852126271871445335846426152259941740285928617425832903182574878103900573214000037818155746633514168621886848631783888954199028021053879866361928341015652002778571346204310957635
23433878884925851334659218279025021249005195516486861215737595859669824174953909199276176166648038778352142241818861719354639842572676887086175143091107974457680456942047827840593065488944 53
7012873113816438006714218755938736047998505666478092443503427771372076582820416638668886972055227904878090618200557706044919663514534621562135768695590035813115544137735620193740061570252675
39144531740411202037100659857607861652138454712838780749005903656649444329281734262132525185578906952100101439633801618860119644680035328037691889448899477919387522573807274498290719856707776
17500218635481044341021536112382252719189840038166563785252361175973742658025963021990205087713201336723587009085451302711359576021839112072758657257570245453968951191639031571353400613677 50
16356586145678958494149172936863482894735500681830622059428580964715437417310618775894947924640337849188625044948473870333914425071617735184023363542669636379479033488212632042632615030082 65
7670604538894831769996070985184944520509201869739534797329217454507097425614559673871095789155779161405256170062854480443284371905055883963719973331284510928024258313309536789595325879637605
72763382998049695665413373988685225174746691045339503481650384263676303524267410377155745322709071274257492547580845103957732623580933606010219010993111827828210099365019454461542636413122 74
[illegible]

虹
色
社

NANAIROSHA

M136279841　2024年最大の素数

52nd (tentative) largest Mersenne prime confirmed in 2024

2024年11月11日　初版第1刷発行

発行者　山口和男
発行所　虹色社（なないろしゃ）
東京都新宿区戸塚町1-102-5
江原ビル1F
03-6302-1240
http://nanairosha.jp/

企画・印刷・製本・装丁　虹色社